U0296523

《21世纪新能源丛书》编委会

"十二五"国家重点图书出版规划项目

21 世纪新能源丛书

光电子材料与器件

唐群委　段加龙　段艳艳　著

科学出版社

北　京

内 容 简 介

面对化石燃料的日益消耗以及二氧化碳排放导致的环境问题，新能源的开发与利用已成为实现世界经济可持续发展的迫切需求。太阳能由于无污染、储量大、无地域限制等优点，备受科研人员的青睐，而光伏技术则是将太阳能转换为电能最为有效的方式之一。在太阳能电池迅速发展的背景下，本书围绕染料敏化太阳能电池，讲述了太阳能与太阳能电池的基本知识、染料敏化太阳能电池的组成以及工作原理，并且从光阳极、对电极以及电解质三个方面介绍了改善电池性能的途径，最后对新型的染料敏化太阳能电池结构和量子点敏化太阳能电池进行了相应的总结。

本书可供光电子器件领域的研究人员以及从事太阳能电池行业的技术人员使用，同时也可以作为相关专业高年级本科生或者研究生的教材，对其了解染料敏化太阳能电池的基本知识具有重要的参考价值。

图书在版编目(CIP)数据

光电子材料与器件/唐群委，段加龙，段艳艳著. —北京：科学出版社，2017.6
(21世纪新能源丛书)
ISBN 978-7-03-052940-4

Ⅰ. ①光… Ⅱ. ①唐… ②段… ③段… Ⅲ. ①光电材料–研究 ②光电器件–研究 Ⅳ. ①TN204 ②TN15

中国版本图书馆 CIP 数据核字 (2017) 第 116475 号

责任编辑：赵敬伟/责任校对：彭 涛
责任印制：赵 博/封面设计：耕者工作室

科学出版社 出版
北京东黄城根北街 16 号
邮政编码：100717
http://www.sciencep.com

中煤（北京）印务有限公司印刷
科学出版社发行　各地新华书店经销

*

2017 年 6 月第 一 版　开本：720 × 1000 1/16
2024 年 1 月第四次印刷　印张：16 3/4
字数：330 000
定价：108.00 元
(如有印装质量问题，我社负责调换)

《21世纪新能源丛书》序

物质、能量和信息是现代社会赖以存在的三大支柱。很难想象没有能源的世界是什么样子。每一次能源领域的重大变革都带来人类生产、生活方式的革命性变化，甚至影响着世界政治和意识形态的格局。当前，我们又处在能源生产和消费方式发生革命的时代。

从人类利用能源和动力发展的历史看，古代人类几乎完全依靠可再生能源，人工或简单机械已经能够适应农耕社会的需要。近代以来，蒸汽机的发明唤起了第一次工业革命，而能源则是以煤为主的化石能源。这之后，又出现了电和电网，从小规模的发电技术到大规模的电网，支撑了与大工业生产相适应的大规模能源使用。石油、天然气在内燃机、柴油机中的广泛使用，奠定了现代交通基础，也把另一个重要的化石能源引入了人类社会；燃气轮机的技术进步使飞机突破声障，进入了超声速航行的时代，进而开始了航空航天的新纪元。这些能源的利用和能源技术的发展，进一步适应了高度集中生产的需要。

但是化石能源的过度使用，将造成严重环境污染，而且化石能源资源终将枯竭。这就严重地威胁着人类的生存和发展，人类必然再一次使用以可再生能源为主的新能源。这预示着人类必将再次步入可再生能源时代——一个与过去完全不同的建立在当代高新技术基础上创新发展起来的崭新可再生能源时代。一方面，要满足大规模集中使用的需求；另一方面，由于可再生能源的特点，同时为了提高能源利用率，还必须大力发展分布式能源系统。这种能源系统使用的是多种新能源，采用高效、洁净的动力装置，用微电网和智能电网连接。这个时代，按照里夫金《第三次工业革命》的说法，是分布式利用可再生能源的时代，它把能源技术与信息技术紧密结合，甚至可以通过一条管道来同时输送一次能源、电能和各种信息网络。

为了反映我国新能源领域的最高科研水平及最新研究成果，为我国能源科学技术的发展和人才培养提供必要的资源支撑，中国工程热物理学会联合科学出版社共同策划出版了这套《21世纪新能源丛书》。丛书邀请了一批工作在新能源科研一线的专家及学者，为读者展现国内外相关科研方向的最高水平，并力求在太阳能热利用、光伏、风能、氢能、海洋能、地热、生物质能和核能等新能源领域，反映我国当前的科研成果、产业成就及国家相关政策，展望我国新能源领域未来发展的趋势。

本丛书可以为我国在新能源领域从事科研、教学和学习的学者、教师、研究生提供实用系统的参考资料，也可为从事新能源相关行业的企业管理者和技术人员提供有益的帮助。

中国科学院院士

2013 年 6 月

序

随着社会的进步，人类对能源的需求也在不断增加。无污染、低能耗、可再生能源的研究和开发已成为国际学术领域研究的重点。丰富、清洁、安全、便宜、随处可见的太阳能已被认为是所有新能源中最有发展前途的一种。

太阳能的利用分为直接利用与间接利用，直接利用是以太阳能电池器件为核心直接将光能转化为电能；而间接利用则是将太阳能首先转化为热能、化学能等，然后进一步加以利用，转化为电能等，如太阳能的热电利用。目前光伏领域中已成功得到产业化的太阳能电池主要是薄膜硅太阳能电池，然而，高效的光电转换效率对半导体硅的要求较高，也增加了电池的成本，目前研究人员也在不断地探索新的制备工艺、新的材料、新的技术以及新的电池结构。

在过去的 20 多年中，基于染料敏化的介孔 TiO_2 薄膜发展起来的染料敏化太阳能电池受到了广泛的研究与关注，相应的理论知识体系以及制备工艺已逐渐成熟，有效地促进了染料敏化太阳能电池的产业化进程。一方面，染料敏化太阳能电池的光电转换效率不断提升，在实验室已达到 14%；另一方面，电池器件的制备技术也在不断地优化与完善，为电池的进一步开发奠定了坚实的基础。

该书从电池关键材料的角度出发，着重介绍了应用于染料敏化太阳能电池的光阳极、对电极以及电解质，还介绍了基于染料敏化太阳能电池的创新型设计以及量子点敏化太阳能电池。从电子复合机理以及电子传输动力学的角度概述了目前染料敏化太阳能电池关键材料的发展近况，内容较为全面。该书可以为从事光伏产业的科研以及技术人员提供理论指导，也可以作为学生的相关教材，是一本具有很好参考价值的资料。

目前，太阳能电池的发展非常迅速，各种新型的太阳能电池应运而生。光伏技术的关键是解决电池效率低、成本高、稳定性差（金三角）的问题，了解染料敏化太阳能电池的工作原理可以更好地指导新型电池结构的研发，例如，新型的钙钛矿太阳能电池就是从固态染料敏化太阳能电池的基础上发展起来的一种光电转换效率较高的电池器件。虽然目前关于染料敏化太阳能电池的专著已有一些，但是专门从材料的角度讲解提高电池性能途径的专著相对较少。相信该书可以为太阳能电池的研究与发展、人才的培养起到一定的积极作用。

吴季怀

2017 年 1 月 18 日于华侨大学

前　言

进入 21 世纪，在工业革命进程中扮演着重要角色的化石能源逐渐无法满足人们日常生活的需要，大量的废气、废液以及粉尘颗粒造成的环境污染严重影响着人类的生命健康。与此同时，绿色能源逐渐发挥其自身的价值，如风能、水能、太阳能、潮汐能、生物能等，而利用这些新能源的有效方式之一则是将其转化为电能，供人们在日常生活中使用。在一系列的能源当中，太阳能具有非常多的优点，是目前国内外科研工作的重点。

将太阳能直接转化为电能的器件称为太阳能电池，自 1954 年美国贝尔实验室成功研发了实用型的单晶硅太阳能电池以来，太阳能电池的研究和应用取得了许多重大进展，开发了多种太阳能电池，包括铜铟镓硒太阳能电池、聚合物太阳电池、量子点太阳能电池、染料敏化太阳能电池、钙钛矿太阳能电池等，并表现出了非常优异的光电转换效率。目前，国内外太阳能电池行业的发展势头较好，据统计，我国 2015 年上半年多晶硅产量 7.4×10^4 t，同比增长 15.6%，进口量约 6×10^4 t；硅片产量 45 亿片，同比略有增长；电池组件产量 19.6 GW，同比增长 26.4%；硅片、电池、组件等主要光伏产品出口额 77 亿美元，光伏制造业总产值超过 2000 亿元。

在光伏行业如此景气的背景下，高效率、低成本的太阳能电池的研究也呈现出蓬勃发展的趋势，大量新材料的开发以及电池结构的创新设计如雨后春笋般涌现。无论是电池效率的提高还是结构的创新，都离不开理论的支持，到目前为止，关于太阳能电池的专著已经有很多种，包括电池的制备工艺、关键材料的概述、太阳能电池并网关键技术等，几乎涉及目前绝大多数种类的太阳能电池。然而，关于染料敏化太阳能电池的专著还较少，尤其从电池的基本材料出发，讲解提高电池性能途径的专著较为匮乏。本书从染料敏化太阳能电池的基本工作原理以及电池的材料出发，重点介绍了敏化太阳能电池的组成、优化方式、创新设计等知识。第 1 章介绍太阳能电池的基本知识，主要包括太阳能电池的优点以及发展现状；第 2 章介绍染料敏化太阳能电池的基本结构以及工作原理；第 3 章~5 章分别介绍染料敏化太阳能电池中光阳极、对电极以及电解质的发展状况，同时阐述了如何优化三者的性能进而改善电池的光电转换效率，从光生电子的复合、电子的界面传输等过程介绍了影响染料敏化太阳能电池性能的关键因素；由于传统染料敏化太阳能电池在应用方面受到结构的限制，因此第 6 章主要总结目前基于染料敏化太阳能电池传统结构的创新性设计，包括 P 型、平面柔性、纤维状、可拉伸、凹槽型、圆筒式等染料敏化太阳能电池以及多功能染料敏化太阳能电池，对新型结构电池器件的发展具有较好的参考价值；第 7 章介绍基于染料敏化太阳能电池发展起来的量子点敏化太阳能电池，从半导体量子点、电解质和对电极等角度阐明了染料敏化太阳能电池与量子点敏化太阳能电池之间的区别与联系，并对目前的发展进程进行了总结。本书的整体思路就是以染料敏化太阳能电池为主线，形成一个完整的知识体系，从而使读者对染料敏化太阳能电池有一个整体的把握。

在本书的编写过程中，获得了国家自然科学基金、青岛海洋科学与技术国家实验室鳌山科技创新计划的支持，中国海洋大学材料科学与工程研究院贺本林副教授、陈海燕讲师在文献调研方面，以及作者的研究生赵媛媛、王英丽、孟园园、朱婉路、张悦以及庞志彬等在编写过程中都给予了大力帮助，在这里表示衷心的感谢。

由于作者水平有限，书中不妥之处在所难免，殷切希望广大读者给予批评和指正。

作者

目　　录

第1章 太阳能电池概况

从石器时代到铁器时代，甚至到目前的信息时代，人类经历了不可思议的重大变化，学会了使用火种，创造了蒸汽机，发明了电器。每一次的变革都代表着新一代能源技术的革新，推动着人类社会的进步。但是，扮演主要角色的化石能源（煤、石油、天然气）却在提供发展动力的同时，对人类的生存环境造成了毁灭性的污染。化石燃料的日益消耗以及二氧化碳排放导致的环境问题，已成为全世界、全人类共同关注的问题。根据世界能源机构分析数据，已探明的石油、天然气、煤的剩余可开采年限仅为 45 年、61 年和 230 年，因此，新能源的开发与利用已成为实现世界经济可持续发展的迫切需求。

"2015 全球新能源企业 500 强发布会暨新能源发展高峰论坛"在北京举行，并对新能源的消费结构进行了分析，"十二五"期间，我国非化石能源占一次能源的消费比重从 2010 年的 8.6%提高到了 2015 年的 12%。"十三五"期间的目标是，到 2020 年，我国非化石能源占一次能源的消费比重达到 15%，并提出到 2030 年达到 20%，在此过程中，各种新能源将在未来扮演越来越重要的角色。太阳能，从某种形式上说，是地球上几乎所有能源的源头。而人类，像所有其他的动物和植物一样，因为温暖和食物而依赖于太阳。然而，人类同时还以许多不同的方式利用太阳的能量。比如化石燃料，一种来自以前地质时代的植物材料，就被用在交通运输和发电上，它本质上就是储存了无数年以前的太阳能。类似地，生物把太阳能转换成可以用来加热、运输和发电的燃料。风能，几百年来被人们用来提供机械能以及用于运输的能源，利用的是被太阳光加热的空气和地球转动产生的空气流动。如今，风力涡轮机把风能转换成电能，甚至水电也是源之太阳能。水力发电依赖于太阳光蒸发的水蒸气，水蒸气以雨水的形式回到地球并流向水坝。

1.1 太 阳 能

太阳能是由太阳内部连续不断的核聚变反应过程产生的能量，与风能、水能、潮汐能、地热能等能源一样，是一种可持续的清洁能源，并且由于资源丰富、清洁环保、无地域限制等优势成为了理想的开发能源。据粗略计算，太阳向宇宙全方位的辐射总能量大约为 4×10^{26} $J \cdot s^{-1}$，而地球接收的能量可高达 2.5×10^{18} $J \cdot min^{-1}$，相当于地球同期全部能量总和的上万倍，因此如何高效地利用太阳能将对未来的能源转变起到举足轻重的作用。

1.1.1　太阳常数

太阳常数（solar constant，$W \cdot m^{-2}$）是指在大气层之外，太阳到地球的平均距离 $D = 1.496 \times 10^{8}$ km 处，垂直于太阳光线的单位面积上单位时间内接收的太阳辐射能量流密度。由于不同的测试方法以及测试环境都会对该数值造成一定的差异，因此，为统一起见，目前公认的数值为 1353 $W \cdot m^{-2}$，此辐射被称为大气质量为零的辐射[1]。图 1-1 为大气质量示意图。

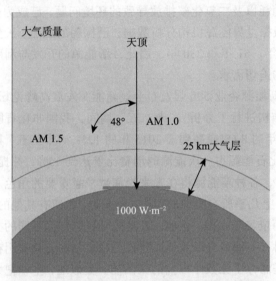

图 1-1　大气质量示意图（彩图请见封底二维码）

决定地球表面太阳能辐射能量的重要参数是太阳光实际经过的路程与太阳光直射到地球表面的路程的比值，称为大气质量（AM），即

$$AM = \frac{1}{\cos\theta}$$

其中，θ 为太阳与天顶方向所成的角度。当太阳在天顶的正上方时，大气质量为 1，此时的太阳辐射称为 AM1；在外层空间不通过大气的情况下，大气质量为 0，此时的太阳辐射称为 AM0。而在太阳能电池的实际测试中，不同时间、不同地点以及不同天气等条件下，太阳能的辐射将会有很大的差异。因此，为了方便统一标准，国际标准化组织常用 AM1.5 作为地球表面的太阳辐射，此时太阳高度角约为 48°，太阳辐射的数值为 1000 $W \cdot m^{-2}$，比 AM0 要小得多，降低了 27% 左右。

1.1.2　太阳光谱

太阳实际是处于宇宙空间中的一个燃烧着的能量体，并每时每刻释放着电磁辐射，不同的波长具有不同的能量，主要包括紫外线（< 400 nm）、可见光（400~760 nm）以及近红外线（> 760 nm），其中可见光占太阳辐射总能量的 50%，红外光区约占 43%，紫外光区约占 7%。通过对比 AM0 处和温度 6000 K 的黑体辐射的光谱曲线，如图 1-2 所示，可以看出两者非常类似，表明可以将太阳看成一个温度为 6000 K 的绝对黑体[2]。然而，AM0 处辐射的光谱曲线明显不同于地球表面的太阳辐射光谱曲线，主要是由于大气中的分子、悬浮微粒、灰尘以及大气中的氧气、臭氧、二氧化碳、水蒸气等分子的存在，经过各种散射作用，太阳辐射能到达地球表面的能量会大幅度下降，并在可见光区的能量衰减最为严重。经数据显示，光要到达地面，需要经过大气层以及云层，在此过程中，太阳能还会受到吸收、反射的作用，其中，反射主要包括云层反射以及地面反射，吸收主要包括大气吸收和云层吸收，因此到达地面的太阳能量不足 50%。

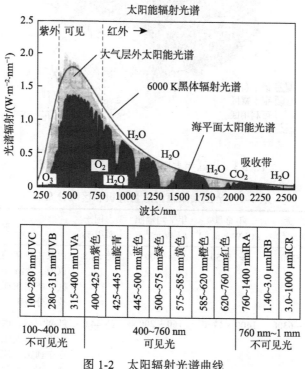

图 1-2　太阳辐射光谱曲线

同时，世界上不同地区由于太阳入射角度的不同，太阳能的辐射也会有很大的差别。就我国而言，太阳能总辐射资源非常丰富，并且呈现出"高原大于平原、西部干燥区大于东部湿润区"的分布特点，如图 1-3 以及表 1-1 所示。尤其是青藏高原地区最大，年总辐射量超过 $1800\ kW\cdot h\cdot m^{-2}$，部分地区甚至超过 $2000\ kW\cdot h\cdot m^{-2}$。主要原因是西部地区海拔较高（平均 4000 m 以上），并且大气稀薄，对于太阳能的散射作用小，纬度低，日照时间长。例如，被人们称为"日光城"的拉萨市，1961~1970年的年平均日照时间为 3005.7 h，相对日照为 68%，年平均晴天为 108.5 天，阴天为 98.8 天，年平均云量为 4.8。全国以四川和贵州两省的太阳年辐射总量最小，其中尤以四川盆地为最，存在低于 $1000\ kW\cdot h\cdot m^{-2}$ 的区域。那里雨多、雾多、晴天较少。例如，素有"雾都"之称的成都市，年平均日照时数仅为 1152.2 h，相对日照为 26%，年平均晴天为 24.7 天，阴天达 244.6 天，年平均云量高达 8.4。总体来说，我国非常适合开发利用太阳能资源[3]。

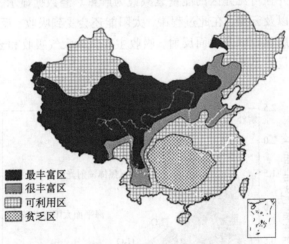

图 1-3　中国年太阳能辐射总量分布示意图

表 1-1　全国太阳辐射总量等级和区域分布表

名称	年总量 /（MJ·m⁻²）	年总量 /（kW·h·m⁻²）	年平均辐照 /（W·m⁻²）	占国土面积/%	主要地区
最丰富区	≥ 6300	≥ 1750	≥ 200	约 22.8	内蒙古额济纳旗以西、甘肃酒泉以西、青海 100°E 以西大部分地区、新疆东部边远地区、四川甘孜部分地区
很丰富区	5040 ~ 6300	1400 ~ 1750	160 ~ 200	约 44.0	新疆大部、内蒙古额济纳旗以东大部、黑龙江西部、吉林西部、辽宁西部、河北大部、北京、天津、山东东部、山西大部、陕西北部、宁夏、甘肃酒泉以东大部、青海东部边缘、西藏 94°E 以东、四川中西部、云南大部、海南

图例：
- 最丰富区
- 很丰富区
- 可利用区
- 贫乏区

续表

名称	年总量 /（MJ·m⁻²）	年总量 /（kW·h·m⁻²）	年平均辐照 /（W·m⁻²）	占国土面积/%	主要地区
可利用区	3780～5040	1050～1400	120～160	约 29.8	内蒙古 50°N 以北、黑龙江大部、吉林中东部、辽宁中东部、山东中西部、山西南部、山西中南部、甘肃东部边缘、四川中部、云南东部边缘、贵州南部、湖南大部、湖北大部、广西、广东、福建、江西、浙江、安徽、江苏、河南
贫乏区	<3780	<1050	<120	约 3.3	四川东部、重庆大部、贵州中北部、湖北 110°E 以西、湖南西北部

1.1.3 光伏发电

目前太阳能利用主要包括三种方式：光热转换、光电转换、光化学转换。光热转换是指将太阳能转化为热能并将获取的热能加以利用，此过程需要充足的太阳辐射才能获取足够多的热能，限制较大。而光化学转换，比如太阳能制氢等，光利用效率较低。相对来说，通过光电转换将太阳能直接转换为电能供人类直接使用是利用太阳能最为有效的方式之一。

随着社会的不断进步，电力作为互联网时代的必需品，需求量也在成倍增加。目前发电的主要方式有：火力发电、水力发电、核能发电、风能发电以及太阳能发电等。在传统的电力供求方面，火力发电占据了电力供应的主体，约为 70%，而新能源发电则略显不足。但是，由于火力发电会造成严重的烟气污染、粉尘污染，并且需要消耗大量的煤炭资源，并不适合目前可持续发展的战略要求。近年来，我国火力发电装机容量增速不断放缓，投资比例不断下降，根据《能源发展战略行动计划》的要求，到 2020 年，煤炭消费比重需控制在 62% 以内，这就造成国内电力需求的日益增长与投资空间受限的矛盾日益尖锐。与此同时，太阳能发电表现出蓬勃的发展活力，"十二五"期间，我国的太阳能发电装机规模增加了 168 倍，截至 2015年年底，我国光伏发电累计容量达到 4318 kW，超越德国成为全球光伏发电装机容量最大的国家。目前，太阳能电池已经成为我们生活中常见的发电装置，如在路灯、手表、手机、汽车以及航空航天等设备与领域中，已逐渐从辅助能源变为必不可少的能源形式[4]。

从全球角度来看，开发与利用太阳能早已成为世界各国的经济发展战略，日本的"阳光计划"、德国的"太阳能计划"等都推动着太阳能电池的持续发展，全球的年新增太阳能电池装机容量逐年攀升。如图 1-4 所示，2008 年全球新增并网光伏装机容量达到 5.6 GW，之后太阳能电池的比重逐年增加，到 2016 年，全球新增并网光伏装机容量已高达 64.54 GW，开启了光伏发电的新篇章。

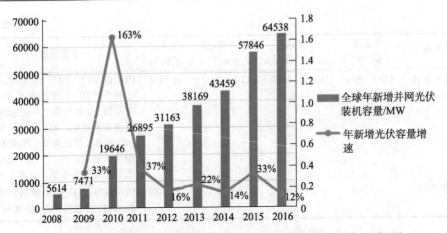

图 1-4 全球年新增并网光伏装机总量与增速（彩图请见封底二维码）

国际能源署（IEA）预计未来太阳能发电占世界电力供应总量的比例有望在 2030 年达到 10%，2040 年达到 20%，2050 年达到 27% 以上，21 世纪末将达到 60% 以上。可以想象，未来人类的生活将会发生翻天覆地的变化，到时将不再依赖化石燃料，空气将是清新的，水将是无污染的，以太阳能电池为动力的组件将在人类的生活中随处可见。

1.2　太阳能电池的基本原理

构筑各类太阳能电池的主要材料通常包括单晶硅、非晶硅、多晶硅、二氧化钛、硫化镉、硒化镉、铜铟镓硒等半导体，这些半导体材料作为电池的关键组成部分严重制约着电池的性能。因此，详细地了解半导体的基本性能、载流子的产生与迁移过程可以更好地认识太阳能电池，从根本上优化太阳能电池的光伏性能。本节将简要介绍半导体的基本知识。

1.2.1　半导体基本知识

按照材料的导电性能，可以将材料分为导体（电阻率 $< 10^{-4}$ Ω·cm）、绝缘体（电阻率 $> 10^9$ Ω·cm）以及半导体（电阻率处于 $10^{-4} \sim 10^9$ Ω·cm）[5]。半导体，通常情况下是指常温下导电性能处于导体和绝缘体之间的材料。半导体的种类非常多，并且分类方式也多种多样。从大范围来讲，半导体可以分为有机半导体和无机半导体；按照材料的功能可以分为微电子材料、光电材料、传感器材料以及微波材料等；按照材料的组成，可以将半导体材料分为两大类，即第IV主族的元素组成的元素半导体，如 Si、Ge 等，以及III-V族和II-VI族化合物半导体材料，如 GaAs、TiO_2、CdSe 等。

　　虽然半导体的种类繁多，电子迁移率、禁带宽度以及光吸收系数也有所差异，但是这些电学性能往往与掺杂浓度、温度息息相关，因此仍有一些相同的基本特征。

　　第一，电学性能可调。半导体的电导率随着掺杂浓度、光、电、热、磁等因素的改变将会产生非常大的差异。

　　第二，载流子是半导体导电的来源。在金属中，存在大量的自由电子，自由电子在电场的作用下可以自由移动，产生电流，因此金属的导电能力强。而半导体材料，通常在外部作用下，会在晶体内部产生载流子（电子或者空穴），然后载流子在驱动力的作用下定向迁移，从而达到导电的目的。

　　第三，负的电阻率温度系数。在金属导体中，随着温度的升高，材料的导电性能往往会降低；与此相反，半导体材料的电阻率能随着温度的升高呈现下降趋势。

　　第四，整流性。将以电子为载流子的 N 型半导体和以空穴为载流子的 P 型半导体组成 P-N 结（具体定义见 1.2.3 节），可以实现电流的单方向传输。

　　第五，光电性。在太阳光的照射下，半导体吸收相应能量的波长，产生激发电子，生成电子-空穴对，而电子-空穴对的分离则是太阳能电池产生电流的基础。

　　早期的半导体材料主要为硅、碲、硒、氧化物以及硫化物，主要应用在整流器、曝光计等。随着研究的深入，目前半导体的应用领域非常广泛，如太阳能电池、二极管和 LED 等领域，其已成为现代电子器件中不可缺少的材料。

1.2.2　能带结构[6]

　　孤立的原子中，核外电子都处于独立的能级上，并且核外电子的排布符合以下三大定律。

　　（1）能量最低原理：电子在原子核外排布时，要尽可能使电子的能量最低；

　　（2）泡利不相容原理：每个轨道最多只能容纳两个电子，且自旋方向相反；

　　（3）Hund 规则：简并轨道（能级相同的轨道）只有被电子逐一自旋平行地占据后，才能容纳第二个电子。

　　当两个原子相互靠近时，原子的核外电子会相互作用，发生交叠：电子从一个原子的运动轨道运动到另一个原子的运动轨道，发生电子的共有化运动。特别是外层电子相互作用强烈，其原子能级会发生相应的分裂，形成两个相近的却各不相同的能级。当原子聚集在一起形成晶体时，电子的共有化程度更大，电子会在整个晶体内部发生迁移。N 个原子聚集在一起发生相互作用，原来的单一能级会分裂成 N 个能级，而 N 个相邻的分裂能级组成近似连续的能带，称为允带。允带之间不存在电子的运动，称为禁带。而电子往往处于能量较低的能带，这些能带都已被电子全部填满，在这些被电子填满的能带中，能量最高的能带称为价带；而稍高能量的能带中并未被电子全部填充，这些能带中能量最低的称为导带，图 1-5 为半导体材料中原子能级的分裂结构示意图。

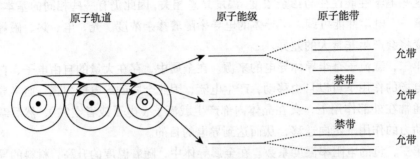

图 1-5　半导体材料中原子能级的分裂结构示意图

　　通过价带与导带之间的关系，可以更好地了解导体、半导体与绝缘体之间的关系。处于绝对零度的材料，所有的电子都在价带中，导带中不存在任何电子，此时材料中并不存在可以导电的电子；当温度升高时，处于价带的电子获得相应的能量，受热激发进入导带，由于导带中还存在大量的空位，进入导带的电子可以自由的移动，并且价带中也由于电子的激发，留下了一个类似于带正电的空位，称为空穴，材料中可以移动的自由电子以及空穴使材料具有导电性。室温下，禁带宽度处于 1～2eV 的半导体材料虽然可以通过吸收热能将电子从价带激发到导带，但是禁带宽度较大，激发的电子数量较少，从而使半导体的导电能力较低。当禁带宽度进一步增加到 5eV 时，价带中的电子很难通过获得能量进入到导带中，导致材料中不存在自由的电子与空穴，因此材料表现出绝缘性。相反，导体中的导带与价带相互重叠，电子可以很轻易地跃迁至导带，详见图 1-6。

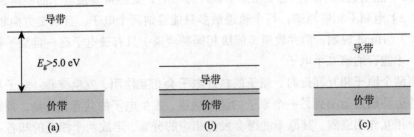

图 1-6　导体、半导体和绝缘体的能带关系
(a)绝缘体；(b)导体；(c)半导体

　　根据导带与价带的位置，可以将半导体分为直接带隙半导体与间接带隙半导体。所谓的直接带隙半导体是指，处于价带上的电子若要激发到导带，只需吸收禁带宽度的能量差；而间接带隙半导体除了吸收禁带宽度的能量差之外，还需要吸收动量，即声子的作用，如图 1-7 所示。

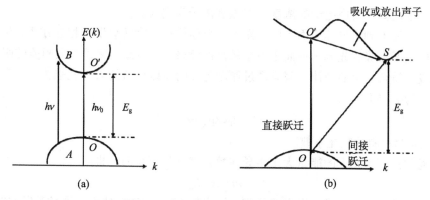

图 1-7　直接带隙与间接带隙的区别

不同半导体的禁带宽度是半导体的重要参数，表 1-2 中列出了常见半导体材料的带隙与物理性质。

表 1-2　常见半导体材料的带隙与物理性质

半导体	禁带宽度 E_g（300 K）/eV	光激发时的跃迁类型	折射率 n	静态介电常数 δ_{1C}
Si	1.11	间接	3.44	11.7
Ge	0.67	间接	4.00	16.3
Se	1.74	直接	5.56	8.5
GaAs	1.43	直接	3.40	12
ZnO	3.20	直接	2.20	7.9
CdS	2.43	直接	2.50	8.9
CdTe	1.50	直接	2.75	10.6

1.2.3　载流子

半导体材料的导电性能处于导体与绝缘体之间，其主要的原因就是处于价带上的电子吸收与其禁带宽度相当的外界能量，将电子激发至导带，在价带上留下一个相当于带有正电荷的空穴，同时在导带上形成一个可以自由移动的电子，即电子-空穴对，也称之为载流子。

半导体材料的导电性能同时取决于载流子的浓度、分布以及迁移率。通常情况下，高纯的半导体材料中电子与空穴的浓度相当，称为本征半导体。为了提高半导体的导电能力，往往需要人为有目的地向本征半导体材料中添加某种元素，造成空穴与电子浓度的差异，含量较多的载流子称为多数载流子。而根据导电载流子的不同，可以将半导体材料通过掺杂形成 N 型半导体和 P 型半导体。在 N 型半导体中，自由电子的浓度高于空穴的浓度，多数载流子为自由电子；相反，在 P 型半导体中，空穴的浓度高于自由电子的浓度，多数载流子为空穴。

　　当光照射到半导体表面上时，光子与半导体材料之间会发生相互作用，位于价带上的电子会吸收光能，从而激发至较高的能带——导带，完成对太阳能的吸收。光的吸收符合一定的规律，假设透过厚度为 x 的固体材料的入射光强为 I_0，穿过后的光强为 I，则

$$I = I_0 \exp(-\alpha x)$$

其中，α 为材料的吸光系数。

　　通常只有当光子的能量大于半导体禁带宽度的能量时，即

$$h\upsilon \geqslant E_g$$

才能将价带上的电子成功激发至导带，形成电子-空穴对。然而，受光激发的电子-空穴对在晶体内部随机移动，当导带上的电子与价带相互靠近时，自由电子很可能回落，与空穴相互作用，导致电子、空穴同时消失，称之为载流子的复合作用。

　　在载流子的复合过程中，电子从较高能量的能级跃迁至较低能量的能级，会伴随着能量的释放，根据能量的形式，复合方式主要分为三种形式：

　　（1）发射光子，以光能的形式散发，主要的表现形式为材料的发光现象，称为辐射复合或者是发光复合；

　　（2）放出声子，在此过程中，多余的能量主要传递给材料的晶格，产生热量，主要的表现形式为材料的温度升高，称为非辐射复合；

　　（3）能量的传递，将多余的能量转移至其他的载流子，增加其他载流子的能量，称为俄歇复合。

　　在太阳能电池中，电子-空穴对的复合作用非常严重，是限制光电转化效率的关键，如何抑制复合作用以及增加光子的捕获效率也是太阳能电池的研究重点。

1.3　太阳能电池的发展历史及分类

1.3.1　太阳能电池的发展简史

　　自 1839 年法国的物理学家 Alexandre Edmond Becquerel 发现"光生伏打"效应以来，关于太阳能电池的研究从未间断过，并且取得了质的飞跃[7]。1954 年，第一个具有实用价值的 P-N 型单晶硅太阳能电池由美国科学家研制成功，光电转化效率达到 6%，为后来太阳能电池实现商业化奠定了基础[8]。不久之后，美国 Hoffman 公司研制出了效率为 10%的商业硅太阳能电池。1980 年，美国科学家研制出光电转换效率超过 10%的铜铟硒太阳能电池样机；同年，效率达到 8%的非晶硅太阳能电池相继开发成功。随着材料和技术的进步，以不同半导体材料为基础的太阳能电池也陆续问世，主要包括以无机物为主的碲化镉、铜铟镓硒等多元化合物以及导电

高分子材料。为了更好地适应社会发展的需求，追求更加环保清洁高效的太阳能电池，瑞士洛桑科学家 Grätzel 教授在 1991 年首次将介孔 TiO₂ 薄膜作为光阳极材料，选用过渡金属钌的配合物作为敏化剂，含有氧化还原电对的溶液作为电解质，以及金属铂作为对电极材料组装成一种新型的薄膜太阳能电池——染料敏化太阳能电池（dye-sensitized solar cell，DSSC），其光电转换效率达到 7.1%[9]。通过关键材料和组装技术的不断革新，目前 DSSC 的效率已达到 14%[10]。由于其具有成本低、无毒无污染、制备工艺简单，可以实现在柔性基体上进行"卷对卷"生产等优点，吸引了国内外科学家以及企业界的关注，成为了太阳能电池领域的研究热点之一。

1.3.2　太阳能电池的分类

太阳能电池是一种吸收太阳能，经过特定结构将其转化为电能的光电装置。在追求高效太阳能电池的历史长河中产生了各种各样的电池，其中包括材料的不同、结构的不同以及原理的差异等。因此，为了更好地了解太阳能电池的基本原理，以及优化太阳能电池的光电转化效率，人们根据电池中所用的半导体材料，将太阳能电池主要分成五大类，分别为：硅系太阳能电池、多元化合物薄膜太阳能电池、敏化纳米晶太阳能电池、聚合物太阳能电池以及钙钛矿太阳能电池。目前各种太阳能电池的光电转换效率的攀升曲线如图 1-8 所示。

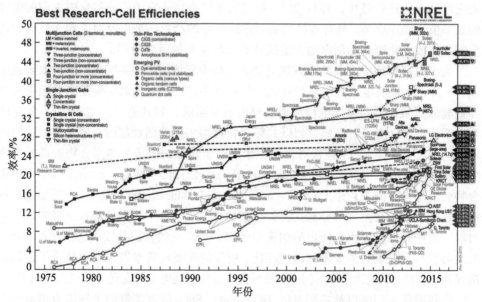

图 1-8　各种太阳能电池的光电转换效率的攀升曲线（彩图请见封底二维码）

以硅材料为主的太阳能电池又可以分为三种类型：单晶硅太阳能电池、多晶硅太阳能电池、非晶硅太阳能电池。由于较高的结晶度和载流子迁移率以及成熟的制备工艺，单晶硅太阳能电池的光电转换效率最高，达到 25% 以上[11]。但是，高质量的单晶硅制备工艺苛刻，成本高，因此为了提高太阳能电池的实际使用性，多晶硅材料也相继被引入到太阳能电池中。多晶硅材料内部结晶性能较差，造成不连续的P-N 结，虽然与单晶硅材料相比，较低的载流子迁移率造成较低的光电转换效率，但是其较低的成本为实现大面积的太阳能电池的制备奠定了基础[12]。而内部原子排列无序的非晶硅作为一种新型的硅太阳能电池材料[13]，在 20 世纪 70 年代中期得到了极大的发展，其最大的优点就是大大减小了电池的生产成本，然而性能却是硅太阳能电池中最差的，目前主要用做弱光性电源，如何提高非晶硅的光电转化效率是目前的研究热点。

多元化合物薄膜太阳能电池主要是以砷化镓、硫化镉、碲化镉以及铜铟镓硒为核心材料的器件[14,15]。这些材料都具有较低的禁带宽度，吸收波长的范围可延至 700～1200 nm 的红外光谱区，同时，较高的光吸收效率、光发射效率、对热不敏感以及抗辐射性能强都使得多元化合物成为一种理想的太阳能电池材料。虽然砷化镓电池的理论效率较高，但是它的生产成本高昂，不适合太阳能电池的大规模生产。铜铟镓硒薄膜太阳能电池的发展弥补了砷化镓太阳能电池的成本问题，并且效率可以达到 19%，与多晶硅太阳能电池的效率接近。目前，此类电池已经实现商业化生产，然而镓和硒的储量有限，限制了此类电池的发展。硒化镉太阳能电池制备简单，因而它的商业化进程最快，并且 2013 年通用电气全球研发中心的硒化镉太阳能电池的效率值达到 19.6%。具有毒性的镉元素对环境的严重污染以及对工作人员健康的危害是造成硒化镉太阳能电池无法跃升为市场主流的重要原因。

为了更好地适应人类社会发展的要求，减少环境污染，实现高性能的太阳能电池，聚合物太阳能电池近年来受到人们的广泛关注。此类电池主要是由共轭聚合物和富勒烯衍生物以及金属电极和透明导电玻璃组成，如共轭聚合物/PCBM 复合体系太阳能电池。当入射光照射到以共轭聚合物为主体的活性层时，聚合物吸收相应能量的光子并产生电子–空穴对，之后激发电子转移到电子受体聚合物的最低空余分子轨道（lowest unoccupied molecular orbital，LUMO）能级，而空穴则停留在聚合物的最高占有分子轨道（hightest occupied molecular orbital，HOMO）能级上，从而实现光生电子与空穴的分离。制备工艺简单、成本低、质量低并且还易实现"卷对卷"生产是聚合物太阳能电池的突出优点[16,17]。虽然目前其效率已经超过 10%，但是与现有比较成熟的太阳能电池相比，较低的光吸收效率以及电荷载流子迁移率造成其效率低、填充因子小等问题，使得聚合物太阳能电池目前还无法进入光伏市场。

染料敏化太阳能电池主要是以 TiO_2、ZnO、SnO_2 等宽禁带的半导体为纳米晶作为电子传输材料，通过染料的激发来实现电子–空穴对的分离。在光照下，其效率可以达到 12.3%[18]，并且它的制造成本低，仅有硅太阳能电池的 1/10～1/5，制作工艺简单、性能稳定，具有很好的应用前景。同时科学家利用窄禁带宽度的量子点，比如 CdS、CdSe、CdTe、In_2S_3、PbS、InP、$CdSe_{1-x}Te_x$ 等作为敏化剂来代替常用的有机敏化剂，极大地降低了生产成本，形成了量子点敏化太阳能电池这一新研究领域[19-21]。作为一种新型薄膜太阳能电池，敏化纳米晶太阳能电池结合其本身的优异性能，通过对电池的结构和性能的进一步优化，未来有望与晶硅太阳能电池互为补充。

2013 年以来，在固态染料敏化太阳能电池的基础上发展起来的钙钛矿太阳能电池引起了学术界的广泛关注，其光电转化效率已达到 21.6%[22]。这种具有钙钛矿空间结构的材料组成可以表示为（RNH_3）BX_3，其中 R 为烷基，B 为铅等金属，X 为卤族元素（I、Cl、Br），具有很宽的吸收峰，其光响应波长从可见光区延伸至近红外区[23]。钙钛矿太阳能电池的生产工艺简单、不需要价格昂贵的设备以及传统电池在生产过程中所需的苛刻条件，并且能耗低、环境友好，加之纳米科技的蓬勃发展，钙钛矿太阳能电池被认为是一类发展潜力巨大的光伏器件之一。但是，钙钛矿太阳能电池容易在潮湿空气中发生潮解导致电池性能衰减严重，这也是限制钙钛矿太阳能电池实际应用的主要因素，如何提高其稳定性是将钙钛矿太阳能电池推向商业化的关键。

1.4　太阳能电池的发展前景

作为新能源中的重要组成部分，太阳能肩负起未来能源供给的重大使命。目前光伏技术在国家政策、资金的支持下获得了很大的进步，太阳能电池的身影已经在生活生产中随处可见，如路灯、手表、汽车等，同时太阳能电池也逐步从以前的航天航空等军事领域拓展到通信、工业、农业领域以及边远地区的供电设备。

为了缓解全球能源危机，在世界各国的大力支持下，太阳能电池得到了迅速蓬勃的发展，发电量逐年增加，光伏发电已在世界能源结构中占据着举足轻重的位置。面对环境和能源危机，开发清洁的绿色能源刻不容缓，相信在未来，光伏将在我们的衣、食、住、行等方面发挥着不可代替的作用。

参 考 文 献

[1] 张春福, 张进成, 马晓华, 等. 半导体光伏器件. 西安: 西安电子科技大学出版社, 2015.
[2] 翁敏航, 刘玮. 太阳能电池——材料·制造·检测技术. 北京: 科学出版社, 2013.
[3] 李益言. 我国太阳能资源的分布. 中国能源, 1977: 47.
[4] 2015 年节能低碳产业太阳能光伏发展情况及 2016 年趋势. http://www.askci.com/news/change/ 2015/12/25/1737578.mn5.shtml 2015-12-25.
[5] 王季陶, 刘明登. 半导体材料. 北京: 高等教育出版社, 1990.
[6] 王东, 杨冠东, 刘富德. 光伏电池原理及应用. 北京: 化学工业出版社, 2014.
[7] Santberg R, Becquerel E. Mčmoire sures effects electriques produits sous l'influence des

rayons solaires. Comptes Rendus, 1839, 9: 561-567.

[8]   Chapin D M, Fuller C S, Pearson G L. A new silicon p-n junction photocell for converting solar radiation into electrical power. J. Appl. Phys., 1954, 25: 676,677.

[9]   O'Regan B, Grätzel M. Low-cost, high-efficiency solar cell based on dye-sensitized colloidal TiO_2 films. Nature, 1991, 353: 737-740.

[10]   Kakiage K, Aoyama Y, Yano T, et al. Highly-efficient dye-sensitized solar cells with collaborative sensitization by silyl-anchor and carboxy-anchor dyes. Chem. Commun., 2015, 51: 15894-15897.

[11]   Green M A, Emery K, King D L, et al. Solar cell efficiency tables (Version 39). Prog. Photovolt: Res. Appl., 2012, 20: 12-20.

[12]   Rath J K. Low temperature polycrystalline silicon: a review on deposition, physical properties and solar cell applications. Sol. Energy Mat. Sol. C., 2003, 76: 431-487.

[13]   Hamakawa Y. Recent progress of amorphous silicon solar cell technology in Japan. IEEE Photovoltaic Specialists Conference, 1991, 2: 1199-1206.

[14]   Romeo N, Bosio A, Canevari V, et al. Recent progress on CdTe/CdS thin film solar cells. Sol. Energy, 2004, 77: 795-801.

[15]   Azimi H, Hou Y, Brabec C J. Towards low-cost, environmentally friendly printed chalcopyrite and kesterite solar cells. Energy Environ. Sci., 2014, 7: 1829-1849.

[16]   Li G, Zhu R, Yang Y. Polymer solar cells. Nat. Photonics, 2012, 6: 153-161.

[17]   Chen J, Cui C, Li Y, et al. Single-junction polymer solar cells exceeding 10% power conversion efficiency. Adv. Mater., 2015, 27: 1035-1041.

[18]   Yella A, Lee H W, Tsao H N, et al. Porphyrin-sensitized solar cells with cobalt (II/III)-based redox electrolyte exceed 12 percent efficiency. Science, 2011, 334: 629-634.

[19]   Ye M D, Chen C, Zhang N, et al. Quantum-dot sensitized solar cells employing hierarchical Cu_2S microspheres wrapped by reduced graphene oxide nanosheets as effective counter electrodes. Adv. Energy Mater., 2014, 4: 1079-1098.

[20]   Duan J L, Zhang H H, Tang Q W, et al. Recent advances in critical materials for quantum dot-sensitized solar cells: a review. J. Mater. Chem. A, 2015, 3: 17497-17510.

[21]   Kamat P V. Boosting the efficiency of quantum dot sensitized solar cells through modulation of interfacial charge transfer. Acc. Chem. Res., 2012, 45: 1906-1915.

[22]   Saliba M, Matsui T, Domanski K, et al. Incorporation of rubidium cations into perovskite solar cells improves photovoltaic performance. Science, 2016, 354: 206-209.

[23]   Gao P, Grätzel M, Nazeeruddin M K. Organohalide lead perovskites for photovoltaic applications. Energy Environ. Sci., 2014, 7: 2448-2463.

第 2 章　染料敏化太阳能电池

染料敏化太阳能电池是继第一代硅太阳能电池（包括单晶硅和多晶硅太阳能电池）、第二代薄膜太阳能电池（包括非晶硅太阳能电池、硒化镉太阳能电池、铜铟镓硒太阳能电池）之后的第三代太阳能电池，具有制备工艺简单、生产成本低、无污染、效率高、可以实现卷对卷的大规模生产等优点。本章节将主要介绍关于染料敏化太阳能电池的相关基础知识。

2.1　染料敏化太阳能电池的发展历史

从光伏现象发现伊始，人们就开始追求高效稳定的光电转换设备，将宽禁带的半导体材料如 TiO_2、ZnO、SnO_2 等引入到太阳能电池，则是太阳能电池发展史上的一大突破。

宽禁带半导体材料通常具有很好的化学稳定性，同时对于太阳光的吸收仅限于紫外线部分，对可见光的吸收较少，如何利用这些宽禁带半导体并且增加对光的吸收率在很长一段时间内制约着材料的发展应用。之后，人们通过将对可见光具有较大吸收作用的染料分子与以上优良的半导体材料复合，在很大程度上拓宽了对太阳光的响应，这称之为半导体的敏化作用。

利用敏化后的宽禁带半导体材料作为光阳极，组装成具有特定结构的可以吸收太阳光并将其转化为电能的器件，我们称其为染料敏化太阳能电池[1]。然而，在此类电池发展初期，由于技术的不足，电池的光电转化效率非常低，主要原因是：早期所使用的光阳极材料为致密的无机半导体，比表面积较小，而染料分子在半导体表面的吸附方式为单分子层吸附，导致半导体表面所吸附的染料分子较少，对光的捕获效率很低，不利于电子的产生，因此，早期的染料敏化太阳能电池的效率非常低，通常不足 1%，严重制约着染料敏化太阳能电池的进一步发展。直到 1991 年，瑞士科学家 Grätzel 首次利用宽禁带的介孔 TiO_2 纳米晶薄膜作为染料分子的吸附载体，解决了染料负载量低的问题。通过将金属钌的配合物染料与介孔 TiO_2 纳米晶薄膜和铂对电极结合，将染料敏化太阳能电池的效率提升至 7.1%，这一成果在染料敏化太阳能电池的发展史上具有重要里程碑意义，也为染料敏化太阳能电池的进一步发展提供了崭新的思路。

对于染料敏化太阳能电池来说，影响光电转化效率的关键因素是光敏染料对入射太阳光的吸收。通过对新型染料的探索，染料敏化太阳能电池的光吸收和转换能力不断提升，截至 2004 年，染料敏化太阳能电池的光电转换效率已经达到 11.04%。

近年来，染料敏化太阳能电池受到广泛的关注，世界上众多的团队都投入到了对电池的结构、关键材料的研究中，到 2015 年，染料敏化太阳能电池的光电转换效率达到了 14%。目前，瑞士、美国、日本以及澳大利亚都已经实现了对染料敏化太阳能电池的小规模生产。2016 年 8 月，中国科学院上海硅酸盐研究所以 1 亿元人民币转让费，将染料敏化太阳能电池的关键材料及器件技术整体转让给深圳光和精密自动化有限公司，共同推进染料敏化太阳能电池的规模化生产和产业化应用。同时，在传统电池结构的基础上，又发展了多种新型的太阳能电池，如 P 型染料敏化太阳能电池、柔性染料敏化太阳能电池、纤维状染料敏化太阳能电池、可拉伸染料敏化太阳能电池等（详见第 6 章）。图 2-1 为染料敏化太阳能电池的发展历程。

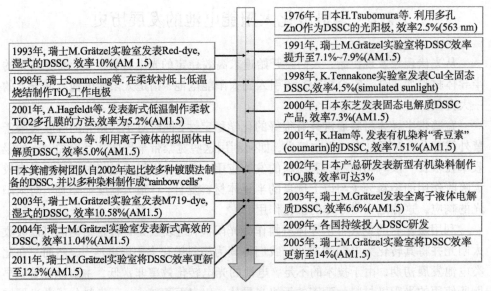

图 2-1 染料敏化太阳能电池的发展历程

相对于其他类型的太阳能电池，染料敏化太阳能电池具有独特的优势：

（1）成本低。其成本比传统硅太阳能电池低 1/5 ~ 1/10。

（2）制备简单。在电池的制备过程中不需要昂贵的设备，不需要真空等苛刻的制备条件。

（3）清洁高效。染料敏化太阳能电池在使用过程中没有任何额外的副产物生成，同时电池的主体材料为 TiO_2，具有很好的稳定性。

（4）可以实现卷对卷的大规模生产。此器件既可以在刚性的基体上组装，也可以在柔性衬底上实现，并且可以通过印刷的方式实现大规模制备。

（5）电池的发电能力较高。染料分子对于可见光的响应能力较强，在光强不是太弱的情况下也可以很好地发电，符合太阳能电池的基本要求。

（6）具有一定的装饰性能。不同的染料分子具有不同的颜色，将染料敏化太阳能电池作为装饰品可以在建筑、交通工具等方面实现一定的装饰作用。

面对日益严重的能源危机，染料敏化太阳能电池具有如此多的优点，吸引了一批又一批的科学家为之努力，以追求实现工业化生产。在不断地追求与探索的过程中，逐渐形成了以染料敏化太阳能电池为中心的知识结构。为了让大家更好地了解关于染料敏化太阳能电池的基础知识以及研究现状，本书将开展对染料敏化太阳能电池结构、性能等方面的介绍。

2.2　染料敏化太阳能电池的基本结构

染料敏化太阳能电池与传统的硅太阳能电池相比，器件结构有明显的差异，后者主要是利用 P-N 结实现电子的迁移，电池无明显的氧化还原反应；而前者则是利用半导体之间的能级差异以及氧化还原电对实现染料分子的再生，从而完成电池的运转过程。如图 2-2 所示，典型的染料敏化太阳能电池主要由五大部分组成[2]：

（1）透明导电氧化物（transparent conductive oxide，TCO）：作为电极的基体材料，起到支撑、透光、收集电子的作用；

（2）光阳极（photoanode）：透明的宽禁带半导体纳米晶薄膜，主要作用是吸附敏化剂，传输光生电子；

（3）敏化剂（sensitizers）：吸收太阳光，将光能转化为电能；

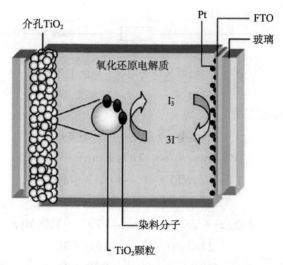

图 2-2　典型的染料敏化太阳能电池的基本结构（彩图请见封底二维码）

（4）电解质（electrolyte）：通常为 I⁻/I₃⁻氧化还原电对，充当电荷交换媒介，起到连接光阳极与对电极的"桥梁"作用；

（5）对电极（counter electrode）：电池的正极，主要作用是收集外电路电子，催化电解质的还原反应。

2.3　染料敏化太阳能电池的基本原理

在太阳光的照射条件下，吸附在介孔 TiO₂ 薄膜上的有机染料分子会吸收光子使染料分子由基态（S）跃迁到激发态（S*）（反应 1 和反应 2）并释放电子。激发的电子很快地注入 TiO₂ 的导带（反应 4），经由 TiO₂ 形成的导电通道被 FTO 导电玻璃收集，最终经外电路收集流向对电极。处于氧化态的敏化剂被 I⁻还原生成 I₃⁻（反应 3），I₃⁻在浓度差的驱动下由 TiO₂/电解质界面扩散至对电极。在对电极的催化下，富集在对电极的电子将 I₃⁻还原为 I⁻（反应 7），从而完成一个循环，如图 2-3 所示。

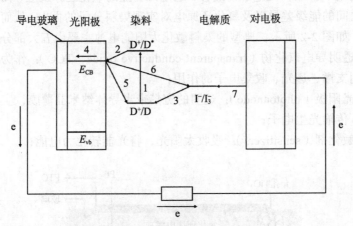

图 2-3　染料敏化太阳能电池的工作原理

其主要的反应过程为

$$TiO_2/dye + h\nu \longrightarrow TiO_2/dye^* \tag{1}$$
$$TiO_2/dye^* \longrightarrow TiO_2/dye(h) + TiO_2(e) \tag{2}$$
$$2TiO_2/dye(h) + 3I^- \longrightarrow 2TiO_2/dye + I_3^- \tag{3}$$
$$TiO_2(e) + FTO \longrightarrow TiO_2 + FTO(e) \tag{4}$$
$$TiO_2(e) + TiO_2/dye(h) \longrightarrow TiO_2 + TiO_2/dye \tag{5}$$
$$2TiO_2(e) + I_3^- \longrightarrow TiO_2 + 3I^- \tag{6}$$
$$2FTO(e) + I_3^- \longrightarrow FTO + 3I^- \tag{7}$$

　　染料敏化太阳能电池在运行过程中，由于电池内部存在大量的电子复合反应，造成光电流和光电压的损失，其光电转换效率要远小于理论值。主要的复合反应过程是 TiO_2 导带上的电子将氧化态的敏化剂还原为基态的复合反应（反应（5）），以及与电解质中的 I_3^- 发生复合反应（反应（6））。减少电子的复合反应以及加快反应（7）的进行，将有效提高电池器件的光电性能。而加快反应（7）的进行，则需要催化性能优异的对电极材料[3-6]。

　　综上所述，可以将电池的运行过程分为光诱导电子转移过程、电极中电子的运输过程以及电子在界面的复合反应过程。

2.3.1　电子–空穴对的分离

　　未被光照时，染料敏化太阳能电池并没有电流的生成，染料分子与工作电极以及电解质之间不存在电势差，处于一定的平衡状态。相反，在光的诱导下，染料分子被光激发，其外层电子发生能级跃迁，从染料分子的 HOMO 能级跃迁至 LUMO 能级，从而产生电子与空穴的分离，造成电势差，即工作电极的导带与染料分子 LUMO 能级的混合能级和染料分子 HOMO 能级与氧化还原电解质的氧化还原电位的混合能级之间的电位差（ΔV），也就是染料敏化太阳能电池所能达到的最大理论电压。

　　若处于激发态分子的 LUMO 能级高于附近分子的 LUMO 能级或者是半导体的导带，则激发态分子作为给体将电子转移到附近分子；同样的，若激发态分子的 HOMO 能级低于附近分子的 HOMO 能级，则激发态分子将产生的空穴转移到附近的分子，将这种由光激发后能级的差异造成的电子转移称为光诱导电子转移反应，染料敏化太阳能电池中光生电子的转移过程主要发生在染料分子与宽禁带半导体之间。

　　在染料敏化太阳能电池中，并不是所有的光生电子都可以完成电子的转移过程，必须符合一定的条件，即能级匹配。图 2-4 详细地说明了染料敏化太阳能电池中染料与工作电极以及电解质之间的能级关系。

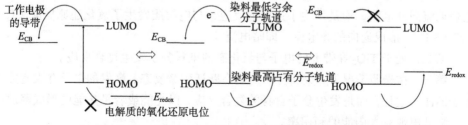

图 2-4　工作电极/染料/电解质界面相对的能带关系图

　　从图中可以明显地看出，顺利完成光诱导电子的转移过程需要满足如下条件：
（1）首先，染料作为电池中的吸光剂，需要尽可能多地吸收光能，这就需要其禁带宽度不能过大。

（2）染料分子的 LUMO 能级必须高于工作电极的导带，实现染料分子向半导体的电子注入。

（3）染料分子的 HOMO 能级必须高于工作电极的价带，并且低于氧化还原电解质的氧化还原能级。

染料分子受光激发的电子并不能实现完全的转移，因此常利用电子的注入效率（Φ_{inj}）来衡量光生电子的转移过程[7]。电子的注入效率主要取决于电子注入反应速率常数（K_{inj}）以及电子激发态的寿命（τ），并且符合公式：

$$\Phi_{inj} = \frac{K_{inj}}{\tau^{-1} + K_{inj}}$$

可以发现，电子的注入反应速率越大，电子的激发寿命越长，电子的注入效率则越强；相应地，组成的染料敏化太阳能电池的电池性能就越优异。

大量的研究表明，激发态的染料分子向半导体的电子注入过程是非常复杂的，它不仅与分子的能级结构有关，还与染料以及半导体本身的性质、染料的吸附状态、溶液等各方面因素紧密相关。研究表明，不同染料分子的电子注入效率可以在 $0.2 \sim 1$ 进行变化。

2.3.2 光生电子的复合

在染料敏化太阳能电池中，生成电子–空穴对并发生分离之后，需要将电子进行收集并向外电路输运，在这一过程中，电子并不是单一地向外电路输送，而是存在着各种复合反应，从而严重影响着染料敏化太阳能电池的光电压与光电流的输出效率。

经过实验测试，电池中的复合反应主要发生在各种界面处，如工作电极与电解质的界面、导电玻璃与电极的界面以及其他各种界面处。在传统染料敏化太阳能电池结构中，主要包括三部分的复合反应：

第一，经过电子–空穴对分离后的部分电子注入 TiO_2 导带上之后，并没有经过导电玻璃流向外电路，而是发生了逆向的反应，与电解质发生了氧化还原反应（$I_3^- + 2e^- = 3I^-$），形成逆向的光电流，即暗电流。

第二，处于 TiO_2 导带上的电子与氧化态的染料分子发生复合反应。

第三，在光照情况下，染料分子从基态跃迁到激发态，激发的电子并没有完成电子的注入过程，而是发生分子自身的复合反应，以光能或者是热能的形式释放能量，降低电池对太阳能的利用率。

在以上的三种复合反应中，第一种复合反应决定了电池内部复合反应的总过程，占主导地位，虽然会存在第二种复合状况，但是相对于 I_3^- 与 TiO_2 导带上电子的复合反应来说，其他反应可以忽略不计。

电解质中的 I_3^- 与 TiO_2 表面电子的复合过程主要包括如下步骤[8,9]：

（1）电解质中的 I_3^- 在 TiO_2 表面进行解离：

$$I_3^- \longleftrightarrow I_2 + I^-$$

（2）解离后的 I_2 在 TiO_2 表面捕获电子生成 $I_2 \cdot^-$ 自由基负离子：

$$I_2 + e^- \longleftrightarrow I_2 \cdot^-$$

（3）进一步，$I_2 \cdot^-$ 自由基负离子发生歧化反应或者获得第二个电子生成 I^-：

$$2I_2 \cdot^- \longleftrightarrow I_3^- + I^-$$

$$I_2 \cdot^- + e^- \longleftrightarrow 2I^-$$

详细研究这些复合过程，寻求适当的方法来避免或者降低这些不利因素对于提高电池的性能具有非常重要的实用意义。目前对于电池内部电子复合反应的机理主要有两种说法，即复合反应受反应动力学控制和扩散控制。对于两种不同的控制机理，基本内容大体一致，如上所述，不同之处在于两种机制的复合反应速率的控制步骤不同。反应动力学控制机理认为 TiO_2 表面的电子含量巨大，很快会与解离后的 I_2 发生反应并且达到平衡状态，然而自由基离子的下一步反应控制了整个电子复合过程，当反应 3 的反应速率较大时，电池内部的复合反应速率将明显增加；而扩散反应控制机理认为解离后的 I_2 更加容易获得第一个电子生成自由基离子，反应速率较大，当纳米晶半导体中的电子扩散速率远小于电子的复合速率时，电子的复合控速步骤则为电子的扩散过程。目前对于两种复合机制并没有达成统一的看法，两种机制各有优势与不足，但是现在普遍认为扩散控制机制在实验的解释上更加优于反应动力学控制机制。因此，对于染料敏化太阳能电池中，电子的复合反应机制仍将是后续研究的重点。

2.4　染料敏化太阳能电池的评价与表征测试

太阳能电池作为一个将太阳能转化为电能的有效装置，具备测试并且分析将太阳能转化为电能的能力对于科研人员至关重要。由于太阳能电池相当于一个 P 型半导体和一个 N 型半导体结合而成的 P-N 二极管。在一定的光照情况下，电池会产生相应的电流与电压，获得一条电流–电压特征曲线（J-V 曲线）。

2.4.1　光伏性能测试

通常太阳能电池具有四个关键的电学性能参数：短路电流密度（short circuit current density，J_{sc}）、开路电压（open circuit voltage，V_{oc}）、填充因子（fill factors，FF）以及光电转换效率（photoelectric conversion efficiency，η）。图 2-5 为典型的染料敏化太阳能电池在光照条件下及未光照条件下的 J-V 特征曲线。

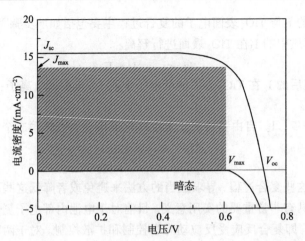

图 2-5　典型的染料敏化太阳能电池在光照条件下及未光照条件下的 J-V 特征曲线
（彩图请见封底二维码）

短路电流密度表示当电池在没有外加偏压时，外电路的负载为零，电池处于短路状态，流向反向偏压的最大电流密度，即纵坐标的截距。电流的大小理论上主要是由染料激发的电子数量、电子的注入效率以及电荷在传输过程中的复合效率等决定。

开路电压是指当器件处于开路状态时所能达到的电压，其理论大小取决于宽禁带半导体的费米能级与电解质的氧化还原电势之间的能级差，即

$$V_{oc} = E_{(femi)semi} - E_{electrolyte} = \frac{kT}{q}\ln\left(\frac{J_{sc}}{J_{dark}} + 1\right)$$

其中，$E_{(femi)semi}$ 表示半导体的费米能级；$E_{electrolyte}$ 表示电解质的氧化还原电势；k 为玻尔兹曼常量；T 为热力学温度。

从公式中，可以很好地理解，对于一个太阳能电池，要想获得较高的开路电压，需要电池的 J_{sc}/J_{dark} 具有很高的值。

另外，在染料敏化太阳能电池中，也可以用表达式进行具体的计算：

$$V_{oc} = \left(\frac{kT}{e}\right)\ln\left(\frac{I_{inj}}{n_{CB}k_{dark}[I_3^-]}\right)$$

式中，e 为电子电量；n_{CB} 为半导体导带上的电子数量；I_{inj} 为染料激发电子向半导体导带的注入速率；k_{dark} 为电解质与光生电子的暗反应速率常数；$[I_3^-]$ 为电解质中 I_3^- 的摩尔浓度。

从上式中可以看出，开路电压与电池的暗电流成反比，与电子的注入速率成正比，暗电流越小，电子向半导体的注入速率越快，电池的开路电压越高。

从 J-V 曲线中可以发现，在电压不同时，电池的输出功率也在逐渐变化，

$$P = J \times V$$

当电池的电流与电压达到某一点时，电池的输出功率达到最大值：

$$P_{\max} = J_{\max} \times V_{\max}$$

填充因子表示电池最大输出功率时的最大输出电流密度（$J_{\max}$）和最大输出电压（$V_{\max}$）的乘积与开路电压和短路电流乘积的比值：

$$\mathrm{FF} = P_{\max}/(J_{sc} \times V_{oc}) = (J_{\max} \times V_{\max})/(J_{sc} \times V_{oc})$$

也就是 $J_{\max}$ 和 $V_{\max}$ 所组成的矩形面积与 J_{sc} 和 V_{oc} 所组成的矩形面积之比。填充因子的大小反映了电池效率曲线的形状以及电池的性能。对于具有确定的开路电压和短路电流值的 J-V 特征曲线来说，填充因子越接近于 1，曲线越接近于矩形，电池的输出功率越大。

光电转换效率是指光照条件下，光转换为电能的指标，是电池最大的输出功率与入射光最大的输入功率（P_{in}）的比值：

$$\eta = P_{\max}/P_{in} = \mathrm{FF} \times J_{sc} \times V_{oc}/P_{in}$$

太阳能电池的各项参数往往受各种因素的影响，比如温度、光照强度、湿度等，因此，在不同的地区、不同的测试条件下都会产生不同的参数，不利于电池性能的评价。为了更好地、方便直观地了解电池的性能，目前通用的测试标准条件是入射光谱为 AM1.5，100 mW·cm^{-2}，外界温度为 25℃。

2.4.2　形貌分析

电池的性能与电池的组成部分息息相关，而相关组成又在根本上影响着宽禁带半导体的电子传输能力或者对电极催化剂对电解质的电化学催化能力。在染料敏化太阳能电池中，无论是半导体还是对电极，都具有非常小的尺寸，纳米科学在电池中的应用十分广泛。利用电子成像技术直观地观察各个电极的物质形貌，对电池的研究至关重要。

目前观察材料微观形貌最普遍的分析仪器为扫描电子显微镜和透射电子显微镜，两种仪器在结构、工作原理、放大倍数等方面各有不同。

1. 扫描电子显微镜[10,11]

当一束能量很高的电子轰击在材料的表面时，入射电子会与材料发生反应，产生二次电子、俄歇电子、特征 X 射线、透射电子、背散射电子、吸收电子等，同时也可以产生各种电磁辐射、晶格振动、电子振荡等。扫描电子显微镜正是利用这些信号产生机理的不同，通过收集分析，获得材料的形貌。图 2-6 为电子束与固体样品相互作用时产生的物理信号。

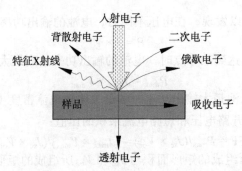

图 2-6　电子束与固体样品相互作用时产生的物理信号

扫描电子显微镜的基本原理为：用一束极细的高能电子束扫描样品，在材料的表面激发出次级电子（通常为二次电子或者是背散射电子），而次级电子产生的多少与电子束入射的角度有关，换句话说，也就是与测试样品的表面形貌有关，通过探测器对次级电子进行收集，并且将其转化为光信号，经放大器放大，在显示屏上进行成像，扫描电子显微镜目前一般可以放大到 10 万倍至 15 万倍。

扫描电子显微镜主要由三大部分组成：真空系统、电子束系统以及成像系统，具体结构如图 2-7 所示。

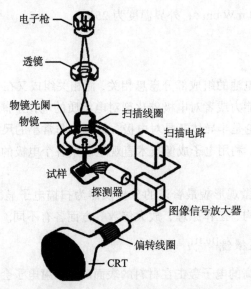

图 2-7　扫描电子显微镜成像示意图

真空系统主要是负责提供测试过程中需要的真空条件，电子束系统以及成像系统都放置于真空系统中，确保电子光学系统正常工作，防止样品污染，保证灯丝的工作寿命等。电子枪作为扫描电子显微镜的电子光源，需要发射出高亮度、高稳定性的电子束，目前主要包括场致发射电子枪以及热发射电子枪（钨枪和硼化镧枪），然后通过聚光镜会聚电子，将来自电子枪的电子束聚集成亮度高、直径小的入射束来轰击样品，使样品产生各种物理信号。通过信号收集系统进一步将物理信号收集起来，然后成比例地转换成光信号，经放大后再转换成电信号输出，这种信号就用来作为扫描像的调制信号，需要明确的是，在收集二次信号时，不同的物理信号需要配制不同的信号收集系统。最后，通过图像信号放大器将信号收集器输出的信号成比例地转换为阴极射线显像管电子束强度的变化，这样就在荧光屏上得到一幅与样品扫描点产生的某一种物理信号成正比例的亮度变化的扫描像，同时用照相的方式记录下来，即可得到一张清晰的扫描图片。

扫描电子显微镜目前被广泛地应用于金属、半导体、陶瓷等材料的形貌观察，尤其在日新月异的纳米科技中，扫描电子显微镜显示了其不可取代的作用。同时，扫描电子显微镜测试具有放大倍数高、制样简单的优点，导电样品无需特殊处理即可直接观察，导电性差的样品只需在表面镀上一层导电性良好的金属膜（金膜）就可以继续观察，在太阳能电池的检测过程中也发挥着巨大的作用。通过扫描电子显微镜，可以了解材料表面的粗糙度、形貌、晶粒尺寸以及孔隙结构等，对于理解太阳能电池的性能具有重要的科研意义。

图 2-8 为多孔单晶 TiO_2 的扫描电子显微镜图，从图中可以很明显地发现在单晶表面具有很多的空隙结构，当将其作为工作电极组装成染料敏化太阳能电池时，其中的空隙结构可以极大地增加电极的比表面积，从而增加染料的吸附量，提高电池的光电转换效率。结合扫描电子显微镜的分析结果，往往可以直观地了解影响电池性能的因素，从而进一步寻求提高光电转换效率的方法。

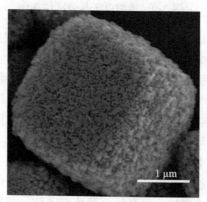

图 2-8　多孔单晶 TiO_2 的扫描电子显微镜图

2. 透射电子显微镜[12,13]

除了扫描电子显微镜之外，透射电子显微镜同样是形貌测试分析过程中常用的手段之一。透射电子显微镜相比于扫描电子显微镜，不仅其放大倍数可以进一步增加，甚至可以进行晶体结构的分析，以 $20 \times 10^4 \, V$ 的电压作为加速电压形成的电子束作为光源，其分辨率可以达到 $0.1 \sim 0.3 \, nm$，放大倍数可高达数百万倍，可用于几个纳米尺寸的材料分析。

透射电子显微镜是以波长极短的电子束作为照明源，用电磁透镜聚焦成像的一种具有高分辨本领、高放大倍数的电子光学仪器，主要包括真空系统、电子光学系统、照明系统（电子枪、聚光镜）、成像系统（样品杆、物镜、中间镜、投影镜）以及图像观察和记录系统（荧光屏、照相装置），如图 2-9 所示。

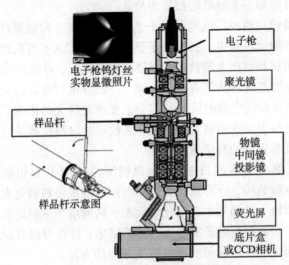

电子枪
聚光镜
物镜
中间镜
投影镜
荧光屏
底片盒
或CCD相机
电子枪钨灯丝
实物显微照片
样品杆
样品杆示意图

图 2-9   透射电子显微镜结构图

透射电子显微镜的成像原理与光学显微镜的成像原理类似。真空系统起到维持真空度，防止成像电子碰撞，减小样品污染的作用。在真空条件下，由钨丝、硼化镧或者是场发射的电子枪发出电子束，由聚光镜会聚成一束亮度高、照明孔径角小、平行度好、束流稳定的电子束，然后电子束穿透样品，经过成像系统，即物镜、中间镜、投影镜的放大作用以及聚焦作用，将电子所带的信息通过荧光屏或照相装置转换成人眼能感觉到的可见光图像。

在测试样品的透射电子显微镜照片时，电子束需要透过样品才能成像。通常情况下由于电子束的穿透能力较低，所以用于透射电镜分析的样品必须很薄，目前样品的制备方法主要有支持膜法、复型法、薄膜制备法、超薄切片法等。

支持膜法：目前透射样品观察最常用的方法，其基本过程是将超细的颗粒分散开，然后将粉末试样载在支持膜上，该薄膜再用铜网承载。

复型法：利用一种薄膜将固体试样表面的浮雕复制下来的一种间接样品。

薄膜制备法：把试样制成薄膜样品，可以在电镜下直接观察分析，发挥透射电镜的高分辨本领，获得许多与样品晶体结构有关的信息。

超薄切片法：常用于高分子材料的透射观察，主要是指高分子材料用超薄切片机进行切片，获得 50 nm 左右的超薄样品。

电子束的加速电压越高，样品的原子序数越低，电子束可以穿透的样品厚度就越大。透射电镜常用 50 ~ 100 kV 的电子束，因此样品的厚度控制在 100 ~ 200 nm 为宜。透射电子显微镜的分辨率主要与电子的加速电压和像差有关，加速电压越高，电子束波长就会越小，成像分辨率就会越高。

2.4.3 成分分析

随着电子技术的不断发展，测试材料成分的分析方法也层出不穷，比如 X 射线衍射分析、X 射线光电子能谱分析、能量色谱仪等。在本小节中着重介绍 X 射线衍射分析。

1914 年劳厄在晶体衍射实验中发现 X 射线也是一种电磁波，其波长为 0.1 ~ 100 Å，具有波粒二象性[14,15]。

X 射线的特点如下：

（1）很强的穿透能力；

（2）沿直线传播，在电场和磁场中不偏转；

（3）肉眼观察不到，但可使照相底片感光，通过一些物质时产生可见光或使气体电离；

（4）能够杀死生物细胞和组织。

正是由于 X 射线具有很强的穿透能力，其波长与晶体内部原子间的距离相当，因此 X 射线才会对晶体产生衍射现象。

当 X 射线穿过物体时，将会发生 X 射线的吸收、散射以及透过作用，如图 2-10 所示。而 X 射线照射到晶体上，晶体作为光栅，大量原子的散射波相互干涉，会产生相应的衍射花样。

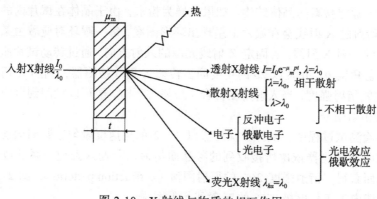

图 2-10 X 射线与物质的相互作用

先考虑同一晶面上的原子的散射线叠加条件，图 2-11（a）中显示了当一束平行的 X 射线以 θ 角投射到一个原子面上时，其中任意两个原子的散射波在原子面反射方向上的光程差为

$$\delta = L_{cb} - L_{ad} = L_{ac}(\cos\theta - \cos\theta) = 0$$

光程差为零说明同一晶面上的原子的散射线，在原子面的反射线方向上是互相加强的，散射波具有相同的相位。

X 射线不仅可照射到晶体表面，而且可以照射到晶体内一系列平行的原子面，如图 2-11（b）所示，一束平行的 X 射线以 θ 的角度投射到晶面间距为 d 的一系列平行原子面上时，其任意两相邻原子面的"反射线"光程差为

$$\delta = DB + BF = 2d\sin\theta$$

干涉加强产生衍射线的条件是

$$\delta = 2d\sin\theta = n\lambda$$

式中，λ 为 X 射线的入射波长；n 为正整数。上式称为布拉格方程，是 X 射线晶体学中最基本的公式之一。

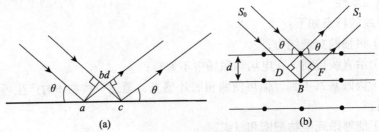

图 2-11　X 射线在不同条件下的反射路径
（a）单一原子面的反射图；（b）布拉格反射图

由于试样中并不是单一的晶体，而是由许多小晶体组成的粉末，因此粉末样品的 θ 角为变量。当用单一波长的 X 射线照射粉末时，衍射线并不会沿着同一个方向，而是沿着与入射线成 2θ 的角度圆锥表面方向射出。以 X 射线底片记录下的衍射光点影像，可确定材料的晶体结构。如果试样为粉末，由于晶体在试片内的分布没有规律性，衍射的 X 射线会在底片上呈现出环形图案，每一圆环对应着由某一特定晶面所产生的衍射 X 射线。若固定 X 射线光源的入射方向，通过转动试片座以改变 X 射线的入射角度 θ，并且以 2θ 的角度同步转动 X 射线检测器，利用 X 衍射检测器测量 X 射线衍射强度，当入射角度符合布拉格方程时，便可以检测到对应特定晶面的 X 射线衍射信号。

在实验测试过程中，试样和探测器以 1：2 的角速度做匀速圆周运动，在转动过程中同时将探测器依次所接收到的各晶面衍射信号输入到记录系统或数据处理系统，从而获得"衍射强度-2θ"的衍射图谱（diffraction patterns），图 2-12 为染料敏化太阳能电池工作电极 TiO_2 的 X 射线衍射图谱。

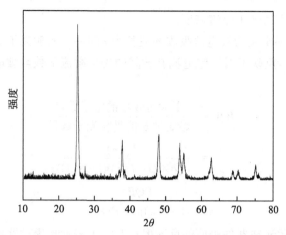

图 2-12　染料敏化太阳能电池工作电极 TiO_2 的 X 射线衍射图谱

在进行物相定性分析时，各种晶体物质都有自己独特的化学组成和结构参数，呈现特定的衍射花样，多种物质同时衍射时，它们的衍射花样互不干扰、相互独立，只是简单的叠加，当对某种材料进行物相分析时，只要将实验结果与数据库中的标准衍射花样图谱进行比对，就可以确定材料的物相。而数据库中的标准衍射花样图谱是在 1969 年由粉末衍射标准联合委员会（Joint Committee on Powder Diffraction Standards）负责收集、校订各种物质的衍射数据，并编制成了 PDF 或 JCPDS 卡。

X 射线衍射分析在测试过程中并不会影响材料的结构与性能，可以在很大程度上获得接近原始材料的内部组成与结构，是一种非常方便并且准确有效的测试方法。

2.4.4　电池的量子效率

染料敏化太阳能电池的量子效率测试主要是用来表征入射光与光生电子之间的关系，直接反映了电池将光能转化为电能的能力，还可以测量光电材料对不同波长的吸收情况，并且可以获得电池在不同波长条件下的光生电流值[16, 17]。量子效率又分为外部量子效率（external quantum efficiency，EQE）和内部量子效率（internal quantum efficiency，IQE）。

外部量子效率定义为在给定波长为 λ 的光照条件下，外电路输出的光电流的最大电子数与入射光子数目的比值，它是指电池器件将全部入射光能转换为电能的能力。它的表达式如下：

$$EQE = \frac{最大可收集的电子数目}{给定波长的入射光子数目}$$
$$= \frac{J_{sc}(\lambda)}{qQ(\lambda)}$$

式中，$Q(\lambda)$为入射光子流谱密度。

内部量子效率定义为被电池吸收的波长为λ的一个入射光子所能对外电路提供一个电子的概率，反映了对短路电流有贡献的光生载流子数与被电池吸收的光子数之比：

$$
\begin{aligned}
\text{IQE} &= \frac{\text{最大可收集的电子数目}}{\text{给定波长的吸收光子数目}} \\
&= \frac{J_{sc}(\lambda)}{qQ(\lambda)(1-T(\lambda))(1-R(\lambda))} \\
&= \frac{\text{EQE}}{(1-T(\lambda))(1-R(\lambda))}
\end{aligned}
$$

式中，$R(\lambda)$表示光在器件表面的反射率；$T(\lambda)$表示光透过器件的透射率[18]。

通过对比两种量子效率的表达式可以发现，外部量子效率在计算过程中没有考虑到入射光的反射、吸收、材料的几何结构以及厚度等因素，因此外部量子效率在数值上往往小于 1，能量损失严重。而内部量子效率将以上的各项因素都考虑在内，只关注吸收的光能转化为电子的情况，若太阳能电池的材料载流子寿命足够长，光生电子的复合效率趋近于零，则太阳能电池的内部量子效率可以达到 1。通常染料敏化太阳能电池中的外部量子效率又称为入射单色光子–电子转化效率（incident photo-to-electrode conversion efficiency，IPCE），可以在实验室直接测量，并且可以通过 IPCE 的光电流响应谱计算在太阳能全谱光照下电池所能达到的短路电流密度：

$$
J_{sc} = \int \text{IPCE}(\lambda) e \phi_{\text{ph,AM1.5}G}(\lambda) \mathrm{d}\lambda
$$

式中，$\phi_{\text{ph,AM1.5}G}$表示在 AM 1.5，100 mW·cm^{-2}条件下的光子通量。

在染料敏化太阳能电池中，器件的量子效率主要与电池的结构、制备工艺、染料的吸光性能、工作电极的电子传输能力以及对电极的催化还原性能有关。详细地了解电池的量子效率对于改进器件的结构，提高器件的输出功率至关重要。

2.5　染料敏化太阳能电池的工作模型

染料敏化太阳能电池中存在着各种界面，严重阻碍电子的传输。在分析太阳能电池的电子传输机理时，常将太阳能电池等效成一个电流为J_{sc}的电流源与一个反向的二极管并联，外加串联电阻和并联电阻，如图 2-13 所示，此模型称为二极管模型。根据此模型可以获得一个电池的输出电流公式[19]：

$$
J = J_{sc} - J_0 \left(\exp \frac{q(V+JR_s)}{kT} - 1 \right) - \frac{V+JR_s}{R_{sh}}
$$

式中，R_s 表示串联电阻，主要是由半导体材料本身的电阻、薄膜与电极的接触电阻组成，是器件各种串联电阻的总和；R_{sh} 表示并联电阻，主要是由电子的复合作用所引起的；q 表示电子电荷；J_0 表示二极管的反向饱和电流。

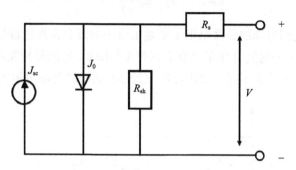

图 2-13　太阳能电池的二极管等效电路模型

暗条件下器件在外加偏压的情况下会产生一个与光电流方向相反的电流，称为暗电流。

串联电阻主要造成电池器件电压的损失，从上式中可以看出，在假定其他条件不变的情况下，并且并联电阻趋向于无穷大时，仅考虑串联电阻，串联电阻的增加会导致外电压下降 JR_s。则器件的输出电流可以表示为

$$J = J_{sc} - J_0\left(\exp\frac{q(V + JR_s)}{kT} - 1\right)$$

串联电阻的增加首先会大幅度降低电池器件的填充因子，其次是短路电流密度，对电池的开路电压并没有明显的影响[20]。图 2-14 为串联电阻对太阳能电池电压–电流的影响。

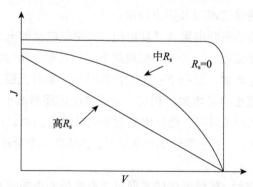

图 2-14　串联电阻对太阳能电池电压–电流的影响

当串联电阻趋于零时，并联电阻的增加明显改善了器件的填充因子，同时并联

电阻的增加还会导致外电路开路电压的增加，但是对于电池的电流密度没有明显的影响，此时器件的输出电流可以表示为

$$J = J_{sc} - J_0\left(\exp\frac{qV}{kT} - 1\right) - \frac{V}{R_{sh}}$$

上面已经提到电池的并联电阻主要是由电子的复合作用造成的电子损失，当并联阻抗越大时，电子的复合作用就会受到严重的限制，电池的性能就会提高。图 2-15 给出了当串联电阻等于零时，太阳能电池的 J-V 曲线随并联电阻的变化规律。

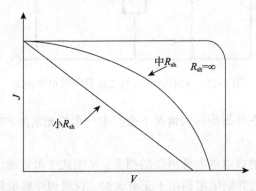

图 2-15　并联电阻对太阳能电池电压-电流的影响

在典型的 J-V 曲线中，往往观察其在 $J = 0$ 以及 $V = 0$ 处的斜率大小，当 $J = 0$ 时，斜率越大则表明并联电阻越大；当 $V = 0$ 时，斜率越小则表明电池器件的串联电阻越小。

综上所述，对于一个实际的太阳能电池来说，增加电池的并联电阻，同时减小电池的串联电阻，可以明显改善电池器件的填充因子、开路电压以及短路电流，从而改善电池的光电转换效率以及输出功率。

另外，除了电池的串联电阻和并联电阻，太阳能电池的电流与电压特性强烈依赖于光照强度和环境温度。当外界环境温度不变，入射光强为零时，在等效电路中相当于去除了一个电流源，只剩下一个二极管结构。随着光照强度的增加，太阳能电池的短路电流密度也明显增加，相反，电流密度则逐渐减小，如图 2-16（a）所示。在不同的入射光照条件下，根据电池效率的计算公式可以获得不同的光电转换效率，为了统一标准，一般在测试 J-V 曲线时，必须在一个标准的太阳下进行测试，即 $100\ \mathrm{mW \cdot cm^{-2}}$。

当入射光强一定时，环境温度的不同对于电池的光电输出功率也会有很大的影响。一般情况下，随着环境温度的上升，电池的短路电流密度会增大，而开路电压会减小，整体的光电转换效率下降，如图 2-16（b）所示。其主要原因是温度对载

流子浓度、载流子迁移率以及禁带宽度等参数均有影响，同时各个界面上的缺陷激发态也是温度的函数，从而造成太阳能电池性能参数的差异。太阳能电池在运行过程中，往往不可能将全部的太阳光转换为电能，而多余的太阳光则转化为热量，造成太阳能电池的温度升高，不利于太阳能电池的功率输出，例如，硅太阳能电池的温度从 20℃升高到 60℃，电池效率会降低 20%。因此，为了保持太阳能电池的高效发电，往往需要对太阳能电池进行降温，尽量使电池的温度保持在一定的范围之内。

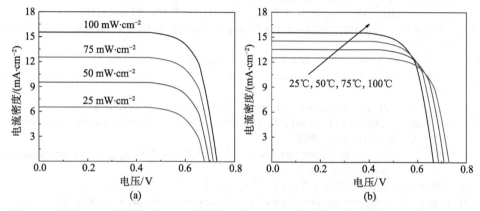

图 2-16　光强（a）和温度（b）对太阳能电池电压–电流的影响（彩图请见封底二维码）

　　染料敏化太阳能电池对温度的敏感程度远低于硅太阳能电池，具有很好的稳定性能和应用前景。

参 考 文 献

[1] Hagfeldt A, Boschloo G, Sun L, et al. Dye-sensitized solar cells. Chem. Rev., 2010, 110: 6595-6663.

[2] Ye M, Wen X, Wang M, et al. Recent advances in dye-sensitized solar cells: from photoanodes, sensitizers and electrolytes to counter electrodes. Mater. Today, 2015, 18: 155-162.

[3] Huang S Q, Yang Z B, Zhang L L, et al. A novel fabrication of a well distributed and aligned carbon nanotube film electrode for dye-sensitized solar cells. J. Mater. Chem., 2012, 22: 16833-16838.

[4] Xue Y H, Liu J, Chen H, et al. Nitrogen-doped graphene foams as metal-free counter electrodes in high-performance dye-sensitized solar cells. Angew. Chem. Int. Ed., 2012, 51: 12124-12127.

[5] Park B W, Pazoki M, Aitola K, et al. Understanding interfacial charge transfer between metallic PEDOT counter electrodes and a cobalt redox shuttle in dye-sensitized solar cells. ACS Appl. Mater. Interfaces, 2014, 6: 2074-2079.

[6] Wu M X, Lin X, Guo W, et al. Great improvement of catalytic activity of oxide counter electrodes fabricated in N₂ atmosphere for dye-sensitized solar cells. Chem. Commun.,

2013, 49: 1058-1060.

[7] Nazeeruddin M K, Kay A, Rodicio I, et al. Conversion of light to electricity by cis-X2bis (2,2'-bipyridyl-4,4'-dicarboxylate) ruthenium(II) charge-transfer sensitizers (X = Cl⁻, Br⁻, I⁻, CN⁻, and SCN⁻) on nanocrystalline titanium dioxide electrodes. J. Am. Chem. Soc., 1993, 115: 6382-6390.

[8] Schlichthörl G, Huang S Y, Sprague J, et al. Band edge movement and recombination kinetics in dye-sensitized nanocrystalline TiO_2 solar cell: a study by intensity modulated photovoltage spectroscopy. J. Phys. Chem. B, 1997, 101: 8141-8155.

[9] Huang S Y, Schlichthörl G, Nozik A J, et al. Charge recombination in dye-sensitized nanocrystalline TiO_2 solar cells. J. Phys. Chem. B, 1997, 101: 2576-2582.

[10] Vickerman J C. Surface Analysis: the Principle Techniques. New York: John Wiley & Sons Ltd., 1997.

[11] Hawkes P W, Spence J C H. Science of Microscopy. Berlin: Springer, 2007.

[12] Williams D B, Carter C B. Transmission Electron Microscopy. New York: Plenum Press, 1996.

[13] Zangwill A. Physics at Surface. Cambridge: Cambridge University Press, 1998.

[14] Moulder J F, Stickle W F, Sobol P E, et al. Handbook of X-ray photoelectron spectroscopy. Japan: ULVAC-PHI, Inc., 1995.

[15] Feign L A, Svergun D I. Structure Analysis by Small-Angel X-ray and Neutron Scattering. New York: Plenum Press, 1987.

[16] 熊绍珍, 朱美芳. 太阳能电池基础与应用. 北京: 科学出版社, 2009.

[17] Grätzel M. Solar energy conversion by dye-sensitized photovoltaic cells. Inorg. Chem., 2005, 44: 6841-6851.

[18] 沈辉, 曾祖勤. 太阳能光电技术. 台湾: 五南图书出版公司, 2008.

[19] 马廷丽, 云斯宁. 染料敏化太阳能电池——从理论基础到技术应用. 北京: 化学工业出版社, 2013.

[20] Luque A, Hegedus S. Handbook of Photovoltaic Science and Engineering. Chicheester: John Wiley & Sons Ltd., 2003.

第3章 染料敏化太阳能电池半导体光阳极

典型的染料敏化太阳能电池主要包括染料敏化的半导体光阳极、含有氧化还原电对的电解质和对电极三个主要部分。作为染料敏化太阳能电池的重要组成部分，光阳极的主要功能是负载染料分子，收集激发态染料注入的电子并将其传输到外电路。N型宽禁带半导体材料具有非常优异的电子传输能力，在染料敏化太阳能电池中常以此类半导体材料作为光阳极，其中以氧化物半导体为主。光阳极的性质对电池的光电流密度、光电压和运行稳定性具有重要的影响。开发具有较高电子传输速率、高光捕获效率的光阳极具有重要的研究意义。本章将重点阐述纳米晶光阳极的种类、形貌、掺杂以及复合结构对电池性能的影响。

3.1 染料分子的选择标准以及研究现状

在染料敏化太阳能电池器件中，光阳极作为工作电极是指染料敏化的宽禁带半导体。其中，实现光生电子与空穴分离，形成电子–空穴对是电池最为关键的一步。在硅太阳能电池中，吸收光能与传输载流子的物质都是硅半导体[1]。相反，在染料敏化太阳能电池中两者的分离是由不同的物质完成，敏化剂吸收光能，宽禁带半导体传输光生电子，电解质传输空穴，从而实现电子–空穴对的定向运输。整体的电池运行过程具体如下：染料敏化剂作为电子泵，不断地吸收光能，将电子传输到半导体，然后从氧化还原介质中获取电子，实现染料的再生，产生电流[2]。因此，对于一个理想的染料敏化剂来说，需要满足以下条件：

第一，染料敏化剂的吸收光谱应该覆盖可见光，并尽可能地吸收近红外以及红外光。

第二，染料分子的摩尔吸光系数必须足够高，以确保染料敏化剂对光的有效吸收。

第三，染料分子的LUMO能级应当在半导体的导带之上，以确保光生电子可以有效地注入半导体的导带，减少电子传输过程中的能量损失。

第四，染料分子的HOMO能级应当低于氧化还原电对的氧化还原电势，实现电子从电解质向染料分子的转移，确保染料分子的再生。

研究表明，高效的电子–空穴分离需要满足：染料分子的激发能级必须比半导体的导带高150~200 mV，而基态能级必须比电解质的氧化还原电势低200~300 mV[3]。

第五，为了提高光生电子的转移速率，染料分子与半导体之间必须具备很好的接触性。因此，染料分子中往往需要含有羧基（—COOH）、磺酸基（—SO₃H）、磷酸基（—PO₃H）等官能团，可以牢固地吸附在氧化物半导体的表面，增加染料分子的吸附量。

第六，处于基态与氧化态的染料分子应当具有较好的化学稳定性与热稳定性，能够承受约为 10^8 次的连续循环过程。

基于以上要求，人们设计合成了多种不同结构的染料分子，包括金属配合物、卟啉类化合物、酞菁类染料、纯有机染料分子等。相对来说，金属络合物染料的光电转换效率较高，稳定性好。目前基于金属络合物的染料分子包括钌系染料、金属卟啉染料、金属铂染料、金属铱配合物染料。常见的一些金属染料分子如图 3-1 所示，其中 N3 以及 N719 是最为有效的两种敏化剂，特别是 N719 被作为衡量其他染料分子性能的标准。Nazeeruddin 研究团队将高效的 N3 染料分子通过四丁基铵质子化之后，获得双重质子化的染料分子，该染料分子的还原电位向负方向移动，有利于进一步提高电池的转换效率[4]。但是金属染料分子仍存在一定的缺陷，比如染料分子制备成本较高，提纯过程复杂，并且需要贵金属作为染料的组成成分。

有机染料分子中不含贵金属，制备成本低，分子结构容易调控，结构多样，同时摩尔吸光系数较高，成为近年来研究领域的热点，但是相应电池的光电转换效率较低且稳定性较差。

早期的纯有机染料分子可见光的吸收范围较窄，同时存在易团聚、易衰减等问题，造成基于纯有机染料分子的电池器件效率较低，无法与金属钌系染料相比。直到具有电子给体-π 共轭桥–电子受体（donor-π-acceptor，D-π-A）结构的有机染料分子被研发出来，如图 3-2 所示，该结构有利于促进光生电荷的分离，使基于有机染料分子的电池器件获得突破性进展。在 D-π-A 结构中，染料分子的 HOMO 能级主要取决于染料的给体部分，LUMO 能级主要取决于分子中的受体部分。给体与受体在分子结构中单独成为独立的部分可以有效地促进电荷的分离，并且抑制半导体导带中的电子与氧化态染料分子之间的复合反应。目前性能优异的电子给体主要有三苯胺、吲哚啉、二甲基芴取代苯胺、吩噻嗪等结构，对染料分子吸收光谱与分子能级具有很好的调节作用；常用的 π 共轭桥主要有次甲基链、噻吩、呋喃、吡咯、苯等共轭结构；常用的受体部分主要是含羧酸的功能基团。在实验过程中，通过设计给体与受体的结构可以简单地调节染料分子的性能。

分子工程是提高染料分子性能最为有效的途径，为此，大量的研究工作主要集中在优化不同的结构单元，尽可能地满足染料分子的基本要求。然而，要进一步改善染料的性能，往往需要同时考虑到染料分子对光的吸收能力、分子的能级关系、在半导体表面的覆盖率以及电池内部的复合效应等，整体提高电池的性能。

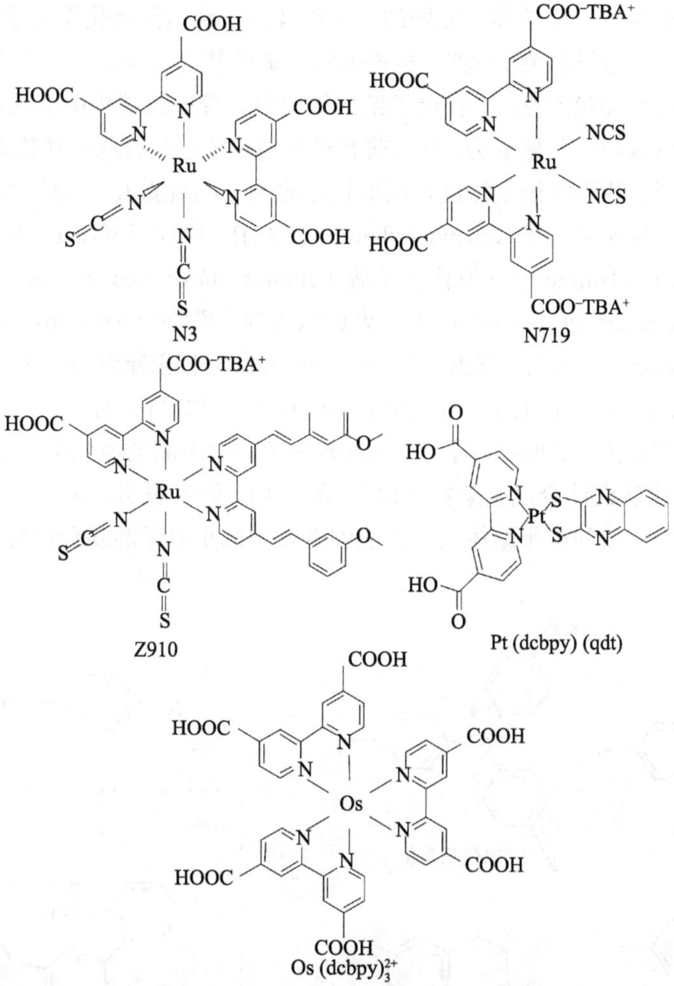

图 3-1　几种典型金属染料分子结构式

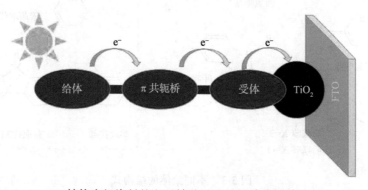

图 3-2　D-π-A 结构有机染料的电子转移过程（阅读彩图请见封底二维码）

　　纯有机染料分子中给体官能团的选择以及分子结构的优化至关重要，不仅可以有效地改善染料分子对光的吸收，也能抑制电荷的复合反应，调节染料的能级结构，避免团聚以及增加稳定性[5]。在电子给体结构中，芳香胺结构由于具有非常好的电子给予能力以及空穴传输能力，是目前有机染料分子中最常用的功能基团。近年来，研究人员发现，芳香胺衍生物也表现出较好的电子供给能力。常见的芳香胺以及衍生物的结构主要包括三苯胺[triphenylamine (TPA)]、取代三苯胺（substituted TPA）、三芳香胺（triarylamine）[芴取代的苯胺（fluoren-substituted aniline）、萘取代的苯胺（naphthalene-substituted aniline）、三聚茚取代的苯胺（truxene-substituted aniline）]、二氢吲哚（indoline）、二烷基苯胺（N,N-dialkylaniline）、四氢喹啉（tetrahydroquinoline）、吩噻嗪[phenothiazine (PTZ)]、吩噁嗪[phenoxazine (POZ)]、咔唑（carbazole）等，相应的结构式如图 3-3 所示。基于有机染料分子的太阳能电池效率已经达到 10.3%，Grätzel 研究团队设计合成了染料 Y123（图 3-4），研究表明，该结构中的取代三苯胺结构是最为有效的电子给体之一，能够有效地减小电子的复合反应[6]。

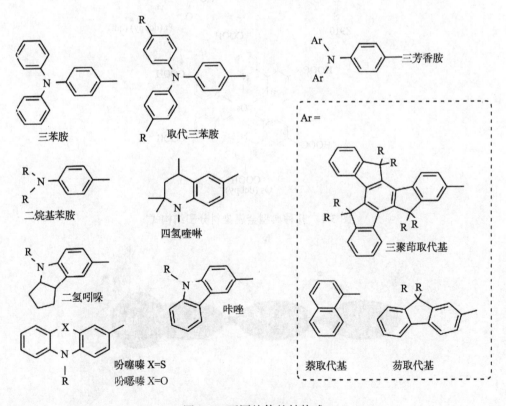

图 3-3　不同给体的结构式

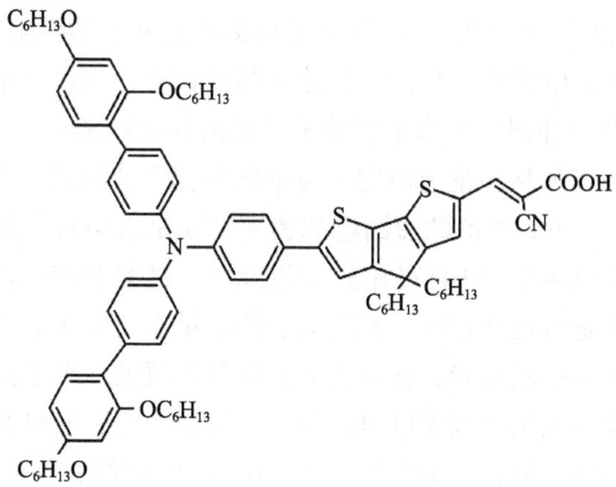

图 3-4　Y123 染料分子的结构式

　　染料敏化太阳能电池由于制备简单，成本较低，被人们认为是第三代太阳能电池。在电池结构中，染料敏化的半导体材料起到了至关重要的作用。对于敏化剂来说，太阳光谱的吸收能力越宽越有利于提高电池的性能，因此，对可见光以及红外光具有较强吸收能力的染料敏化剂一直是研究人员为之奋斗的目标。近年来，染料分子的种类多种多样，从金属配合物染料分子到有机染料分子都取得了极大的进步。除了敏化剂之外，半导体薄膜的比表面积以及形貌结构同样影响染料分子对光的吸收，决定着电池的光电转换能力。

3.2　光阳极半导体材料的选择与种类

　　光照条件下，吸附在光阳极上的染料分子吸收光子，由基态转变为激发态，电子经光阳极到达导电玻璃流向对电极。如果要顺利地实现激发电子的转移与传输，则需要光阳极具有一定的条件：

　　（1）与染料分子相匹配的能级关系，以确保激发态染料分子产生的光生电子能有效地注入半导体薄膜的导带。

　　（2）很好的电子传输能力。电子由于能级位置的不同，从染料分子的 LUMO 能级转移到半导体的导带，较好的电子传输能力可以使电子快速地向导电玻璃转移并流向外电路，抑制电子的复合反应。

　　（3）稳定性强。在光照情况下，光阳极的稳定性决定了电池的稳定性。同时电池的工作环境复杂，需要光阳极具有耐高温、耐腐蚀等特性。

　　（4）比表面积较大，可以吸附足够多的染料分子。由于只有吸附在半导体薄膜上的单层染料分子才能吸收光能，将光子转化为电子，所以增加光阳极薄膜的比表面积显得十分重要。

（5）适当的孔隙尺寸与孔隙率。处于氧化态染料分子的再生需要电解质的还原，适当的孔隙可以增加电解质的扩散，加速染料的再生，提高电池性能。

（6）对光的散射性强，提高染料分子对光的捕获效率。

光阳极材料的选择从理论上决定了电池的短路电流密度以及开路电压，影响电池的性能。通常情况下，电池的短路电流密度主要是由染料负载的光阳极的光捕获率、电子在光阳极网络结构中的传输速率以及电子的复合速率决定的。染料负载量越多，对光的吸收能力也就越强，激发电子的数量也就越多。光阳极半导体目前最常用的是纳米颗粒组成的薄膜，颗粒之间的接触越紧密，电子的传输速率越快，复合反应越弱，电池的光生电流密度也就越大。与此同时，电池的开路电压是由宽禁带半导体的费米能级与氧化还原电解质（I^-/I_3^-）的电位差所决定的。因此可以看出，光阳极半导体对电池的性能影响非常重要，目前关于光阳极的研究主要集中在光阳极的种类、形貌、光阳极的掺杂、光阳极与电解质之间的界面修饰以及对新型光阳极材料的开发与制备等。

从染料敏化太阳能电池的发展开始，多种多样的宽禁带半导体材料已经被用作电池的光阳极，按照半导体的种类划分，所用到的电极材料主要有 TiO_2、ZnO、SnO_2、Nb_2O_5、Fe_2O_3、Bi_2O_3、Zn_2SnO_4、$BaSnO_3$ 以及 $SrTiO_3$-TiO_2 等[7-15]。表 3-1 中列出了基于不同光阳极的染料敏化太阳能电池的光电转换效率。从表中可以看出，目前光阳极材料主要是以 TiO_2 为主，并且具有目前最高的电池效率。

表 3-1　基于不同光阳极的染料敏化太阳能电池的光电转换效率

光阳极半导体	形貌	染料	效率/%	参考文献
TiO_2	纳米颗粒	SM315	13	[16]
ZnO	纳米颗粒	N719	7.5	[8]
SnO_2	空心球	N719	3.6	[9]
Nb_2O_5	纳米森林状	N3	2.41	[10]
Fe_2O_3	纳米花状	N719	1.24	[11]
Bi_2O_3	纳米颗粒	N719	0.09	[12]
Zn_2SnO_4	多级结构	N719	6.10	[13]
$BaSnO_3$	纳米立方	N719	5.68	[14]
$SrTiO_3$-TiO_2	纳米管阵列	N719	0.48	[15]

TiO_2，禁带宽度为 3.2 eV，具有无毒、高化学稳定性、价格便宜等优点，在自然界中主要以三种晶相存在：锐钛矿（anatase phase，四方晶系）、金红石（rutile phase，四方晶系）、板钛矿（brookite phase，正交晶系）。其中，锐钛矿型和板钛矿型在低温下可以稳定的存在，而金红石晶相在高温时才能稳定存在，金红石晶相与锐钛矿晶相之间的相转变温度约为 500℃。表 3-2 中列出了锐钛矿与金红石两种晶相 TiO_2

的基本物理性质。从表中可以看到，锐钛矿型可以更好地满足光阳极半导体薄膜的要求。锐钛矿晶相 TiO_2 的禁带宽度略高于金红石型，应用在染料敏化太阳能电池中可以获得更高的开路电压，此外其特殊的表面结构容易与染料分子中的羧基、羟基等发色团形成酯键而得以化学吸附，使锐钛矿型 TiO_2 成为了染料敏化太阳能电池中使用最为广泛的一种半导体。

表 3-2　锐钛矿与金红石两种晶相的基本参数

晶相 参数	锐钛矿	金红石
比重	3.9	4.2
带隙/eV	3.2	3.0
导带/eV	−4.0	−4.2
折射率（Rl）	2.52	2.71
硬度（Mohs' scale）	5.5~6	6~7
介电常数	31	114
熔点/℃	约 500℃ 转相	1858

TiO_2 的制备方法简单，常用的方式包括磁控溅射法、水热法、溶胶–凝胶法、阳极氧化法、模板法等，其中溶胶–凝胶法是制备 TiO_2 纳米颗粒的主要方法。在室温下，将钛酸酯类有机化合物（如钛酸四正丁酯）或 $TiCl_4$ 水解得到白色的沉淀，通过抽滤等方式获得干燥的白色粉末。然后在酸性条件下（醋酸和硝酸）将溶液加热到 80℃，随着时间的延长，将会得到透明的 TiO_2 溶胶。随后，将反应得到的溶胶密封在高压反应釜中，在 190~250℃下反应 12h 左右，便可以得到 TiO_2 纳米晶颗粒。研究表明，此方法制备的 TiO_2 纳米晶尺寸约为 20 nm。最后，向得到的纳米颗粒中加入一定含量的增稠剂以及造孔剂等添加剂制备成具有一定黏度的浆料。 图3-5 为典型的 TiO_2 光阳极的制备过程。

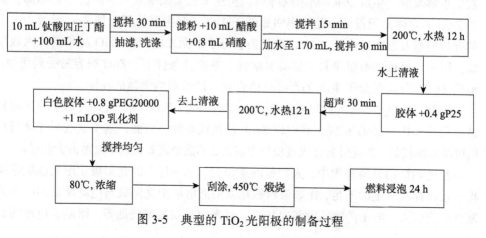

图 3-5　典型的 TiO_2 光阳极的制备过程

利用刮涂（doctor blading）或者丝网印刷（screen printing）的方式将制备的浆料涂覆在 FTO 导电玻璃上，然后在 450 ~ 500℃ 下煅烧约 30 min，即可得到性能优异的 TiO_2 半导体薄膜。煅烧的主要目的是去除 TiO_2 薄膜中的有机黏结剂、造孔剂以及其他有机物，形成多孔结构；其次，完成晶相转变，在 450℃ 下 TiO_2 的晶相会转变为锐钛矿结构，有利于提高电子的迁移率；最后，增加颗粒之间的连接性，减小电子的界面传输阻抗。此种方法制备的 TiO_2 半导体薄膜厚度约为 10 μm，具有非常大的比表面积，其粗糙因子大于 1000，即 $1\ cm^2$ 的光阳极薄膜实际面积为 $1000\ cm^2$，能够为染料分子提供充足的吸附面积。因此，即使染料分子在 TiO_2 表面仅为单分子层吸附，所表现出来的光吸收效率在一定条件下也能达到 100%。

另外一种制备 TiO_2 光阳极的常用方式是基于商业的 P25 浆料，其粒径约为 20 nm，目前在光催化、化妆品、催化剂载体、涂料中被广泛应用。将 P25 与有机增稠剂按照一定的比例混合后，形成具有一定黏度的浆料，同样利用刮涂或者丝网印刷技术在导电玻璃表面上形成半导体薄膜。

无论是哪种制备方法，对于高效率的染料敏化太阳能电池而言，理想的工作电极需要满足五个要求，分别为高比表面积（$> 80\ m^2 \cdot g^{-1}$）、高粗糙因子（> 1000）、高孔隙度（50%~70%）、连通性强、高光透过率。

除了 TiO_2，ZnO 是另一种研究较多的光阳极材料。ZnO 作为光阳极在近年来的研究越来越多，目前基于 ZnO 半导体光阳极的染料敏化太阳能电池的光电转换效率已经达到 7.5%[17]。与 TiO_2 相比，ZnO 的能级结构与 TiO_2 相近，禁带宽度为 3.37 eV，并且 ZnO 半导体的载流子迁移率远大于 TiO_2，具有非常好的应用前景。同时，ZnO 的纳米结构在不同条件下会产生各种形貌，包括纳米颗粒、一维纳米线或纳米管、二维纳米片、三维的分级结构，可调控性较强，并且可以在柔性基底上生长。2004 年，杨培东利用水热的方式，通过醋酸锌与六亚甲基四胺在碱性条件下发生水解反应，生成 ZnO 纳米线阵列，实现了在柔性基底上的生长[18]。然而，基于 ZnO 半导体光阳极的电池效率明显低于 TiO_2，其主要的原因是 ZnO 导带中电子的有效质量及态密度小于 TiO_2，造成染料分子的激发电子往 ZnO 导带的注入效率低。同时，目前的有机染料大多具有酸性，在酸性条件下，ZnO 很容易受到腐蚀，形成 Zn^{2+}，与染料分子生成 Zn^{2+}-dye 络合物，严重影响电池的性能。

为此，SnO_2、Nb_2O_5、Fe_2O_3、Bi_2O_3、Zn_2SnO_4、$BaSnO_3$、$SrTiO_3$ 等半导体材料被人们用来代替 ZnO 材料，其中以 SnO_2 最具代表性。然而，基于这些半导体材料的电池效率较低，并且材料合成过程较为复杂，不适合高效低成本电池的大规模制备。

在光阳极的发展过程中，人们逐渐意识到，单一材料的光阳极在形貌或能带结构上往往存在一定的不足，比如染料敏化太阳能电池中光阳极与电解质之间的界面复合反应较大，电子传输速率相对较慢，对光的捕获效率较低等，限制了电池的光电转换效率。因此，很多研究集中在了光阳极的微观结构以及复合光阳极的开发等方面，主要目的是提高光阳极的光捕获效率、增加电子的传输速率以及优化能级结构，从而提高电池的整体性能。在本章节中，将详细地介绍形貌对于半导体性能的影响，并简要介绍其他提高半导体性能的方式。

3.3　形貌控制纳米晶光阳极

前面已经提及，纳米晶光阳极的比表面积对于电池性能的影响至关重要，足够大的表面积可以吸附足够多的染料分子，吸收光能，提高电池的光电转换效率。1991年，Grätzel 利用 TiO_2 纳米颗粒作为染料的载体，电池的效率突破了 7%，是染料敏化太阳能电池发展史上的巨大进步。此后，染料敏化太阳能电池进入了高速发展的时代，很多科学家都从事到染料敏化太阳能电池的研究工作当中，并且电池效率逐渐提升到了 14%[19]。纵观染料敏化太阳能电池的发展，纳米颗粒组成的光阳极依然占据着重要的位置，高效太阳能电池依然是基于 TiO_2 纳米颗粒的光阳极。然而，纳米颗粒组成的光阳极却并不是理想光阳极材料，内部还存在着大量的缺陷，比如：

（1）大量的颗粒之间紧密堆积，杂乱无章，电子在沿着 TiO_2 网络传输过程中路径复杂，光生电子不能及时传输到 FTO 导电玻璃而与氧化还原电解质反应，导致电子的损失严重，这是导致染料敏化太阳能电池光电转换效率低的一个重要因素。

（2）电极内部存在大量的界面，电子容易被 TiO_2 晶体表面的缺陷态捕获，增加了电子传输过程的复合反应。

（3）纳米颗粒对可见光的散射作用较弱，光很容易透过电极，减少了光的吸收，增加了光的损失，因此常使用散射层来增加光的吸收，散射层通常是尺寸较大的 TiO_2 微球，也可以是纳米线、空心球、三维介孔球珠等。

考虑到上述问题，利用一维或者二维的有序阵列结构、三维的多级结构来代替传统的无序堆积的纳米粒子成为了光阳极研究的焦点。具体来说，有序的阵列结构可以将光阳极中的电子由无序运动转变为定向传输，有利于降低电子与电解质之间的复合反应速率，获得较高的电池效率。目前应用较多的有序结构主要包括纳米线、纳米棒、纳米管、纳米片等。多级三维结构不仅能够吸附足够多的染料分子，而且能快速地收集电子，同时能有效地散射可见光，提高光利用率，进而提高电池光电转换效率。经过大量的实验测试表明，有序的阵列结构对于降低电池内部的复合反应确实起到了非常大的作用，然而目前基于有序阵列结构的染料敏化太阳能电池的光电转换效率并不理想，无法与纳米颗粒光阳极媲美，主要原因是阵列结构相对于纳米颗粒来说，比表面积较小，染料分子的吸附量较小。而三维纳米材料虽然具有一定的优越性，但也存在着一些不足：工艺复杂，产量较低，比表面积小，连接不紧密等。

3.3.1   高比表面积光阳极

从上面的介绍我们可以发现，染料敏化太阳能电池对光阳极的依赖性极强，而纳米颗粒由于对光的透过性较强，需要另外增加散射层提高对光的吸收。为此，人们考虑到利用尺寸较大的微球作为光阳极，为了使电极的比表面积符合理想光阳极的要求，常用的方法就是对其表面进行处理，获得多孔的结构，从而增加电极的比表面积，吸附足够多的染料分子。

2013 年，美国牛津大学 E. J. W. Crossland 等利用 SiO_2 作为模板，合成了 TiO_2 单晶结构，然后通过氢氧化钠将 SiO_2 刻蚀，获得了表面积较高的介孔单晶（MSC）TiO_2 光阳极，并组装成了全固态敏化太阳能电池，获得了 7.3%的光电转换效率[20]，TiO_2 的结构如图 3-6 所示。相对于纳米颗粒组成的光阳极，介孔单晶 TiO_2 光阳极增加了光的散射作用。同时发现，光阳极在 500℃下煅烧之后，半导体的导电能力有了大幅度提高，电导率从 $4.9×10^{-6}$ $S·cm^{-1}$ 提升到 $1.5×10^{-5}$ $S·cm^{-1}$，提高了电池的整体效率。

图 3-6   介孔单晶（MSC）TiO_2 光阳极的制备过程及相应的扫描电镜图

　　另外，S. Dai 课题组在近期制备了一种尺寸、孔尺寸以及孔隙率可调的 TiO$_2$ 微球，在不牺牲比表面积的情况下增加 TiO$_2$ 的尺寸，并将其作为光阳极材料应用在染料敏化太阳能电池中[21]。研究发现，电池的光电转换效率与光阳极材料的孔隙率息息相关，孔隙率越大，染料的吸附量越多，电解质的扩散速率常数也越高。值得注意的是，实验中合成的 TiO$_2$ 微球的尺寸约为 500 nm，如图 3-7 所示，远超过常用的 20 nm 的 TiO$_2$ 颗粒，然而其染料的负载量却不低于传统的 TiO$_2$ 光阳极材料，保证了电池对光的吸收效率。通过优化 TiO$_2$ 微球表面的空隙结构，电池的效率达到 11.67%，已逼近目前染料敏化太阳能电池的最高认证效率。

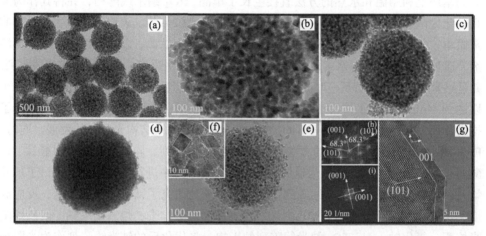

图 3-7　介孔 TiO$_2$ 纳米球的形貌结构

　　以上两个实例代表了目前制备高比表面积 TiO$_2$ 的基本思路，即通过化学刻蚀等方法在原有材料的表面形成孔隙结构，增加比表面积。在材料表面实现高比表面积的工作也为有序阵列的进一步发展提供了新的思路，在二维结构材料的基础上形成多级结构的半导体材料，实现比表面积的扩增，可以将有序阵列的优势与高比表面积组合在一起，进一步提高电池的性能，具体内容见 3.3.4 节。

3.3.2　纳米线结构光阳极

　　在所有非纳米颗粒的光阳极半导体材料中，纳米线阵列是研究最早的一种有序阵列，相比于纳米颗粒，纳米线阵列具有优于纳米颗粒的性能：

　　（1）提供定向的电子传输路径，有利于光生电子的传输，增加电子的传输速率；

　　（2）材料存在表面耗尽层，以纳米线材料作为光阳极，可以促进电荷的分离，降低电子–空穴对的复合速率。通过电子扩散常数以及电子寿命，可以得到 TiO$_2$ 中电子的扩散长度为 10~35 μm，这也是纳米颗粒 TiO$_2$ 纳米晶光阳极薄膜的厚度通常为 10 μm 的根本原因[22]。而利用纳米线结构可以很好地解决这一问题，研究发现基于有序的纳米线结构，电子的扩散长度可以达到 100 μm[23]，这就为进一步通过增加光阳极的厚度来提高染料的负载量进而提高电池的光电转换效率提供了新的思路。

目前，纳米线半导体材料主要集中在 TiO_2 和 ZnO 两种，并表现出不同的电化学性能。虽然 TiO_2 纳米线阵列研究较为广泛，但是将其作为光阳极材料却存在一定的困难，因为在早期的研究中并没有直接将 TiO_2 纳米线阵列生长在 FTO 表面的有效方法，所以限制了 TiO_2 纳米线阵列在染料敏化太阳能电池中的应用。为了解决这一问题，2008 年，美国宾夕法尼亚州立大学 C. A. Grimes 研究团队首次在导电玻璃基底上利用温和水热的方法直接生长了单晶 TiO_2 纳米线阵列，并将其作为染料敏化太阳能电池的光阳极，所得电池效率达到 5.02%[24]。该纳米线的生长过程非常简单，主要是利用钛酸四正丁酯以及四氯化钛作为钛源，以非极性的甲苯作为溶剂，通过盐酸作为钛源水解的抑制剂，在 180℃下发生反应，即可得到纳米线阵列，并且纳米线的尺寸随着反应时间的延长会逐渐增加，当反应时间为 22 h 时，其尺寸可以达到 4 μm。此项工作为 TiO_2 纳米线阵列在染料敏化太阳能电池中的发展起到了推进作用，并引发了大量基于 TiO_2 纳米线阵列以及多级结构光阳极的发展。同时，E. S. Aydil 等也开发了类似的方法合成 TiO_2 纳米线阵列，同样是利用异丙醇钛、钛酸四正丁酯或者四氯化钛作为钛源，直接在强酸溶液中进行晶体生长，获得了尺寸均一、尺寸为 4 μm 的纳米线阵列。实验中详细地研究了钛源、强酸浓度、反应温度、反应时间以及添加剂（如乙二胺、乙二胺四乙酸、十二烷基磺酸钠、聚乙烯吡咯烷酮、氯化钠）对 TiO_2 纳米线阵列的影响。将优化后的纳米线阵列作为光阳极应用到染料敏化太阳能电池中，电池的光电转换效率可以达到 3%[25]。然而，基于以上方法合成的 TiO_2 纳米管阵列的尺寸较短，不利于进一步增加染料的负载量以及电池的光电转换效率。如何增加 TiO_2 纳米线阵列的长度成为提高电池效率的关键。近日，哈尔滨工业大学 Q. Yu 等在 TiO_2 纳米线阵列的研究上取得了突破性的进展，他们利用 $TiCl_4$ 的乙醇溶液，通过 HCl 抑制其水解，在水热条件下制备了尺寸长达 44 μm 的金红石型 TiO_2 单晶纳米线阵列，在未经过任何后处理的情况下，基于此电极的电池效率高达 8.9%。当电极通过适当的后处理（如 $TiCl_4$ 以及 O_2 等离子体处理），电池的效率可以进一步提高，达到 9.6%，这是目前基于金红石型 TiO_2 纳米线阵列的最高效率[26]。图 3-8 为 TiO_2 纳米线阵列。

在 E. S. Aydil 等的研究过程中发现 TiO_2 纳米线结构在导电玻璃表面直接生长往往会出现从基底上脱落的情况，形成一层 TiO_2 纳米线阵列薄膜，主要是由 TiO_2 晶粒生长与溶解之间的竞争作用引起的。当溶液中钛源浓度较大时，TiO_2 纳米线的生长速率较快，不会出现脱落现象；随着时间的延长，TiO_2 纳米线的生长速率降低，此时 TiO_2 的溶解过程占主导地位，而 TiO_2 的溶解优先在高表面能处发生，即薄

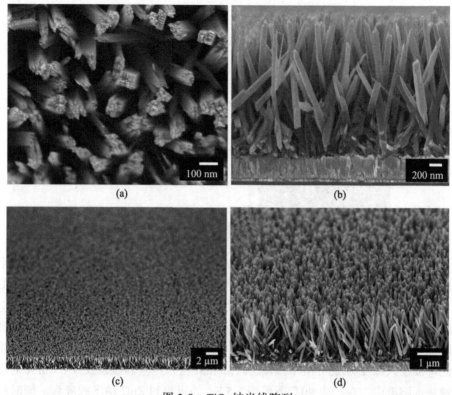

图 3-8　TiO$_2$纳米线阵列

膜与导电玻璃之间的界面，导致整个薄膜的脱落。同时在制备纳米线阵列过程中需要较为复杂的实验条件，影响了纳米线薄膜的大规模制备。静电纺丝技术制备纳米纤维材料是近十几年来世界材料科学技术领域的最重要的学术与技术活动之一，主要的制备过程是将前驱体溶液与高分子等混合成具有一定黏度的导电溶液，在高压条件下产生电场，针头处的聚合物液滴会由球形变为圆锥形（即"泰勒锥"），并从圆锥尖端延展得到纤维细丝。此方法具有制备装置简单、纺丝成本低廉、可纺物质种类繁多、工艺可控等优点，已成为制备纳米纤维材料的有效途径之一。利用静电纺丝技术制备 TiO$_2$ 纳米线结构也成为近年来研究的热点。香港理工大学 W. W.-F. Leung 等通过静电纺丝技术制备了双层的 TiO$_2$ 纳米纤维结构，其电纺溶液为异丙醇钛、聚乙烯吡咯烷酮以及醋酸的甲醇溶液，底层结构为直径 60 nm 的纳米纤维结构，上层是直径为 100 nm 的纤维结构，如图 3-9 所示。这种双层的结构有利于增加电极的比表面积，同时利用上层较大直径的纤维可以产生足够大的空隙结构，有利于电解质的扩散，并且可以充当一定的散射层，增加光的吸收。相对于单层结构，基于双层结构的染料敏化太阳能电池的效率从 7.14%提高到 8.40%，增加了 17.64%，说明利用静电纺丝技术制备高效的一维结构光阳极材料是一种非常方便简洁的方式[27]。

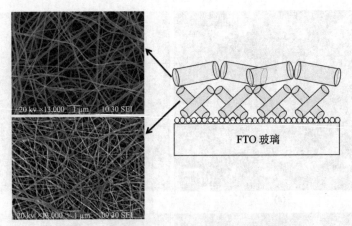

图 3-9　静电纺丝技术制备的 TiO$_2$ 纳米纤维

　　ZnO 纳米线阵列是另一种最为典型的纳米线结构。与 TiO$_2$ 相比，ZnO 的形貌更加容易控制，在不同的条件很容易产生各种不同的特殊形貌。2005 年，M. Law 等首次利用 ZnO 纳米线阵列作为染料敏化太阳能电池的光阳极材料，其电池结构如图 3-10 所示[28]。ZnO 纳米线阵列常利用水浴的方法合成，通常首先在导电玻璃表面沉积一层由 3~4 nm 的 ZnO 纳米颗粒组成的种子层，厚度为 10 ~ 15 nm，然后将此电极浸入浓度为 25 mM[①]的硝酸锌，25 mM 的六甲基四胺以及 5 ~ 7 mM 的聚乙烯亚胺水溶液中，在约为 90℃下反应 2.5 h，即可得到 ZnO 纳米线阵列。同时可以通过调整反应溶液的浓度、温度以及时间来控制纳米线阵列的尺寸参数。M. Law 等在实验中所合成的阵列具有非常高的长径比，超过 125，并且纳米线的密度达到 350 亿根·厘米$^{-2}$，其比表面积达到纳米颗粒薄膜的 1/5。通过测试，单根 ZnO 纳米

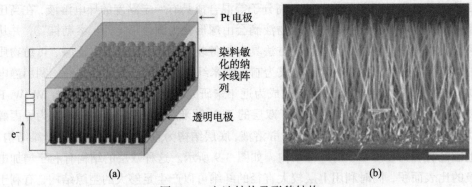

(a)　　　　　　　　　　　　　　　　　　(b)

图 3-10　电池结构及形貌结构

（a）基于 ZnO 纳米线阵列的电池结构图；（b）ZnO 阵列的形貌结构

① 1M=1 mol/L。

线的阻抗在 $0.3 \sim 2.0 \ \Omega$，电子浓度与迁移率分别为 $1 \sim 5 \times 10^{18} \ cm^{-3}$、$1 \sim 5 \ cm^2 \cdot V^{-1} \cdot s^{-1}$。最终，通过计算发现 ZnO 纳米线的电子扩散系数为 $0.05 \sim 0.5 \ cm^2 \cdot s^{-1}$，相比于 TiO_2（$10^{-7} \sim 10^{-4} \ cm^2 \cdot s^{-1}$）与 ZnO 纳米颗粒（$10^{-5} \sim 10^{-3} \ cm^2 \cdot s^{-1}$），ZnO 纳米线阵列的电子传输能力是 TiO_2 以及 ZnO 颗粒的几百倍，表明了 ZnO 纳米线阵列作为光阳极的极大优越性。将 ZnO 纳米线阵列组装成染料敏化太阳能电池，获得了 1.5% 的光电转换效率。虽然电池效率并没有达到理想值，但是对于 ZnO 纳米线阵列电子传输能力的研究，为接下来 ZnO 纳米线阵列的探索提供了理论依据，并揭开了 ZnO 纳米线阵列以及其他形貌研究的序幕。

在 ZnO 纳米线阵列中，由于 ZnO 半导体–电解质界面之间的电荷传输，ZnO 纳米线阵列的内在表面会产生内建电场，不仅可以促进激发电子向半导体纳米线传输，还可以加速电子沿着半导体向内部扩散，减小复合反应[28]，这也是 ZnO 纳米线阵列的优势之一。但是，内建电场的产生对实验条件、基底处理、生长参数、纳米线阵列的形貌以及测试条件的依赖性较强。随着 ZnO 纳米线阵列的不断发展，目前基于 ZnO 纳米线阵列的染料敏化太阳能电池的光电转换效率已超过 7%。正如前面所述，与纳米颗粒相比，纳米线阵列的优势之一就是可以提高电极的厚度从而增加染料的吸附量，提高光捕获效率，进而提高电池的性能。D. Gao 等以及 L. Chen 等都通过增加 ZnO 纳米线阵列的厚度，获得了优异的光电转换效率。前者利用循环生长的方式，在已生长的纳米线阵列的基础上通过有机硅烷以及紫外臭氧处理，使新的纳米线阵列进一步在其顶端生长，最后获得了 40 μm 厚的四层 ZnO 纳米线阵列，如图 3-11（a）所示，拥有超过单层 ZnO 纳米线阵列 5 倍的比表面积以及大于 510 的粗糙因子，将染料敏化太阳能电池的光电转换效率提高到了 7%[29]。而后者则不同，利用多次生长、连续注入以及氨气辅助连续注入三种不同的方式制备了不同性能的 ZnO 纳米线阵列。多次生长是指在反应过程中间歇地更换 ZnO 纳米线阵列前驱体溶液，使阵列不断的生长，达到一定的长度；连续注入是指利用一定的装置连续不断地往反应器中输送新鲜的反应溶液，保持反应液的浓度不变，增加阵列的长度；氨气辅助连续注入法是指在连续注入法的基础上，在溶液中加入氨气，控制反应液的 pH 在 10.8，进而改善 ZnO 纳米线阵列的性能。通过对比发现，氨气辅助连续注入法获得的纳米线阵列具有最大的电子扩散系数以及电子扩散长度，并且通过延长纳米线阵列的生长时间，ZnO 纳米线阵列的长度可以达到 25 μm，如图 3-11（b）所示，其电子扩散系数以及电子扩散长度分别为 $1.02 \times 10^{-2} \ cm^2 \cdot s^{-1}$ 和 78 μm。与纳米颗粒复合后，有利于提高染料分子的负载量，增加光的捕获效率，提高电子的收集效率，提高电池的性能，基于此光阳极的染料敏化太阳能电池的光电转换效率达到了 7.14%[30]。从以上的实验结果可以看出，详细地了解电池内部的电子传输过程，尤其是光阳极内部的电子传输动力学，对于寻求适当的方法提高电池的性能至关重要。例如，根据载流子的扩散长度可以适当地优化光阳极的厚度，根据光的透过率可以增加散射层以改变光的传输路径等。就纳米线阵列而言，如何进一步增加其长度是提高电池性能的关键。

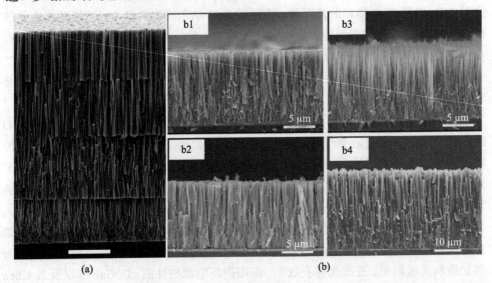

图 3-11　ZnO 纳米线阵列结构

（a）四层 ZnO 纳米线阵列；（b）不同方式制备的 ZnO 纳米线阵列：b1 为多次生长、b2 为连续注入法、b3 为氨气辅助连续注入法、b4 为 ZnO 阵列与纳米颗粒复合结构

除了常见的 TiO_2 以及 ZnO，还有一些研究较多的纳米线半导体，在染料敏化太阳能电池中发挥了非常好的效果，例如，Zn_2SnO_4 以及 SnO_2。Zn_2SnO_4 属于三元金属氧化物半导体，禁带宽度约为 3.6 eV，与 TiO_2 和 ZnO 相比，其电子迁移率较高，为 $10 \sim 15$ $cm^2 \cdot V^{-1} \cdot s^{-1}$，同时 Zn_2SnO_4 的来源广泛，非常适合低成本染料敏化太阳能电池的制备，具有广泛的应用前景。SnO_2 的禁带宽度为 3.6 eV，具有优于以上其他半导体材料的电子迁移率，高达 125 $cm^2 \cdot V^{-1} \cdot s^{-1}$[31]，四种半导体材料的电子迁移率见表 3-3。2011 年，新加坡国立大学 A. S. Nair 研究团队利用静电纺丝的技术制备了尺寸均一的 SnO_2 纳米线结构，其直径为（75±25）nm，长度为（19±2）mm，如图 3-12（b）所示。由此光阳极组成的电池效率达到 2.53%，相对于传统纳米颗粒组成的电池效率提高了 50%[32]。美国怀俄明州立大学 W. Wang 研究团队 2011 年首次利用化学气相沉积制备了 Zn_2SnO_4 单晶纳米线，并系统地研究了制备条件对电池性能的影响，同时对比了基于 Zn_2SnO_4 纳米颗粒的电池效率，研究表明纳米线结构的光阳极能明显提高电池的开路电压。其主要原因是 Zn_2SnO_4 单晶纳米线比表面积较小，而特殊的一维结构可以加速电子的传输，电子复合反应受到抑制。通过优化纳米线光阳极吸附染料的时间，发现电池的效率随着浸泡染料时间的增加逐渐提

高，最终在吸附 24 h 时电池效率达到最大值，为 2.8%[33]。虽然电池的效率无法与其他结构的电池效率相媲美，但是考虑到单晶纳米线的优势，也为其他类型纳米线光阳极的发展提供了新的思路。

表 3-3　不同半导体材料的电子迁移率

半导体	TiO$_2$	ZnO	Zn$_2$SnO$_4$	SnO$_2$
电子迁移率/（cm^2·V^{-1}·s^{-1}）	<1	1～5	10～15	125

注：由于半导体的形貌以及制备条件的不同，不同文献中所给出的迁移率会有所差异，具体数值按测试结果为准。

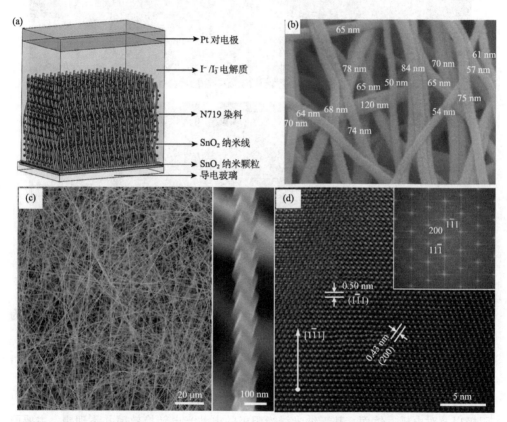

图 3-12　电池结构图（a）；SnO$_2$ 纳米线（b）；Zn$_2$SnO$_4$ 纳米线及其晶格参数（c）、（d）

此后，人们开发了类似于制备 ZnO 以及 TiO$_2$ 纳米线阵列的溶剂热法。2012 年，南京大学 Y. Zhou 课题组首次制备了基于 Zn$_2$SnO$_4$ 纳米线光阳极的柔性染料敏化太阳能电池，电池的效率达到 1.15%[34]。具体的制备过程是将不锈钢网放入含有 Sn^{4+}、Zn^{2+} 的水/乙二胺混合溶液中，在一定的碱性条件下加热到 200℃，保温 24 h，即可在不锈钢网表面生长一层致密的 Zn$_2$SnO$_4$ 纳米线，如图 3-13 所示。Zn$_2$SnO$_4$ 纳米线的生长过程主要通过三个步骤完成：

$$Zn^{2+} + Sn^{4+} + 6OH^- \longrightarrow ZnSn(OH)_6 \downarrow$$

$$Zn^{2+} + 4OH^- \longrightarrow Zn(OH)_4^{2-}$$

$$ZnSn(OH)_6 + Zn(OH)_4^{2-} \longrightarrow Zn_2SnO_4 \downarrow + 4H_2O + 2OH^-$$

图 3-13　溶剂热法制备的 Zn_2SnO_4 纳米线阵列结构（彩图请见封底二维码）

实验中发现水与乙二胺的体积比对于 Zn_2SnO_4 的形貌影响较大，当体积比为 1∶1 时，可以获得纳米线结构；而当体积比为 2∶1 时，只能形成 Zn_2SnO_4 颗粒，并不能生成纳米线结构。Zn_2SnO_4 纳米线可以在不锈钢网表面上实现大规模的制备，为大面积的柔性染料敏化太阳能电池的组装提供了可能。

目前基于纳米线的研究已较为广泛，并且应用到电池材料的方方面面，包括光阳极以及对电极。然而，基于纳米线光阳极的电池光电转换效率并不理想，主要原因是在提高电极中电子传输速率的同时，电极的比表面积相对降低，减小了染料的负载量，导致电池光生电流的密度较低，限制了电池效率的提高。如何开发新型的纳米线阵列制备技术，获得高比表面积、取向性优异的纳米线是染料敏化太阳能电池领域的研究重点。为了提高纳米线结构的比表面积，人们已经逐渐从单一的纳米线结构过渡到多级结构以及复合结构，并已取得了显著进展，相关内容将在 3.3.4 节以及 3.5 节中进行介绍。

3.3.3　纳米管结构光阳极

纳米管是另外一种非常具有代表性的一维纳米结构，它不仅具有纳米线结构优良的电子传输能力，同时具有高于纳米线结构的比表面积，是一维纳米结构中的代表，目前关于纳米管结构的研究主要集中在 TiO_2 纳米管。

早期 TiO_2 纳米管光阳极的制备通常是在 Ti 材料基底上利用阳极氧化法得到高度有序的阵列，通过精确调控电解质的种类、酸碱度、温度、黏度、金属 Ti 电极的纯度、工作电压等关键的实验参数，可以制备出具有不同直径、长度和光滑度的 TiO_2 纳米管阵列、竹节状的 TiO_2 纳米管阵列等新型 TiO_2 纳米结构。在阳极氧化法制备 TiO_2 纳米管的过程中以含 F^- 为电解液的研究最多，也最具代表性。关于 TiO_2 纳米管形成的经典机理主要是基于两个竞争过程：电场力驱动的 TiO_2 膜的形成和场助 TiO_2 的溶解，相应的反应如下：

$$Ti \longrightarrow Ti^{4+} + 4e^-$$

$$Ti^{4+} + 2H_2O \longrightarrow TiO_2 + 4H^+$$

$$Ti^{4+} + 4F^- / 6F^- \longrightarrow TiF_4 / TiF_6^{2-}$$

$$TiO_2 + 4F^- / 6F^- + 4H^+ \longrightarrow 2H_2O + TiF_4 / TiF_6^{2-}$$

$$TiF_4 + 2H_2O \longrightarrow TiO_2 + 4HF$$

$$TiF_6^{2-} + 2H_2O \longrightarrow TiO_2 + 4HF + 2F^-$$

由于 Ti 材料不透光，所以利用 Ti 作为基底制备光阳极存在很大的缺陷，往往需要对电池的结构重新设计。为了增加光的透过性，2009 年，M. W. Park 等利用 Ti 网作为基底，制备了 Ti 网/TiO_2 纳米管阵列，利用材料的网格结构作为光的透过通道，并将其作为光阳极组装成染料敏化太阳能电池，然而电池效率较低，小于 0.5%[35]。Ti 网的孔径较大，比表面积较小，限制了染料分子的负载量，同时由于光的透过性不足，染料分子的激发受到限制，造成电池的电流密度较小。为了进一步解决光的入射问题，人们考虑改变光线的入射方式，采用背面照射的方式（从对电极的表面照射）激发电子。相对于正面照射，对电极以及电解质对光的散射、吸收作用明显，导致光的损失严重，限制了电池的效率，相应的入射机理如图 3-14 所示。例如，Z. Lin 等在 2010 年利用 Ti 片作为基底，同样用两电极体系通过阳极氧化法制备了 TiO_2 纳米管结构，以半透明的 Pt 对电极组成染料敏化太阳能电池。当入射光从对电极一侧照射时，电池效率可以达到 4.34%，并且通过 $TiCl_4$ 以及 O_2 等离子体处理，电池的效率可以得到进一步提升，达到 7.37%[36]。

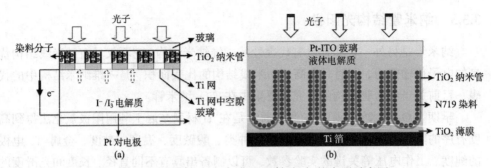

图 3-14　正面照射（a）与背面照射（b）的光照示意图

目前基于背面照射是 TiO_2 纳米管光阳极研究的重点。人们通过优化 TiO_2 纳米管阵列的表面结构以及长度，增加电极的比表面积，吸附更多的染料。常见的高比表面积 TiO_2 纳米管阵列是由埃尔朗根-纽伦堡大学的 P. Schmuki 团队于 2008 年开发的竹节状 TiO_2 纳米管结构[37]。他们采用交流电位代替传统的直流电位进行阳极氧化，在不同的电压下会在纳米管顶部形成一层致密的 TiO_2，然后交替循环改变电位（120 V / 40 V），可以获得长度为 8 μm 的竹节状 TiO_2 纳米管阵列。然而电池的效率相对较低，仅为 2.96%，并且在制备过程中需要较高的电压，不利于其大规模生产。Y. Wang 等通过对此方法进行优化改进（如沉积电解质的溶剂），将沉积电压降至 60 V，缩短了沉积时间，降低了能量损耗。并将此竹节状纳米管的长度提高到 16.5 μm，竹节长度为 230 nm，电池效率达到 6.8%[38]。图 3-15 为竹节状 TiO_2 纳米管。

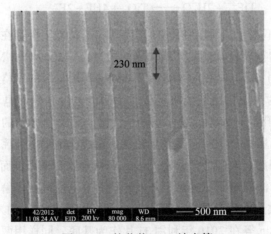

图 3-15　竹节状 TiO_2 纳米管

同时，通过多步阳极氧化可以获得性能优异的纳米管结构。常规的阳极氧化法制备的 TiO_2 纳米管阵列表面上会有很多絮状的 TiO_2 存在（图 3-16（a）），纳米管容易发生捆扎效应，不利于染料分子的吸附以及电解质的扩散。而利用超声等物理手段将其去除时往往造成纳米管阵列从基底上脱落，增加了电极处理的难度。为此，Z. Lin 等利用两步阳极氧化法制备了高度规整的表面光滑的 TiO$_2$ 纳米管阵列。具体的做法是：利用超声将阳极氧化法制备的纳米管阵列薄膜去除，获得新鲜的 Ti 基底，然后通过第二次阳极氧化法进一步合成出新鲜的纳米管阵列薄膜。与前者相比，后者纳米管阵列尺寸更加均一，表面更加光滑，如图 3-16 所示。利用此电极组装成的电池获得了 4.30% 的光电转换效率。考虑到界面电子的复合，进一步通过 TiCl$_4$ 以及水热处理，并利用 O$_2$ 等离子体处理，电池的效率逐渐增加到 7.75%[39]。

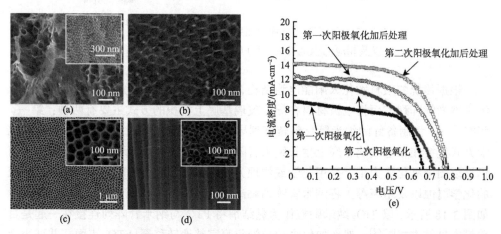

图 3-16　TiO$_2$ 纳米管表面的絮状结构（a）；除去 TiO$_2$ 纳米管后的 Ti 片基底（b）；第二次阳极氧化法制备的 TiO$_2$ 纳米管结构（c）、（d）；电池 J-V 曲线（e）

　　采用背面照射的方式对光的利用率较低，人们总希望基于 TiO$_2$ 纳米管阵列的电池可以从正面照射，以期获得较大的电流密度。为此，H. Teng 等系统地研究对比了入射方式对电池性能的影响，测试结果表明在纳米管厚度相同的情况下，正面照射的电池效率明显优于背面照射，并且根据强度调制光电流谱分析（intensity-modulated photocurrent spectroscopy analysis, IMPS），光阳极内部的电子传输主要包括两种传输机制：无捕获扩散模型（trap-free diffusion mode）、陷阱限制扩散模型（trap-limited diffusion mode）。而背面照射时，电子传输过程以陷阱限制扩散模型为主，如图 3-17 所示。通过阻抗谱测试发现正面照射时，电子的激发主要位于近 FTO 处，传输路径较短，电子很容易扩散到导电玻璃，减小了电子复合反应，电子的收集效率高达 90% 以上。虽然相对于纳米颗粒来说，纳米管结构具有非常优越的电子传输能力，然而晶面等处的缺陷仍然不能完全避免，在背面照射时，电子的激发主要在远离 FTO 处，在传输过程中经历的路径较长，受到晶界捕获的概率增加，影响了电池的光电流密度[40]。

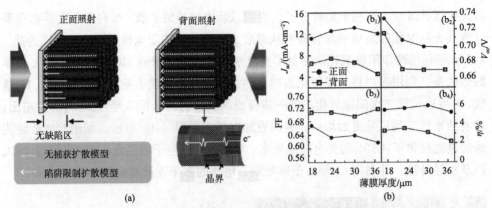

图 3-17 正面照射与背面照射时电子的传输过程（a）
以及相应的电池性能（b）（彩图请见封底二维码）

　　根据传统的染料敏化太阳能电池结构，人们首先想到的就是在导电玻璃表面上沉积纳米管阵列，而将电极材料在导电玻璃基底上沉积的方式主要有两种：第一，间接法——将制备好的纳米管材料转移到导电玻璃表面；第二，直接法——通过化学方式直接在导电玻璃基底上生长纳米管阵列。间接法制备纳米管阵列的方式目前仍然以阳极氧化法为主，采用化学或物理方法（如 H_2O_2、HCl、乙醇/Br_2、油酸液的化学腐蚀以及超声等）将纳米管阵列剥离，然后将其转移至导电玻璃基底表面，如图 3-18 所示，以 TiO_2 纳米颗粒作为黏结剂将 FTO 与纳米管阵列连接在一起是目前最常见的方式[41,42]。然而如何将纳米管薄膜完整地转移至 FTO 表面，并减小半导体与 FTO 基底之间的电子传输阻抗成为阻碍此类方法的最大难题。

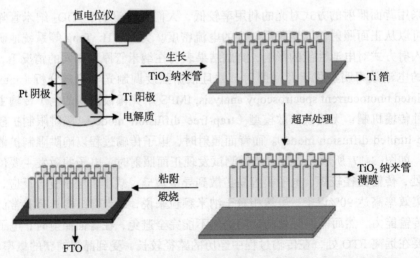

图 3-18 TiO_2 纳米管向 FTO 导电玻璃的转移过程（彩图请见封底二维码）

　　直接法是利用化学的方式在 FTO 表面直接生长纳米管阵列，完全避免了间接法中的不利因素。然而直接利用水热等方式在 FTO 表面上生长纳米管阵列存在极大的困难。2006 年，C. A. Grimes 课题组克服了这一难题，该团队首先通过磁控溅射在 FTO 基底上沉积了一层厚度为 500 nm 的金属 Ti 薄膜，随后利用传统的阳极氧化法在 FTO 基底上制备了长度为 360 nm 的 TiO_2 纳米管阵列，打破了 TiO_2 纳米管阵列无法直接在 FTO 基底上沉积的魔咒[43]（图 3-19（a）、（b））。然而，纳米管的长度依赖于溅射的 Ti 膜厚度，而磁控溅射的方法往往无法得到高品质的 Ti 膜（厚度 > 500 nm）。虽然该电池可以从正面照射，但是却限制了负载染料的含量，电池效率仅为 2.9%。为了进一步增加纳米管的长度，该小组在 2009 年获得突破性进展，利用磁控溅射以及氩阳离子轰击的方式，获得了几十微米厚的金属 Ti 膜，然后选择含氟的二甲基亚砜和乙二醇溶液进行阳极氧化处理，获得了尺寸均一、长度高达 20 μm 的纳米管薄膜，并且通过优化阳极氧化过程中的参数，纳米管的厚度可以在 0.3 ~ 30 μm 调控，基于此电极的电池效率可以达到 6.9%。随着 TiO_2 纳米管阵列厚度的增加，电极可以吸附更多的染料分子，然而厚度的增加也会减小光的透过性，不利于染料分子的激发，电池效率呈现先增加后减小的趋势[44]（图 3-19（c）、（d））。

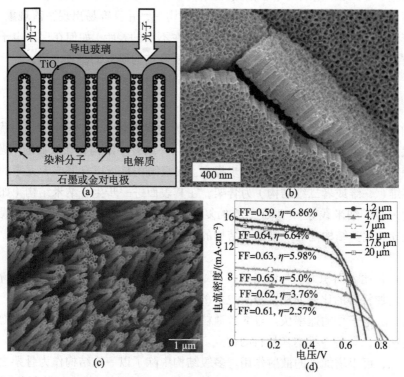

图 3-19　基于 TiO_2 纳米管结构的染料敏化太阳能电池

（a）电池的结构图；（b）、（c）TiO_2 纳米管结构；（d）纳米管的长度对电池性能的影响

在 FTO 导电玻璃基底上直接制备纳米管阵列，除了上述介绍的方式以外，还有模板法，例如，利用 ZnO 纳米阵列作为模板，在其表面包覆一层 TiO_2，之后通过化学方法将 ZnO 刻蚀，获得 TiO_2 纳米管阵列[45]，此种方式较为简单，适合纳米管阵列的大规模制备。美国西北大学 J. T. Hupp 等在 2009 年通过阳极氧化铝(anodic aluminum oxide, AAO)作为模板，利用原子层沉积的方法制备了 ZnO 纳米管阵列（粗糙因子 RF = 350 ~ 450），获得了较高的开路电压以及填充因子，然而电池的整体效率较低，仅为 1.6%[46]。

对于纳米管结构的研究，目前主要还是以 TiO_2 为主围绕阳极氧化法开展相关工作，然而电池效率相对较低，整体低于纳米颗粒以及纳米线光阳极组成电池的效率。其主要原因是：第一，与单晶纳米线结构相比，TiO_2 纳米管结构通常是由非晶结构转换而来。利用阳极氧化法制备的纳米管结构往往需要通过煅烧处理，获得适用于电池的晶相结构，大量晶界的存在会阻碍电子的传输，影响电子的传输过程，限制电池性能的提高。第二，基于 Ti 基底的 TiO_2 纳米管结构，无法从正面进行照射，从背面照射时由于对电极的反射作用以及电解质的吸收作用导致光的损失严重；而基于 FTO/Ti 基底的 TiO_2 纳米管结构，往往存在着 Ti 基底与 FTO 之间的界面问题，当溅射较厚的 Ti 膜时，Ti 膜往往不均一，并且容易出现脱落现象。第三，纳米管结构的比表面积与纳米颗粒相比仍存在不小的差距，如何在保证电子传输速率的前提下，尽可能地增加比表面积仍是纳米管结构研究的重中之重。

3.3.4 多级结构光阳极

纳米线与纳米管的高电子迁移率是其最大的优势之一，正是由于这一优势，吸引了大量研究人员为之努力。正如前面所述，一维有序结构存在致命的问题——比表面积小，限制了电池效率的进一步提高。多级结构是指以有序或者无序的低维结构（零维、一维或者二维结构）为骨架，在其表面进一步生长纳米结构（如纳米颗粒、纳米片、纳米线等），形成三维的复杂纳米结构。与纳米颗粒、纳米线以及纳米管相比，此类结构是在一维纳米结构的基础上发展起来的新型纳米结构，具有独特的优势：

第一，比表面积大。与纳米线以及纳米管相比，其表面上含有亚级纳米结构，有助于增加材料的比表面积，吸附更多的染料分子。

第二，电子传输速率快。与纳米颗粒相比，一维纳米骨架结构有利于增加电子的传输速率，具备一维纳米材料的优点。

第三，可以增加光的散射作用。多级结构中除了以一维结构作为骨架之外，还常利用微球等尺寸较大的材料作为多级结构的基底，对入射光的散射作用更加显著，提高光阳极对光的吸收，提升电池的效率。

简单地说，多级结构是将零维、一维以及二维材料整合在一起，同时将三种材料的优点也引进材料中，实现材料的多功能化。最具代表性的多级结构主要为基于一维纳米线、纳米管的多级结构以及基于微球的多级结构。

1. 基于纳米线的多级结构

该类结构的特点是以纳米线为骨架，通过化学方式对原有纳米线进行处理获得多级结构。2010 年 F. Sauvage 等利用脉冲激光沉积技术（pulsed laser deposition，PLD）在 FTO 导电玻璃上直接沉积了森林状的 TiO_2，如图 3-20（a）所示。实验发现，薄膜的厚度与沉积时间呈线性关系，并且薄膜的孔隙率以及比表面积与沉积过程中的氧分压息息相关。当沉积过程中的氧分压为 20 Pa 时，薄膜的比表面积与孔隙率分别为 37 $m^2 \cdot g^{-1}$ 和 68%，而当氧分压增加至 40 Pa 时，薄膜的比表面积与孔隙率可以增加至 86 $m^2 \cdot g^{-1}$ 和 79%，与多晶纳米颗粒组成的薄膜比表面积（86 $m^2 \cdot g^{-1}$）以及孔隙率（67%）相当。该结构经 C101 染料敏化之后，组成的电池获得了 4.9% 的光电转换效率。实验表明这种森林状的多级结构有利于抑制电子的复合反应，并且有助于离子液体电解质的渗透以及扩散[47]。韩国先进科技学院 S. H. Ko 等采用连续水热的方式制备了高密度、长分支的 ZnO 森林结构，如图 3-20（b）所示。其基本过程是通过在 ZnO 纳米线表面形成新的种子层，进一步形成 ZnO 纳米线。相对于单纯的纳米线结构，森林状的多级结构具有更高的比表面积，增加了染料分子的负载量，同时大量的分支结构可以增加光的捕获效率，电池效率是单一纳米线结构的 5 倍[48,49]。从这里可以看出，多级结构可以明显提高电池的性能。

2. 基于纳米管的多级结构

纳米管多级结构相对于纳米线多级结构具有更大的比表面积以及更加优异的光电性能。Z. Shi 等通过模板法制备了三维的双层 TiO_2 纳米管结构。该研究团队首先利用传统水热的方式在导电玻璃基底上原位沉积了 ZnO 纳米棒阵列，之后通过自组装技术在其表面包覆一层 TiO_2，形成 ZnO/TiO_2 核壳结构；在此基础上，利用溶胶–凝胶法进一步沉积一层 ZnO 纳米颗粒，作为种子层，用于生长 ZnO 纳米线分支，最后再一次通过自组装技术在其表面包覆一层 TiO_2。将获得的 $ZnO/TiO_2/ZnO/TiO_2$ 三维多级结构利用化学刻蚀法将 ZnO 除去，获得双层的 TiO_2 纳米管多级结构[50]，如图 3-20（d）所示。经过 BET 测试发现，材料的比表面积为 120 $m^2 \cdot g^{-1}$，相对于 TiO_2 纳米棒阵列（50 $m^2 \cdot g^{-1}$），双层纳米管多级结构较高的比表面积可以吸附更多的染料分子，提高电池的效率。通过优化纳米管分支的长度，获得了 5.74% 的光电转换效率。

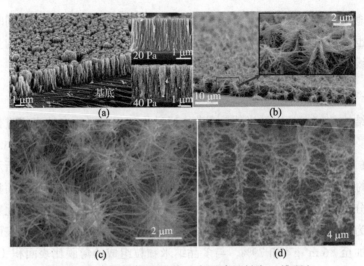

图 3-20 多级结构的形貌（彩图请见封底二维码）

（a）TiO$_2$ 纳米森林[47]；（b）ZnO 纳米森林[48]；（c）分支状 ZnO[49]；（d）TiO$_2$ 纳米管[50]

3. 基于球形的多级结构

众所周知，球形结构对光具有显著的散射作用，并且随着尺寸的增加，散射作用逐渐增强。然而，尺寸的增加会严重影响材料的比表面积，限制染料的负载量。为此，在球形结构的基础上，实现亚级结构（如纳米片、纳米线等）的构筑，成为目前球形结构光阳极研究的重点。常见的球形半导体材料包括 ZnO、TiO$_2$ 以及 SnO$_2$ 等，亚级结构包括 TiO$_2$ 纳米线[51]、SnO$_2$ 纳米线[52]、TiO$_2$ 纳米片[53]以及 TiO$_2$ 纳米管[54]等（图 3-21）。

图 3-21 基于 TiO$_2$ 纳米线（a）、SnO$_2$ 纳米线（b）、
TiO$_2$ 纳米片（c）以及 TiO$_2$ 纳米管（d）的球形多级结构

　　TiO_2 多级结构的研究目前呈现百花齐放的态势，大量不同成分、形貌的多级结构被应用于染料敏化太阳能电池当中，取得了显著的成果。中山大学 D. Kuang 课题组对多级结构的研究较为深入，从纳米颗粒到纳米线结构，都进行了系统的探索研究。2011 年，该研究团队尝试制备多功能的光阳极结构，并将有机钛酸酯类与醋酸混合后采用水热的方法制备了多功能的 TiO_2 微球-TiO_2 纳米线的多级结构，同时克服了纳米颗粒对光的散射性弱、比表面积小以及电子传输动力学等问题，并表现出优于 P25 纳米颗粒组成电池的光伏性能，获得了 10.34% 的光电转换效率[51]。同时，球形的多级结构也适用于其他的半导体材料，2012 年，Y. Zhou 等采用溶剂热的方法制备了具有高比表面积的 SnO_2 球-SnO_2 纳米线结构，其比表面积可以达到 95.57 $m^2 \cdot g^{-1}$，染料的吸附量为 0.97×10^{-7} $mol \cdot cm^{-2}$，电池效率达到 4.15%。较高的比表面积主要是由两方面原因造成：其一，SnO_2 球表面的纳米线结构密度较大，纳米线之间的间距约为 3.68 nm；其二，SnO_2 球是由大量的纳米颗粒组成，颗粒与颗粒之间的紧密堆积形成了约为 6.17 nm 的空隙结构。以上两个原因增加了染料分子的吸附量以及电解质在光阳极中的扩散速率，加速了染料分子的还原再生，从而提高了电池效率[52]。

　　纳米片作为亚级结构也是构成多级结构的典型代表。J. Kim 同样采用水热法制备了 TiO_2 球-TiO_2 纳米片的多级结构，将乙酸与钛酸四正丁酯在室温下混合后静置 1 h，然后转移到聚四氟乙烯的内衬中在 150℃ 下保温 12h，即可获得纳米片包覆 TiO_2 微球的多级结构。与商业中常用的 TiO_2 浆料相比，多级结构的比表面积、空隙率、粗糙度都有明显的改善，染料的负载量也由 3.7×10^{-7} $mol \cdot cm^{-2}$ 增加至 5.9×10^{-7} $mol \cdot cm^{-2}$，电池的效率也从 8.2% 提升到了 9.0%，优于商业中常用的 TiO_2 纳米颗粒[53]。

　　除此之外，利用纳米管作为亚级结构，是一种非常新颖的多级结构。2013 年，Z. Liu 等通过水热法制备了一系列基于 TiO_2 球形结构的多级结构，包括纳米线、纳米片以及纳米管，并系统地研究了形貌对电池性能的影响。基于纳米管的多级结构可以获得最高的转换效率，达到 7.48%，如图 3-22 所示，比纳米片、纳米棒以及纯微球组成的电池效率分别提高了 16.0%、9.7% 以及 19.5%，电池的性能参数以及多级结构的比表面积见表 3-4。比表面积的增加以及光散射作用的增强，染料负载量的增加以及光吸收的增强，是电池效率提高的根本原因[54]，相应的漫反射图谱见图 3-22（b）。

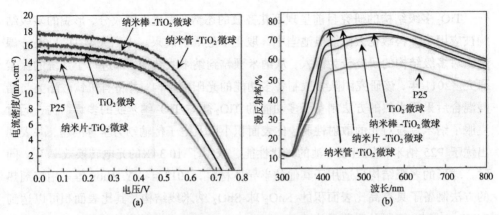

图 3-22　基于纳米颗粒、纳米棒、纳米片、纳米管的多级结构电池效率图（a）
以及漫反射光谱（b）（彩图请见封底二维码）

表 3-4　不同多级结构组成电池的光伏参数

光阳极	短路电流密度/ （mA·cm^{-2}）	开路 电压/V	填充 因子	效率/%	染料负载量/ （×10^{-7} mol·cm^{-2}）	比表面积/ （m^2·g^{-1}）
微球	15.04	0.72	0.58	6.26	1.54	86.4
纳米线基多级结构	16.23	0.76	0.55	6.82	1.78	106.7
纳米片基多级结构	14.36	0.76	0.59	6.45	1.25	79.9
纳米管基多级结构	17.82	0.77	0.55	7.48	1.99	134.8
P25 颗粒	12.14	0.69	0.59	4.98	1.23	49.9

　　总的来说，多级结构相对单一形貌的半导体来说，其比表面积的增加、光散射
能力的增强以及电子传输动力学的改善是提高电池性能的三个主要原因。目前基于
多级结构光阳极的研究非常广泛，种类繁多，但无论其形貌如何，最终目的都是相
同的。在以后的研究过程中，如何进一步提高电极的比表面积仍是多级结构研究的
重点。开发新型的制备方法，比如采用生物模板或者是多级模板法等，制备出一些
传统方法无法获得的新型多级结构，有望突破目前染料敏化太阳能电池的效率。

3.3.5　其他结构光阳极

　　自 1991 年染料敏化太阳能电池获得突破性进展以来，人们对于光阳极的研究
从未间断过。经过二十多年的沉淀与积累，光阳极半导体无论是从材料还是从结构
上都取得了很大的进展。就其形貌而言，目前除了常见的纳米粒子、纳米线、纳米
管等，还有纳米花、纳米片、空心球、纳米立方、枝状结构以及光子晶体结构等[55-63]
（图 3-23）。

图 3-23　TiO₂ 纳米花

（a）；ZnO 纳米片（b）；TiO₂ 空心球（c）；TiO₂ 纳米立方（d）；

TiO₂ 枝状结构（e）以及 TiO₂ 反蛋白石结构（f）

　　不同结构的材料往往具有不同的性能，例如，纳米片结构可以将电子的迁移限制在二维空间之内，增加电子传输速率；纳米花结构具有较大的比表面积，可以增加染料分子的负载量；纳米立方作为光散射层可以有效地抑制电子的复合反应，提高电池的开路电压以及光电转换效率；而空心球结构具有独特的光散射功能，通过改变合成条件可以获得性能各异的空心结构。

　　D. Wang 等以碳材料微球作为模板，通过简单的程序控温过程，实现了 ZnO 空心球的可控合成，并且可以在空心球内部进一步形成多个空心核。在合成过程中，前驱体溶液中 Zn²⁺ 浓度、升温速率对材料形貌以及壳间距的形成至关重要。通过测试发现，不同形貌的 ZnO 空心结构对电池器件的性能具有明显的差别，随着空心球内部壳数量的增加，电池的光电转换效率逐渐增强，并且壳间距同样制约着电池的性能，主要是由于不同的结构对入射光的散射与反射作用不同，改变了光的传输路径，如图 3-24 所示[64]。

　　在上述结构中，反蛋白石结构（inverse opal）是一种较为特殊的结构。反蛋白石结构代表了一大类可望实现完全光子带隙的结构。只要该结构填充材料的折射率跟周边的介质（如空气）的比值达到一定的数值，其周期对称的结构将出现完全光子带隙。以 SiO₂、PS、PMMA 等蛋白石结构为模板，在其空隙中填充高折射率的材料或前驱体材料，填充完毕待材料在空隙间矿化后，通过煅烧、化学腐蚀、溶

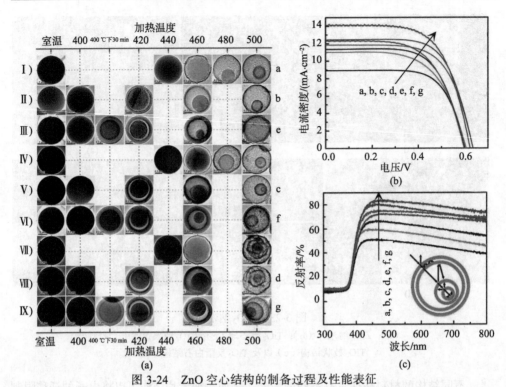

图 3-24　ZnO 空心结构的制备过程及性能表征

（a）ZnO 空心结构；（b）基于不同形貌光阳极的电池 J-V 曲线；（c）不同形貌光阳极的反射光谱

剂溶解等方法除去初始的 SiO$_2$ 或聚合物模板。原有的模板除去后得到规则排列的球形空气孔，空气的折射率接近 1，形成反蛋白石结构。反蛋白石结构属于光子晶体的范畴，而光子晶体是指由不同折射率的介质周期性排列形成的人工微结构。光子晶体即光子禁带材料，能量处在光子带隙内的光子，不能进入该晶体，光子晶体的带隙越宽，其性能越好。由于其可以控制和抑制光子运动的特性，在光通信领域具有广阔的应用前景。反蛋白石结构是光子晶体的一种重要结构，由于其制备方法简便、成本低廉而受到人们的普遍关注。

反蛋白石结构作为染料敏化太阳能电池的光阳极可以显著增加光阳极的光收集效率，主要体现在：

第一，处于光子带隙内的光将无法通过光阳极，增加光的反射作用；

第二，可以使光子局域化，增强靠近光子带隙吸收边的红光吸收；

第三，在染料敏化层形成光子共振。

与传统的散射层相比，反蛋白石结构可以更好地调节光阳极对光的反射作用，通过结构调整，实现对光最大程度的吸收。图 3-25 为 TiO$_2$ 纳米颗粒与反蛋白石结构对光的透过与漫反射光谱，从图中可以看出，反蛋白石结构可以明显降低光的透过并增加对光的漫反射作用[65]。

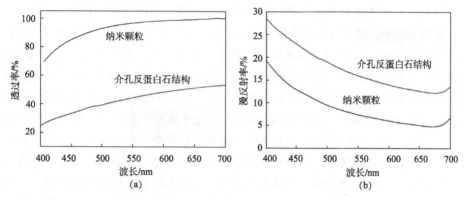

图 3-25　TiO_2 纳米颗粒与反蛋白石结构的透过（a）与漫反射（b）光谱

由于早期 TiO_2 反蛋白石结构只能在 FTO 上直接沉积，为了保证光的利用率，常采用背面照射的方式，而电解质的吸收以及对电极的反射作用，减小了光的捕获。研究发现，在 FTO 与 TiO_2 反蛋白石结构之间沉积一层介孔的 TiO_2，可以有效地改善光的吸收。然而，将其直接沉积于介孔 TiO_2 薄膜的表面往往会导致电子传输阻抗严重，限制了电池效率的提高。2010 年，英国剑桥大学 N. Tétreault 研究团队利用高分子自组装的方式制备了双层结构的 TiO_2，将高比表面积的 TiO_2 介孔薄膜（底层）与三维结构的光子晶体（上层）整合在一起。具体的制备过程是利用嵌段共聚物 PI-b-PEO 凝胶将 $1 \sim 4$ nm 的 TiO_2 纳米颗粒组装在一起，通过旋涂等方式沉积在 FTO 表面，然后在表面组装三维的聚苯乙烯微球，最后采用化学气相沉积方法在聚苯乙烯微球表面沉积一层非晶 TiO_2，由于底层是由聚合物-TiO_2 组成的致密层，因此不会出现阻碍下层 TiO_2 空隙的现象。将沉积的双层结构在 500℃下加热 3 h，除去聚合物等模板，即可获得双层 TiO_2 介孔反蛋白石结构的光阳极材料。由于双层之间具有直接的孔隙连通性以及电子传导性，可以明显地增强反蛋白石结构与介孔 TiO_2 之间的光子共振效应，增加了光阳极对不同波段的光收集效率[62]。

然而，目前基于反蛋白石结构的研究还处于初级阶段，并且只有一维以及二维结构的光子晶体在染料敏化太阳能电池中发挥了相应的作用。反蛋白石结构是非常有发展潜力的新一代光散射材料，在未来的研究中，进一步开发光子晶体与 TiO_2 光吸收层的结构，对增加电池的光捕获效率具有极大的意义。

3.4　掺杂纳米晶光阳极

半导体材料性能的优化主要从两方面入手，材料的组成以及材料的结构。形貌的调节虽然可以在一定程度上增加电子的传输速率以及比表面积，然而却无法从根本上改善材料的内在性质。元素的掺杂改性是提高半导体性能的有效方式之一。在硅太阳能电池中，掺杂可以有效地提高半导体的导电能力，主要原因是在半导体内部引入杂质原子后，可以增加半导体中载流子的浓度。当掺杂元素的化合价较高时，此时称杂质原子为施主，其作用是提供多余的电子，自由电子为多子，空穴为少子，主要靠自由电子导电，称为 N 型半导体；相反，当掺杂元素的化合价较低时，称杂质原子为受主，在半导体中往往会形成较多的空穴，电子成为少数载流子，称为 P 型半导体。

掺杂纳米晶 TiO_2 改性研究主要包括金属元素掺杂、非金属元素掺杂、稀土元素掺杂、复合元素掺杂等，复合元素掺杂改性又分为金属元素复合掺杂、非金属元素复合掺杂以及非金属与金属元素复合掺杂。掺杂改性主要是为了改变纳米晶 TiO_2 的能级结构，提高电荷的传输速率，同时有利于电子和空穴的分离，抑制电荷的复合，提高短路电流，而且掺杂剂的存在可以抑制 TiO_2 纳米晶体的生长，获得尺寸更小的纳米粒子，从而增加染料分子的吸附量，提高对光的吸收率。掺杂的基本机理是在光照作用下，施主杂质的原子可电离并向 TiO_2 导带释放电子；或受主杂质的原子从价带俘获电子并建立空穴，从而产生电荷分离。掺杂往往在近 TiO_2 能带边缘形成新的能级结构，由于激发和跃迁所需要的能量比 TiO_2 的禁带宽度小得多，其响应波长位于比本征吸收边更长的波段内，从而有效地扩展了光谱响应范围。

在选择掺杂剂时需要从多个方面考虑：首先，选择原子半径相近的掺杂原子，从而避免由于尺寸的差异形成新的晶格畸变，产生更多的缺陷；其次，染料分子与 Ti^{4+} 的作用力较强，当利用金属原子作为掺杂剂代替 Ti 原子时，可能会影响染料分子的吸附量；最后，掺杂剂的引入往往也会成为电子复合的中心，从而加速电池内部电子的复合反应。因此，利用掺杂的方式改善半导体的性能需要对掺杂剂的用量进行准确的控制。

3.4.1　金属元素掺杂

金属元素的掺杂主要以过渡金属或稀土元素作为掺杂剂，代替 TiO_2 纳米晶格中的 Ti^{4+}，由于 TiO_2 的导带主要是由 Ti^{4+} 3d 轨道构成，利用不同的阳离子代替 Ti^{4+} 会对 TiO_2 纳米晶能级结构以及光响应强度产生影响。金属阳离子（如 Al^{3+}[66]、$V^{4+/5+}$[67]、Fe^{2+}[68]、Ce^{4+}[69]、Zn^{2+}[70]、Zr^{4+}[71]、Nb^{5+}[72]、Ta^{5+}[73]、$Cr^{3+/4+}$[74]、W^{6+}[75]、Sn^{4+}[76]等）掺杂钛位点会影响 TiO_2 导带边缘的组成并改变光生电子注入的驱动力，因此被认为是一个提高光电转换效率的有效策略。在目前常见的金属掺杂剂中，不同的掺杂剂对电池性能影响各异。

金属元素掺杂的基本机理如图 3-26 所示，图 3-26（a）表示纯 TiO_2 的导带、费米能级以及缺陷的分布情况。电子在 TiO_2 中的传输通常是以跳跃的形式在浅能级缺陷中传输，直至到达导电玻璃；而当掺杂剂可以提高浅能级缺陷的密度时，如

图 3-26（b）所示，半导体的导带与费米能级会发生上移，从而增加电池的开路电压（开路电压与半导体的费米能级以及氧化还原电解质的电位有关），但是由于导带位置的上移，减小了染料分子的 LUMO 能级与半导体导带之间的能级差，电子注入的驱动力会降低，造成电流密度的减小，常见的掺杂剂有 Zr^{4+}、Sn^{4+}、Zn^{2+}以及 Al^{3+}等；相反，当掺杂剂可以增加深能级缺陷的密度时，如图 3-26（c）所示，半导体导带以及费米能级会发生下移，增加了电子的注入速率，往往会增加电池的电流密度，但会降低电池器件的开路电压，常见的掺杂剂有 Nb^{5+}、Ta^{5+}、W^{6+}等。理想的掺杂剂需要具有消除深能级缺陷同时增加浅能级缺陷密度的能力，从而同时增加电池的开路电压以及电流密度。

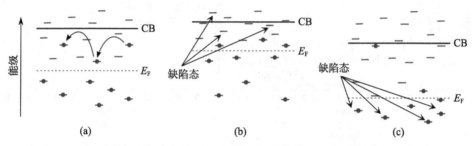

图 3-26　掺杂对半导体能级结构的影响机理图

　　2005 年，Y. C. Lee 等研究了过渡金属 Al^{3+}以及 W^{6+}作为掺杂剂对电池性能的影响[77]。研究表明，两种离子的掺杂都可以改善电极的比表面积，提高电池的光电转换效率，但两种离子对电池性能的影响却明显不同。Al^{3+}掺杂的 TiO_2光阳极可以明显提高电池的开路电压，降低电池的短路电流密度，然而 W^{6+}作为掺杂剂则可以提高电池的电流密度而降低开路电压。通过研究电子寿命发现掺杂可以优化电极的表面缺陷，增加比表面积，提高染料的负载量，从而提高电池的整体性能。

　　Nb^{5+}是目前研究最多的一类掺杂剂，因为该元素具有非常独特的光学以及电学性能。但是由于 TiO_2制备方法的不同，造成 TiO_2表面缺陷态的差异较大，Nb^{5+}掺杂光阳极对电池性能影响也不尽相同。在早期的研究过程中，Nb^{5+}可以降低 TiO_2的费米能级以及导带，同时影响染料的负载量，导致电池的开路电压下降，造成电池效率较低。幸运的是，虽然基于 Nb^{5+}掺杂光阳极的电池理论电压较低，但是可以通过降低电池内部的电子复合反应减小对电池开路电压的影响。最近的研究发现，Nb^{5+}的掺杂可以同时提高电池的电流密度以及开路电压。通过 EIS 测试以及瞬态光电流测试发现电池内部较小的电子复合反应是其开路电压增加的原因[78]。大量的工作表明，在 Nb^{5+}掺杂含量较低的情况下，可以避免电池开路电压的衰退。H. K. Kim 等利用溶胶–凝胶法制备了 Nb^{5+}掺杂的 TiO_2光阳极，通过对光阳极的表面处理，可以抑制电子的复合反应,阻碍电池开路电压的衰减。如图 3-27 所示,随着 Nb^{5+} 含量的增加,材料的禁带宽度逐渐减小,主要是由于导带以及费米能级的下移造成的,从而导致开路电压降低;同时染料的 LUMO 能级与半导体导带之间的能级差增加,促进了电子的传输速率,提高了电池的电流密度[79]。在其掺杂量较少的情况下,电池的开路电压虽然有所降低,但是电池的整体效率由原来的 5.08% 提高到 6.37%;当利用空穴材料与染料分子共吸附之后,可以阻碍电池开路电压的下降,电池效率从原来的 6.81% 增加到 7.41%,增加了 8.81%。

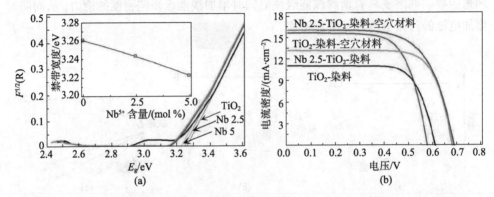

图 3-27   Nb 元素掺杂对 TiO_2 禁带宽度以及电池效率的影响(彩图请见封底二维码)

稀土元素常以 La^{3+}、Ce^{4+}、Nd^{3+}、Sm^{3+}、Eu^{3+}、Yb^{3+} 等离子作为掺杂剂,其效果与过渡金属相似,可以提高染料分子的负载量,但有些元素的掺杂机理却不尽相同。例如,La^{3+} 的掺杂在 TiO_2 光阳极内部容易与氧发生反应,形成大量的氧空位,增加染料分子吸附位点,实验表明 La^{3+} 的掺杂所引起的氧空位与染料的负载量以及电池效率息息相关[80]。

另外,由于 Ce 原子在 TiO_2 禁带之间引入了未被占据的 Ce 4f 轨道,导致 TiO_2 导带下移,增加了电子注入的驱动力。同时,L. Han 等发现在 TiO_2 中同时存在 Ce^{4+} 和 Ce^{3+},并通过电化学阻抗谱等测试表明 Ce^{4+} 除了可以增加电流密度之外,往往也会捕获电子将 Ce^{4+} 还原为 Ce^{3+},当掺杂剂的含量< 1% 时,可以明显提高电池的光电转换效率[81]。

总的来说,金属离子的掺杂对提高 TiO_2 薄膜的性能主要体现在以下几方面:首先,化合价高于 Ti^{4+} 的金属离子如锰离子能够形成电子捕获中心,而低于 Ti^{4+} 的金属离子如锌离子同样能形成空穴捕获中心,导致电子和空穴的复合速率降低;其次,金属离子掺杂能使薄膜内电子与空穴的扩散长度和分离度增大,延长电子和空穴的寿命,使光生电流增加;再次,金属离子掺杂后形成的掺杂能级能够吸收能量较小的光子,使光子利用率得到提高;最后,掺杂剂的存在可以改变 TiO_2 颗粒的生长速率，获得不同尺寸的 TiO_2 晶体，影响染料的负载量。此外金属离子掺杂形成的晶格缺陷有利于产生更多的 Ti^{3+} 氧化中心，并且可以抑制 TiO_2 锐钛矿向金红石晶相的转变。然而，无论是哪种掺杂剂，都希望可以尽可能地减少深能级缺陷的存在，而掺杂剂含量的增大往往会在晶体内部引入新的缺陷，增加电子的复合反应，所以金属离子的掺杂量通常较小。

3.4.2　非金属元素掺杂

非金属元素掺杂 TiO_2 目前已广泛应用于光催化领域的研究当中，并取得了较好的研究成果。为了构造更加高效的染料敏化太阳能电池，人们根据掺杂非金属元素的思路开发了多种改良 TiO_2 的方法，除了在钛位点掺杂金属阳离子之外，另一种有效的掺杂方式是在氧位点掺杂非金属阴离子。研究结果表明非金属掺杂（如 $B^{[82]}$、$C^{[83]}$、$N^{[84]}$、$S^{[85]}$、$I^{[86]}$、$F^{[87]}$）能够在高于 TiO_2 价带的位置引入附加电子态，但对由 Ti^{4+} 3d 轨道组成的导带边缘的影响非常小。

目前，N 元素掺杂 TiO_2 的研究较多，通常会导致半导体的相应光谱发生红移，其费米能级发生下移，增加光的吸收。研究发现，在 N 元素掺杂过程中会引入 N^{3-}，但 N^{3-} 的引入会造成晶格畸变，不利于电子的传输。然而，在目前大多数的文献报道中却发现，N 元素的掺杂可以增加电荷的传输速率，或者延长电子寿命，从而使电池的开路电压以及短路电流密度获得提高[88]。其原因可能是掺杂提高了 TiO_2 晶体的结晶度，减小了电子的复合反应，如图 3-28（a）、图 3-28（b）所示[89]。Y. S. Kang 等利用 N 掺杂的 TiO_2 作为光阳极，将 CdSe 量子点敏化太阳能电池的效率提升了近 1.45 倍，并指出电池效率提升的主要原因是 N 元素的掺杂减少了电极表面的缺陷态，阻碍了 TiO_2 与电解质界面之间的电子复合反应。另外，不同 N 源也会对电池的性能产生影响，S. Meng 等利用氨气和尿素作为氮源制备了双氮掺杂 TiO_2 光阳极，电池效率达到 7.58%，相比于单一氮源掺杂的光阳极，电池效率提升了 14%[90]。在实验过程中通过固体紫外光谱测试，发现 N 掺杂 TiO_2 的禁带宽度明显降低，如图 3-28（c）所示，电池的电流密度明显增加，如图 3-28（d）所示。同样的，B 元素掺杂也可以提高 TiO_2 晶体的结晶度，并且通过紫外可见吸收光谱以及电子顺磁共振谱可以确认 B 原子常以间隙原子的形式掺杂，并且增加晶体结构中的氧空位。B 元素的掺杂往往会导致费米能级上移，同时在掺杂过程中会增加电子的复合反应，两者相互抵消，导致电池的开路电压基本不变；而结晶度的提高有利于电子传输，可以增加电池的电流密度[91]。

另外，C 掺杂同样可以改善电池的性能。通过紫外可见分光光度计测试 C 掺杂的 TiO_2 薄膜，发现其吸收峰位发生明显的红移，说明禁带宽度变小，可以增加电池的电流密度；IMPS/IMVS 测试表明 C 掺杂可以提高载流子寿命以及传输速率，

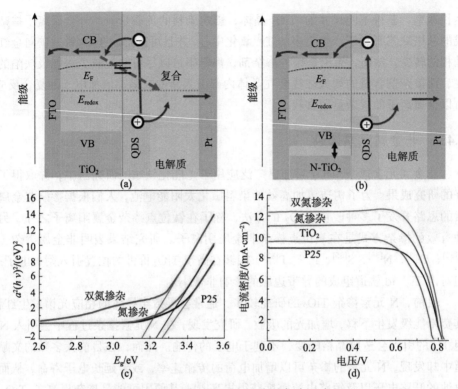

图 3-28 N 元素掺杂对电池内的复合反应、
TiO$_2$ 禁带宽度以及电池效率的影响（彩图请见封底二维码）

从而增加开路电压以及短路电流[92]。实验表明，I^{5+}可以增加光的吸收，减少电子的复合，但是对于染料的负载量却影响不大。通过 DFT 理论计算，I^{5+}的掺杂可以提高半导体的导电性，改善电池性能[86]。而 F$^-$的掺杂可以改善半导体与 FTO 基底之间的界面传输阻抗，提高电池的电流密度[93]。然而，由于掺杂方式的不同，实验结果往往存在较大的差异，但总的来说，掺杂非金属元素改善电池的性能是一种非常有效的方式。

3.4.3 复合元素掺杂

单一元素会对半导体产生多种不同的影响，比如，金属离子的掺杂除了会改善半导体的性能，往往也会引入新的电子复合中心，增加电子的复合速率，不利于进一步提高电池的性能。如何抑制电子的复合成为进一步提高电池性能的一项挑战。为此，将两种或多种具有不同性能的掺杂剂同时进行半导体的共掺杂，可以实现功能上的互补，目前已成为掺杂光阳极研究的重点。

2015 年，F. Pan 等探索了金属元素与 F 共掺杂对半导体性能的影响，其基本的思路是金属离子掺杂可以提高电池的开路电压，氟离子掺杂可以改善电池内部的复合反应，然后将两种效应整合在一起提高电池的整体性能[94]。通过对电池光电性能的测试发现，Sn-F 共掺杂 TiO$_2$ 光阳极组成的染料敏化太阳能电池获得了 8.89% 的光电转换效率，与纯 TiO$_2$ 组成电池的 7.12%、Sn 掺杂 TiO$_2$ 组成电池的 8.14% 以及 F 掺杂 TiO$_2$ 组成电池的 8.31% 相比，共掺杂可以明显增加电池的性能，如图 3-29（a）所示。实验数据表明单一的 F 掺杂可以使 TiO$_2$ 费米能级发生下移，而当 Sn-F 共掺杂时，其费米能级上移，主要原因是 Sn 原子的掺杂可以增加 TiO$_2$ 的禁带宽度，使其导带上移，有助于提高电池的开路电压，如图 3-29（b）所示。需要说明的是，文中通过 DOS 测试的 TiO$_2$ 禁带宽度为 2.07 eV，与 TiO$_2$ 的禁带宽度 3.2 eV 有所差别，主要是由测试与计算方法导致的，但是仍可从测试数据获得禁带宽度的变化趋势。同时，对 Ta/F、Nb/F 以及 Sb/F 的掺杂体系进行了研究，均获得了相同的实验结论，表明利用共掺杂的协同效应是提高电池性能的有效方式。

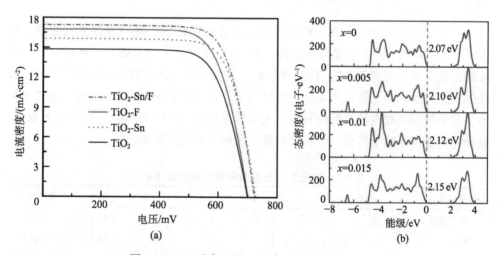

图 3-29　Sn 元素以及 F 元素对电池性能（a）
以及 TiO$_2$ 禁带宽度（b）的影响（彩图请见封底二维码）

　　另外，金属离子的掺杂可以优化纳米晶的生长过程，减小了其尺寸并且增加 TiO$_2$ 的比表面积及染料的负载量。T. Kim 等利用 Zr/N 元素对 TiO$_2$ 进行共掺杂，发现在在 N 元素含量不变的情况下，染料分子的负载量随着 Zr 元素掺杂量的增加呈现先增加后减小的趋势，主要是由于在 Zr 含量较低时可以提高电极的比表面积，而当 Zr 含量较高时，Zr 的存在会阻碍染料分子与 Ti 的相互作用，减小了染料的负载量。从紫外可见吸收光谱中可以看出，0.01 M Zr/N 掺杂的 TiO$_2$ 吸附的染料含量最多，而此时电池效率也达到最高值 8.25%，与纯 TiO$_2$ 组成电池的效率（4.56%）

相比有了明显提高[95]，如图 3-30 所示。

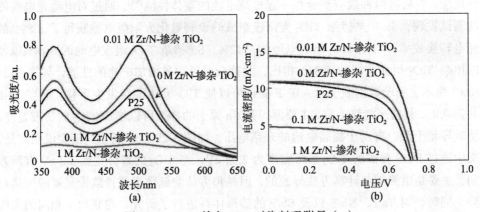

图 3-30　Zr/N 掺杂 TiO$_2$ 对染料吸附量（a）
以及电池性能（b）的影响（彩图请见封底二维码）

　　目前关于共掺杂的体系已经非常多，常见的还有非金属/非金属的共掺杂，如 B/N[96]、S/N[97]；金属/金属离子的共掺杂，如 Zn/Mg[98]、Cr/Sb[99]、Mg/La[100]，都表现出优于单一元素掺杂的 TiO$_2$ 光阳极。目前对于掺杂的研究已经较为深入，大量的工作都投入到了掺杂光阳极的研究当中，在本小节中无法全部介绍，表 3-5 列出了常见掺杂剂对电池性能的影响，包括导带位置（CB）的移动、电子注入效率、电子传输速率、电子寿命、染料负载量以及相应的电池效率。

表 3-5　常见掺杂元素对电池性能的作用状况

掺杂元素	CB	电子注入效率	电子传输速率	电子寿命	染料负载量	效率*	参考文献
W⁴⁺			↑	↑	↑	4.14/8.71	[75]
Mg²⁺	↓	↑	↑		→	6.35/7.12	[101]
V⁵⁺			↑	↓	↓	6.01/6.81	[102]
Ce⁴⁺/Ce³⁺	↓	↑			→	6.4/7.12	[81]
Sb³⁺	↓	↑		↓	→	7.36/8.13	[103]
Ru³⁺						4.3/5.2	[104]
Ag⁺			↓	↑	↑	4.74/6.13	[105]
Zn²⁺		↑	↑		↓	7.8/8.3	[106]
Ta⁵⁺			↑			4.8/6.7	[73]
Nb⁵⁺		↑		↑		7.4/8.1	[72]
Eu³⁺			↑			2.60/3.43	[107]
Cu²⁺	↑		↑			5.8/8.1	[108]

续表

掺杂元素	CB	电子注入效率	电子传输速率	电子寿命	染料负载量	效率*	参考文献
Cr^{3+}	↑			↑		7.1/8.4	[109]
Zr^{4+}	↑					7.0/8.1	[71]
Ni^{2+}	↑		↑	↑	↑	5.2/6.75	[110]
Li^+	↑			↑		1.96/2.60	[111]
B^{3+}	↓	↑		↑		3.02/3.44	[112]
S^{6+}	↓	↑	↑			5.56/6.91	[113]
F^-			↑		→	5.62/6.31	[114]
I^-				↑	↑	4.9/7.0	[115]
N		↑		↓		7.14/8.3	[116]
Zr^{4+}/N			↑	↑	↑	9.6/12.62	[95]
N/F^-	↓	↑	↑	↑		6.71/8.20	[117]
Sn^{4+}	↑		↑	↓	→	7.22/8.14	[94]
Sn^{4+}/F^-	↑		↑		→	7.22/8.89	[94]
Ta^{5+}	↓		↑	↓	→	7.22/8.3	[94]
Ta^{5+}/F^-	↓		↑		→	7.22/8.78	[94]
Nb^{5+}	↓		↑	↓	→	7.22/8.4	[94]
Nb^{5+}/F^-	↓		↑		→	7.22/9.02	[94]
Sb^{3+}	↓	↑	↑	↓	→	7.22/8.36	[94]
Sb^{3+}/F^-	↓		↑	↑	→	7.22/8.87	[94]
F^-	↓		↓	↑	→	7.22/8.31	[94]

注：↓表示导带下移或者降低；↑表示导带上移或者增加。*为基于纯 TiO_2 和掺杂 TiO_2 的电池效率。

3.5　复合纳米晶光阳极

在染料敏化太阳能电池的发展过程中，经历了多次的突破，人们逐渐认识到光阳极对电池性能的影响，并发展了复合结构光阳极。虽然具有单一结构/形貌的光阳极在某一方面具有独特的功能，但是往往需要牺牲其他指标作为代价。比如，纳米颗粒具有非常大的比表面积，但大量的界面导致电子复合非常严重；在利用 TiO_2 纳米线阵列作为光阳极时，虽然具有非常优异的电子传输速率，但是其比表面积却较小，染料的负载量降低，不利于电池效率的提升。因此，人们将不同的材料、形貌或者结构组装在一起，将各自的优势整合在一起，弥补单一材料的不足，达到在不损失各自功能的前提下，提高光阳极的整体性能。目前较为常见的复合光阳极结构主要包括两大类，同质复合光阳极以及异质复合光阳极。

3.5.1　同质复合光阳极

同质复合光阳极主要是指利用同一种半导体，如 TiO_2、ZnO、SnO_2 等，将多种不同的形貌组合在一起构成复合光阳极。该类光阳极主要是将不同形貌结构的优势组合在一起，如将纳米线与纳米颗粒进行复合，可以将纳米线中电子快速的传输速率与纳米颗粒极大的比表面积组合，相互弥补，进而提高电极的性能。该结构的基本理念与多级结构提高电极性能的理念基本相符，主要差别在于复合结构属于多种独立形貌的混合，属于物理方式；而多级结构在组成上属于连续的内在原子之间的相互结合，构成复杂的形貌，属于化学方式。

1. 零维/一维复合结构

在同种物质的复合光阳极中，以一维结构（纳米线、纳米管）/纳米颗粒组成的光阳极结构为主，将两种结构的优势整合在一起。2010 年，美国南达科塔州立大学 Q. Qiao 研究团队利用纺丝技术制备了一维的 TiO_2 纳米纤维结构，且与纳米颗粒复合制备了复合光阳极。与传统的纳米颗粒光阳极相比，电池效率提高了 44%[118]。文中指出，纳米纤维结构不仅有利于电子的快速传输，而且可以增加光散射，并利用米氏散射（Mie scattering）对纳米纤维结构的光散射进行了模拟，图 3-31 为不同尺寸的纳米纤维对光的散射情况。

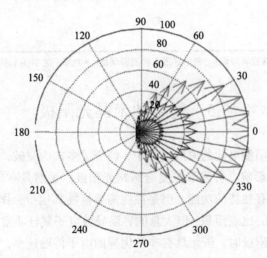

图 3-31　不同尺寸的纳米纤维对光的散射情况（彩图请见封底二维码）

同时，散射情况可以根据如下公式进行计算：

$$I = \left[\frac{I_0}{r}\pi^2(m-1)^2\right]\left(\frac{a^2}{\lambda}\right)\left\{\frac{J_1\left[\left(\frac{4\pi a}{\lambda}\sin\frac{\theta}{2}\right)\right]}{\sin\frac{\theta}{2}}\right\}^2$$

式中，I_0 代表入射光的强度；λ 代表入射光的波长；r 代表纳米纤维距离测试点的长度；m 代表纳米纤维的折射率；a 代表纳米纤维的直径；J_1 代表贝塞尔函数；θ 代表测试方向 r 与入射光的夹角。

通过计算，当一维结构的直径小于 200 nm 时，对光的散射较弱；当尺寸增加至 300 nm 时，材料对光的散射作用明显增强，进而提高电池器件对光的吸收；同时，由于纳米颗粒较大的比表面积，增加了染料分子的吸附。通过对复合光阳极中纳米纤维含量的优化，电池获得 8.8%的效率。将不同结构的材料混合在一起，不仅可以将两者的性能完美结合，同时会形成一些副效应，增加电池的光电性能。

2011 年，戴松元研究团队探究了 TiO_2 纳米管/纳米颗粒复合光阳极，通过对电子在光阳极中传输速率以及复合反应的研究，发现当纳米管的含量为 5 wt%时，电池具有最大的电子收集效率，获得了 9.79%的光电转换效率，如图 3-32 所示[119]。若进一步增加纳米管的含量，由于纳米管在光阳极中复杂交错，扩宽了电子的传输路径，增加了电子复合的概率，不利于电池效率的提高。

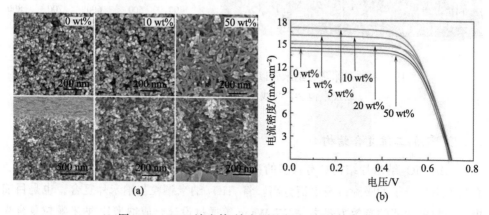

图 3-32　TiO_2 纳米管/纳米颗粒复合光阳极（a）
以及 TiO_2 纳米管含量（b）对电池效率的影响

同时，可以将纳米线、纳米管以及纳米颗粒同时复合在一起，进一步提高电极的性能。近期，H. Huang 等通过传统的阳极氧化法制备了 TiO_2 纳米管阵列，之后经过后处理获得具有纳米管–纳米线–纳米颗粒三种形貌的复合结构，电池性能也由最初的 5.43%增加至 8.21%，如图 3-33 所示[120]。

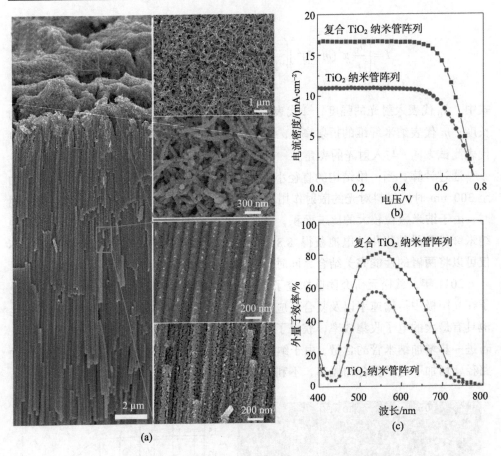

图 3-33　纳米线、纳米管以及纳米颗粒复合结构的形貌（a）
以及电池 *J-V* 曲线（b）和 IPCE 图谱（c）

2. 零维/二维复合结构

二维 TiO_2 纳米片结构具有较多的{001}晶面裸露在表面，该晶面的能量较高，有利于染料分子的吸附以及电荷分离。将 TiO_2 纳米颗粒与纳米片复合，也是目前提高光阳极性能的有效方式之一。W. Wang 等通过设计合成纳米片/纳米颗粒复合光阳极，提高了电极对光的散射作用，同时{001}晶面的存在促进了电荷的分离，使电池的效率相对于纳米颗粒提升了 2.6 倍[121]。具体做法是通过连续印刷纳米片含量不同的复合光阳极，使光阳极在结构上呈现连续性，由底层到表层纳米片含量依次增多，提高了光的散射，基本的散射过程如图 3-34 所示。

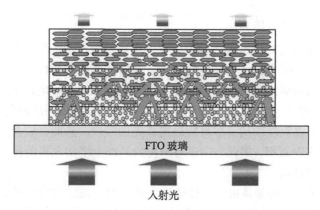

图 3-34　纳米片/纳米颗粒叠层结构对光的散射作用（彩图请见封底二维码）

3. 零维/三维复合结构

　　三维的纳米结构在很大程度上类似于多级结构，在其结构的基础上通过与纳米颗粒进行复合，可以进一步填充结构中原有的空隙，增加比表面积，提高染料分子的吸附量。实验表明，通过将 ZnO 三维多级结构与纳米颗粒复合，可以显示出优于 TiO₂ 纳米颗粒的光伏性能。J. J. Wu 等通过水热法在 FTO 基底上制备了纳米树状分支结构，然后在该结构表面进一步生长 ZnO 颗粒，将其作为光阳极，利用 D149 染料分子进行敏化后，获得了 3.74% 的电池效率[122]，如图 3-35 所示。相对于 TiO₂ 纳米颗粒，ZnO 复合结构中有序的纳米阵列有利于电子传输，传输速率是 TiO₂ 纳米颗粒的 30 倍，远超过 TiO₂，主要原因是电子可以沿着一维的纳米结构进行传输，减少了电子的传输路径，有利于抑制电子的复合，这与前面所说相吻合。

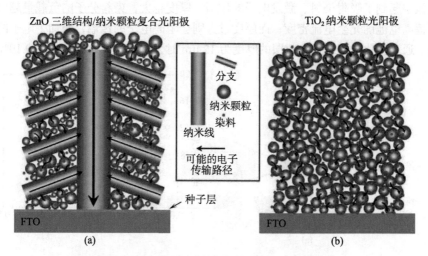

图 3-35　ZnO 三维结构/纳米颗粒复合光阳极（a）、
TiO₂ 纳米颗粒光阳极（b）中的电子传输示意图（彩图请见封底二维码）

4. 一维/三维多层结构

作为染料敏化太阳能电池中至关重要的组成部分，理想的光阳极需要具有比表面积大、电子传输速率快、染料负载量高、光捕获率强等特性，而传统结构的光阳极中虽然可以利用纳米颗粒尽可能地提高电极的比表面积，但是小尺寸的颗粒不利于光的散射，减小了光的吸收。为此，人们尝试在光阳极表面沉积较大尺寸的球状、棒状等结构，形成双层结构，尽可能地提高光的吸收。然而，较大尺寸的散射层却降低了电极的比表面积，因此，在多层结构的基础上增加电极的比表面积已成为复合光阳极的研究热点。

对于多层结构，通常是由电子传输速率较大的一维结构以及比表面积较大的散射层组成。J. H. Kim 等将大尺寸 TiO_2 颗粒用三维的海胆状结构代替，在不改变其散射能力的前提下，提高电极的比表面积；同时利用下层的纳米线阵列增加电子的传输速率，在动力学以及光学的角度进行光阳极的优化，使双层结构更加适用于染料敏化太阳能电池[123]。2014年，H. Wang 等利用两步水热法制备了双层的 TiO_2 一维/三维纳米棒结构，并通过后续刻蚀，获得一维纳米棒/三维纳米管双层结构。该结构整体都是以一维纳米材料为基元，有利于加速电子的传输，同时三维的纳米管结构为染料的吸附提供了更多的位点，电池效率获得了明显的提升，该电池通过 $TiCl_4$ 的表面处理，效率达到 7.68%，比单一结构的电池提高了两倍以上[124]。

为了进一步提高光阳极的性能，包括染料负载量、电子传输速率、电子收集效率以及光散射能力，匡代彬课题组在 Ti 箔表面成功制备了三层的 TiO_2 光阳极，其基本结构是由底层的纳米管、顶层的纳米颗粒以及中间层多级微球结构组成，如图 3-36（a）所示[125]。实验过程中发现第三层纳米颗粒的厚度对电池的性能有很大的影响，主要原因是该层起到了吸附染料、激发电子的作用，厚度越大，染料分子的负载量越大，有利于提高电池的光生电流密度；而厚度过大则会阻碍电子的传输，增加了电子的复合反应。通过优化，当纳米颗粒层的厚度为 12 μm 时，电池效率达到最高值 9.10%。

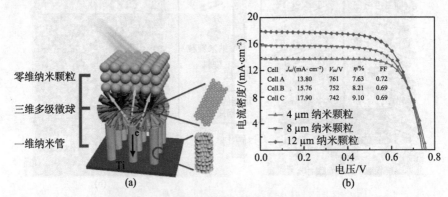

图 3-36　三层结构光阳极的组成示意图（a）
以及纳米颗粒层的厚度对电池效率的影响（b）（彩图请见封底二维码）

在各种同种半导体的复合光阳极结构中,多层结构光阳极对光的散射作用最佳,电池效率提高较为显著。然而目前人们对复合光阳极的认识总体上处于初级阶段,只是简单地将两种或多种不同形貌的半导体进行组合,对内部作用机理了解不足,缺乏相应的理论指导,在以后的研究中,如何协调互补形貌之间的优势,尽可能发挥各组分的功能,对电池整体效率的提高至关重要。

3.5.2　异质复合光阳极

同质复合光阳极虽然在一定程度上提升了光阳极的性能,但是材料的化学性质仍未发生变化,如半导体载流子扩散速率的极限,只是通过形貌优化等方式最大限度地使其性能达到理想值。目前最高的光电转换效率仍是基于 TiO_2 光阳极材料,但 TiO_2 与其他半导体材料相比,电子迁移率相对较低,如果能在 TiO_2 半导体材料中适当地掺入电导性较好的物质,增强电极整体的电子运输等性能,那么由该复合光阳极组成的电池效率有望在原有基础上进一步提升。因此,基于 TiO_2 半导体的复合光阳极受到科研工作者的广泛关注,在本小节中将着重介绍。

1. TiO_2/半导体复合光阳极

现阶段与 TiO_2 复合的半导体材料主要是 ZnO、SnO_2 以及 ITO 等高电导率材料。ZnO 半导体材料的电子迁移率比 TiO_2 高几个数量级,两者的复合可以显著增强光阳极的电子传输能力。近期,C. Cui 等在 TiO_2 纳米颗粒薄膜中原位生长了 ZnO 纳米线结构,形成 ZnO/TiO_2 复合光阳极,填充了 TiO_2 纳米颗粒之间的孔隙,其基本的制备过程以及形貌结构如图 3-37 所示。该方法通过薄膜中 ZnO 纳米粒子的含

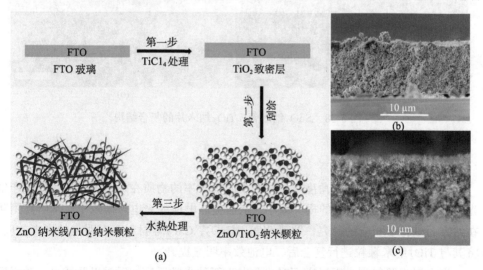

图 3-37　ZnO 纳米线/TiO_2 纳米颗粒复合结构生长示意图(a)与 TiO_2 纳米颗粒(b)、
ZnO 纳米线/TiO_2 纳米颗粒(c)复合结构扫描电镜图(彩图请见封底二维码)

量可以方便有效地控制光阳极中 ZnO 纳米线的含量。ZnO 在复合光阳极中可以起到三个作用：增加电子的传输速率、增加光的散射以及增加电极的比表面积。与纯 TiO_2 光阳极相比，相应电池的效率也从最初的 5.31% 提高至 7.13%，增加了 34.3%[126]。

同时，为了将一维 TiO_2 结构的优势充分利用，优化 TiO_2 半导体的电子迁移率，科研人员发现构筑核壳结构是一种非常有效的方式。其基本理念是以导电性较好的半导体纳米线作为核，然后在表面包覆一层 TiO_2，从而达到增加电子传输速率的目的，进而提高电池效率。该类结构主要以 ZnO 纳米线@TiO_2 颗粒[127]、ZnO 纳米线@TiO_2 纳米片[128]、SnO_2 纳米管@TiO_2 纳米片[129]等的结构性能较好，为目前复合光阳极的研究热点。

虽然 SnO_2 具有很好的电子迁移率，但是表面严重的电子复合反应使基于 SnO_2 光阳极的染料敏化太阳能电池效率较低，在其表面包覆一层 TiO_2 是抑制电子复合的有效方式。J. H. Kim 等通过在 SnO_2 纳米管表面包覆一层 TiO_2 纳米片，对提高电子的传输速度以及减小电子的复合反应具有非常明显的效果，利用该电极组装成固态染料敏化太阳能电池，获得了 7.7% 的光电转换效率，在当时达到固态染料敏化太阳能电池的最高光电转换效率[129]。图 3-38 为 SnO_2 纳米管@TiO_2 纳米片的复合结构。

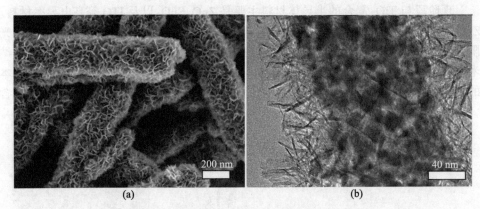

(a)   (b)

图 3-38 SnO_2 纳米管@TiO_2 纳米片的复合结构

2. TiO_2/增光材料

增光材料是指在光学角度下，具有不同折射率的物质在一定条件下，可以产生光的相互干涉作用，使光的损失减小，从而提高电池的光电转换效率。本研究团队在此方面进行了相应的研究，发现 SiO_2、GeO_2、CaF_2 等材料具有明显的增光效应，将其与 TiO_2 纳米颗粒进行复合后，电池效率明显提升。

当入射光照射到光阳极表面时，会发生两种光学反应：反射以及透过。对于反射光来说，主要参与靠近 FTO 层的染料分子激发，而透过光则主要参与远离 FTO

层的染料分子激发。通常情况下，远离 FTO 基底的染料分子往往由于光的弱化，降低了激发效率，不利于电池效率的提高。而增光材料则可以提高透射光的强度，增加染料分子的激发。根据菲涅耳理论（Fresnel theory），TiO$_2$/增光光阳极的透过率增强的机理如下[130-133]：

$$n = \sqrt{n_o n_s}$$

其中，n_o 是液体电解质的折射率；n 是增光材料的折射率；n_s 是锐钛矿型 TiO$_2$ 的折射率。

匹配的折射率是增强薄膜透过率的先决条件，入射光在空气（或者电解质）中的折射率 n_o 为 1，因此，n 与 n_s 的平方根需要具有较好的匹配关系。众所周知，锐钛矿型 TiO$_2$ 的折射率为 2.55，$\sqrt{n_o n_s}$ 的数值为 1.59，因此当材料的折射率约为 1.59 时，会增强对光的反射效应，产生衍射，增加光的强度。基于以上计算，可以发现 SiO$_2$（$n = 1.50$）、GeO$_2$（$n = 1.99$）以及 CaF$_2$（$n = 1.43$）与 TiO$_2$ 的折射率匹配性较好。

实际上，TiO$_2$ 的光分布遵循公式：

$$n_s^2 = 5.913 + \frac{0.2441}{\lambda^2 - 0.803}$$

而 GeO$_2$、SiO$_2$ 等材料的光分布遵循公式：

$$n^2 = 1.286 + \frac{1.0704\lambda^2}{\lambda^2 - 0.01} + \frac{1.102\lambda^2}{\lambda^2 - 100}$$

其中，λ 代表入射光的波长。

图 3-39 为 SiO$_2$ 增强入射光的作用机理。

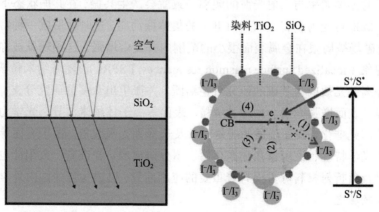

图 3-39　SiO$_2$ 增强入射光的作用机理（彩图请见封底二维码）

以 SiO$_2$ 为例，根据菲涅耳定律，可以得到以下关系式：

$$t_{1,2} = \frac{2n_1}{n_1 + n}, \quad t_{2,3} = \frac{2n}{n_2 + n}, \quad r_{2,1} = \frac{n_1 - n}{n_1 + n}, \quad r_{2,3} = \frac{n_2 - n}{n_2 + n}$$

其中，$t_{1,2}$，$t_{2,3}$，$r_{2,1}$ 和 $r_{2,3}$ 分别表示从电解质到 SiO_2、从 SiO_2 到 TiO_2、从 SiO_2 到电解质和从 TiO_2 到 SiO_2 的折射振幅。

当入射光在 TiO_2/SiO_2 光阳极中经过反复反射和透过之后，光阳极透过率的增加可以根据公式计算：

$$T = \frac{(t_{1,2}t_{2,3})^2}{1 - 2r_{2,1}r_{2,3}\cos\varphi + (r_{1,2}r_{2,3})^2}$$

$$\varphi = \frac{4\pi d}{\lambda}\cos\theta$$

其中，T 为透过率；φ 表示相差；d 为 SiO_2 的厚度；θ 是入射光的入射角。

在染料敏化太阳能电池的测试过程中，因为太阳光模拟器的入射光为垂直照射，所以 θ 为 $0°$。经过软件程序的模拟，可以发现理论模拟结果与实验得到的 TiO_2/SiO_2 纳米晶的曲线非常匹配。

增光材料的加入，除了光学匹配性可以增加光阳极的光捕获效率，还可以改变增光材料的形貌，改善光生电子的传输过程，例如，本研究团队利用曲面和平面硅酸盐微米片作为增光材料，发现材料可以影响激发态染料的电子生成过程，阻碍光生电子与电解质之间的复合反应，提高电池的开路电压以及短路电流。

3. TiO_2/金属复合材料

当光波（电磁波）照射到金属与介质界面时，金属表面的自由电子发生集体振荡，电磁波与金属表面自由电子耦合而形成一种沿着金属表面传播的近场电磁波，如果电子的振荡频率与入射光波的频率一致就会产生共振，在共振状态下电磁场的能量被有效地转变为金属表面自由电子的集体振动能，这时就形成一种特殊的电磁模式：电磁场被局限在金属表面很小的范围内并发生增强，这种现象被称为表面等离激元现象（localized surface plasmon resonances, LSPRs）。随着纳米科学的发展，以表面等离基元效应为基础的研究日益活跃，并派生出众多的研究分支，如表面光电场增强、表面增强光谱、光透射增强、表面等离子体纳米波导、光学力增强、表面等离子体光催化、表面增强的能量转移及选择性光吸收等。由于表面等离激元具有独特的光学特性，该现象在数据存储、超分辨成像、光准直、太阳能电池、生物传感器以及负折射材料等方面有着重要的应用前景，已成为当前国内外学者重视的热点研究领域之一。

将纳米金属粒子引入光阳极材料中，可以增加光阳极对光的吸收，提高电池的电流密度，目前最常见的金属纳米颗粒为金和银两种金属。通常情况下，如果将纳米金属颗粒直接与 TiO_2 混合，其裸露的金属表面非常容易被电解质腐蚀，同时会成为光阳极中新的电子复合中心，加速激发电子与电解质之间的复合反应，不利于获得高效率的染料敏化太阳能电池。为此，人们常用耐腐蚀材料，如 SiO_2 或者 TiO_2 对金属颗粒进行包覆，避免金属纳米颗粒与电解质之间的直接接触，而包覆层的种类对表面等离激元效应的影响不同。P. V. Kamat 等在 2012 年系统地研究了 $Au@SiO_2$ 以及 $Au@TiO_2$ 两种体系对光阳极性能的影响，同时探索了电池性能的改善效果与机理[134]。在实验过程中，研究人员发现两种体系对电池效率都有明显的提升，但提升效果却相差较大，$Au@SiO_2$ 通过增大短路电流将电池效率由原来的 9.29% 提升至 10.21%，提升了 9.90%；而 $Au@TiO_2$ 则通过提高开路电压将电池效率提升至 9.78%，提升了 5%。造成这一现象的主要原因是两种体系在光阳极中起到的主要作用不同。SiO_2 作为绝缘物质，金属纳米颗粒与其没有相互作用，纳米颗粒完全发挥了表面等离激元效应，可以有效地促进电荷分离以及增加光的吸收；而 Au 与 TiO_2 半导体之间，在光照情况下，Au 纳米颗粒中会富集电子，两者之间存在一定的电荷平衡，导致 $Au@TiO_2$ 的费米能级上移，提高电池的开路电压，如图 3-40 所示。由此也可以看出，利用表面等离激元效应增加光的捕获，提高电池的整体性能是一种非常高效的方式。

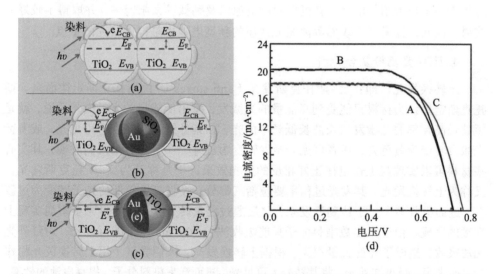

图 3-40　$Au@SiO_2$ 以及 $Au@TiO_2$ 两种体系对光阳极性能的影响（彩图请见封底二维码）

表面等离激元效应对金属粒子的要求较高，不同尺寸的金属颗粒对光的效应不同，同样对电池性能的增强机制也不同。如图 3-41 所示，当 Au 的颗粒约为 5 nm 时，非辐射效应占主导地位，有利于光生电荷从半导体向金属进行移动，造成电极的费米能级上移，提高了电池的开路电压；当尺寸较大约为 45 nm 时，金属颗粒主要吸收光能，产生局域化的电磁场，表面等离激元效应明显；当尺寸进一步增大至 120 nm 时，金属颗粒主要起到光散射的作用，增加了光阳极对光的吸收[135]。

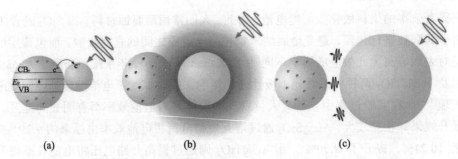

图 3-41　金属颗粒尺寸与入射光之间的作用机理（彩图请见封底二维码）
（a）非辐射电荷效应；（b）近场增强（表面等离激元效应）；（c）远场散射效应

利用金属颗粒的表面等离激元效应提高光阳极的性能，是目前光阳极发展中较为年轻的分支，具有很大的发展前景。同时，科研人员也从不同角度研究了金属纳米颗粒对电池性能的影响，比如金属粒子的含量、金属粒子的形貌（如星状、纳米棒）以及多元核壳结构等，以达到等离激元效应的最大化。然而，目前除了金和银两种金属之外，并没有找到其他效果较好的金属颗粒。表面等离激元效应目前已被应用于量子点太阳能电池、有机太阳能电池以及钙钛矿太阳能中，并取得了较好的成果，因此，探索基于表面等离激元效应的新型电池也是以后研究的重点。

4. TiO_2/荧光粉复合材料

上转换发光，即：反-斯托克斯发光（anti-stokes），由斯托克斯定律而来。斯托克斯定律认为材料只能受到高能量的光激发，发出低能量的光，换句话说，就是短波长高频率的光激发出长波长低频率的光，如紫外线激发转变为可见光，或者蓝光激发转变为黄色光，或者可见光激发转变为红外光。但是后来人们发现，其实有些材料可以实现与上述定律正好相反的发光效果，于是称其为反-斯托克斯发光，又称为上转换发光。其发光过程主要包括三部分，吸收能量较低的光子转变为过渡态，进而吸收多个光子达到激发态，之后通过能量转变，最后通过光子雪崩实现上变频的完成。由于大多数染料分子只能吸收波长 700 nm 以下的可见光，对红外光无法吸收，造成了光的大量损失。根据上转换发光，人们尝试用上转换荧光粉作为二次光源，吸收红外光，将其转变为可见光，进而激发染料分子，提高电池的效率。

目前，上转换发光材料都是基于稀土离子掺杂的化合物，主要有氟化物、氧化物、含硫化合物、氟氧化物、卤化物等。$NaYF_4$是目前上转换发光效率最高的基质材料，如 $NaYF_4:Er^{3+}$、Yb^{3+}。研究表明，N719 染料分子对 550 nm 左右的绿光具有很好的吸收度，如图 3-42（a）所示，同时 $NaYF_4:Er^{3+}$、Yb^{3+}可以吸收红外光将其转变为绿光，并且具有较高的强度，与染料的吸收光谱表现出一致性。如图 3-42（b）所示，该结构有利于将染料分子无法利用的红外光转变为染料分子可以吸收的可见光，增加了光捕获率，进而提高电池的性能[136]。

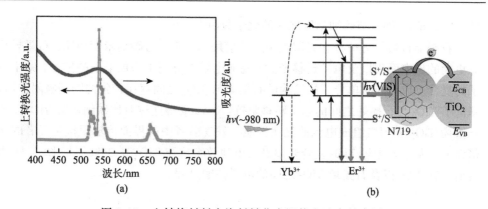

图 3-42　上转换材料在染料敏化太阳能电池中的应用

（a）上转换材料 NaYF$_4$:Er^{3+}、Yb^{3+}的发射光谱和染料分子 N719 的吸收光谱；（b）上转换机理图

除此之外，2010 年，G. Shan 和 G. Demopoulos 首次将上转换材料应用在染料敏化太阳能电池中。实验过程中，通过制备 Yb^{3+}、Er^{3+}共掺杂的 LaF$_3$-TiO$_2$ 上转换结构构筑三层光阳极，在 980 nm 的激光照射下，上转换层可以放射出绿光，从而被染料分子吸收，产生电流。然而，由于上转换材料与染料以及电解质之间存在大量的电子复合反应，导致电池的整体效率较低[137]。之后，很多研究团队进行了大量的研究，并对电池性能进行了优化，例如，华侨大学吴继怀研究团队将 Y$_{0.78}$Yb$_{0.20}$Er$_{0.02}$F$_3$ 上转换材料掺入 TiO$_2$ 中，无论是短路电流还是开路电压都有明显的提高，电池效率达到 7.9%，明显高于基于纯 TiO$_2$ 电池的效率 5.84%[138]。

虽然目前关于上转换光阳极的研究还处于初级阶段，但为实现红外光的利用踏出了坚实的一步，在以后的研究中，如何优化电极的结构以及掺杂方式，并且寻求更加有效的上转换材料已成为染料敏化太阳能电池以及上转换材料领域的挑战。

5. TiO$_2$/碳材料

碳元素在地球上含量丰富，具有多种同素异构体，如碳纳米管、石墨烯、富勒烯、石墨、活性炭等，这些材料的电子迁移率以及电导率较高，在光伏领域中应用广泛。其中，石墨烯中每个碳原子均为 sp^2 杂化，并贡献剩余的一个 p 轨道上的电子形成大 π 键，π 电子可以自由移动，赋予石墨烯良好的导电性，在室温下其电子迁移率高达 15000 cm^2·V^{-1}·s^{-1}。而将石墨烯材料卷曲后既可以获得单壁碳纳米管，也可以获得多壁碳纳米管。将碳材料引入 TiO$_2$ 光阳极，可以显著提高光阳极中的电子传输速率。2003 年，K. H. Jung 等首次将碳纳米管嵌入到 TiO$_2$ 中，促进电子在 TiO$_2$ 薄膜中的传输，电池的短路电流密度提高了 50%[139]。然而，将碳纳米管直接与 TiO$_2$ 混合，由于两者之间存在一定的界面阻抗，不利于电子的传输。为此，人们常对碳纳米管材料利用 HNO$_3$ 以及 H$_2$SO$_4$ 进行处理，在其表面形成—COOH 等功能基团，增加 TiO_2 与碳纳米管之间的化学吸附性。

石墨烯材料是另一种在光阳极中广泛应用的材料。与碳纳米管相比，石墨烯具有更大的比表面积以及电子迁移率。较高的电导率有利于增加电子的传输，减小电子的复合反应。同时单分子层结构的石墨烯与 TiO_2 之间存在较强的物理吸附作用，降低了 TiO_2 与石墨烯之间的电子转移阻抗。N. Yang 等通过对比碳纳米管/TiO_2 以及石墨烯/TiO_2 光阳极组成电池的光伏性能，发现前者中的界面传输阻抗是后者的 6 倍以上，基于石墨烯/TiO_2 复合光阳极的电池效率比纯 TiO_2 高 39%[140]。图 3-43 为碳纳米管/TiO_2 以及石墨烯/TiO_2 之间的电子传输过程。

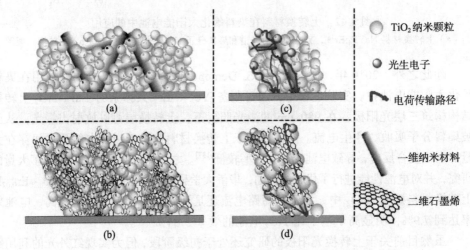

图 3-43　碳纳米管/TiO_2 以及石墨烯/TiO_2 之间的电子传输过程

3.6　改善光阳极的途径

从以上的讨论中可以看出，染料敏化太阳能电池的光电转换效率严重依赖于光阳极的组成、结构、形貌、掺杂剂以及制备工艺等一系列因素。增加光阳极的比表面积从而负载足够多的染料分子，提高光阳极中电子的传输速率，抑制电子的复合反应以及增加光捕获效率是目前光阳极研究的重点。总的来说，改善光阳极的途径主要包括以下几个方面。

第一，界面工程。界面工程即指抑制电极界面间的电子复合，促进电子的传输。TiO_2 纳米颗粒表面处存在大量的缺陷态，容易捕获电子，在染料以及电解质的界面处发生大量的电子–空穴再复合的复合反应，是限制染料敏化太阳能电池效率的关键。该过程会降低半导体导带上的电子浓度，减小开路电压，降低光生电流。为此，采用后处理的方式对 TiO_2 纳米颗粒表面的缺陷进行修复是提高电池性能的有效方式。目前最常用的方式就是煅烧后的 TiO_2 薄膜利用 $TiCl_4$ 溶液进行后处理，在其表面形成一层薄薄的 TiO_2，可以有效地阻碍电子的复合反应。目前高效的染料敏化太阳能电池都需要利用 $TiCl_4$ 溶液进行处理。除了 $TiCl_4$ 溶液浸泡形成 TiO_2 之外，其他材料如 Al_2O_3、MgO、Nb_2O_5、In_2O_3 等都表现出较为优异的性能。

第二，改善电子传输动力学。改善形貌结构是一种优化电极界面的有效方式，利用一维结构促进电子的传输以达到抑制电子复合的目的，在目前光阳极的研究中仍为研究重点。同时通过在光阳极中引入高电导率材料也为 TiO_2 光阳极的发展提供了新的思路。

第三，改善能级结构。通过元素的掺杂改善 TiO_2 的能级结构，从根本上提高电池的性能，例如，掺杂会引起 TiO_2 费米能级的上移，从理论上提高电池的开路电压。

第四，增加光的散射。TiO_2 纳米颗粒作为光阳极是目前最常用的半导体薄膜，作为染料分子吸附的载体，收集光生电子传输到 FTO，在这一过程中染料分子对光的吸收从根本上决定了电池的光电转换效率。吸光越大，电池效率越高。然而，小尺寸的纳米颗粒容易造成光的大量透过，限制了染料分子对光的吸收。在光阳极中引入较大尺寸的结构可以提高光阳极对光的散射，改变光的传播路径，进而被染料分子进一步吸收。该方式目前主要包括在光阳极表面涂覆一层尺寸较大的微球——散射层，有效利用复合结构（如多层结构）、多级结构以及具有特殊光学结构的光阳极（如反蛋白石结构），都可以在一定程度上增加光的散射作用。

第五，增加光吸收。在增加光吸收的研究过程中，人们逐渐开发出多种增光机制，主要包括：光的上转换、增光效应以及表面等离子基元效应。三种方式各有独自的增光机理，增加光阳极对光的吸收，大幅度提高电池的性能。

然而，目前无论是哪种途径，往往在提高电池某一性能的同时，会降低电池其他的性能参数，电池的整体效率虽然有所提升，但一直无法获得突破性的进展。

3.7　光阳极材料的发展前景

自 1991 年 Grätzel 以纳米颗粒作为光阳极材料应用在染料敏化太阳能电池以来，虽然电池效率获得了突破性的进展，但是其表面大量的电子复合缺陷以及较低的光捕获效率成为科研人员最为苦恼的难题，并为此开展了大量的工作。研究人员对光阳极的形貌以及组成进行了系统的研究，并提出了改善其电子复合，增加电子传输的一系列方案，提出了多种增强光阳极性能的有效途径，包括光阳极的掺杂、复合光阳极的制备等，为高效染料敏化太阳能电池的进一步发展提供了大量的理论基础。然而，从以往的研究中发现，单一材料对电池性能的提升空间有限，因此在未来的工作，仍将以多功能光阳极的研究为重点，以新材料、新结构、新工艺等角度全面实现光阳极性能的整体提升。

在开发新型光阳极的过程中，研究人员逐渐将光的上转换、表面等离激元效应等聚光机理引入到染料敏化太阳能电池中，扩展了光研究的研究范畴。进一步开发新型的光阳极增光机理，与具有特殊形貌的光阳极相结合，如介孔材料、光子晶体、多层空心结构，整体改善光阳极的性能。

目前光阳极的研究正处于快速发展的瓶颈期，各种材料、形貌、制备方法交织在一起，如何有效地将各种优势整合在一起，选取最具有发展潜力的纳米结构，并根据改善光阳极的五种途径进一步优化，最终获得优于纳米颗粒的光阳极材料，是光阳极研究的重点与挑战。

参 考 文 献

[1] Savin H, Repo P, Gastrow G, et al. Black silicon solar cells with interdigitated back-contacts achieve 22. 1% efficiency. Nat. Nanotechnol., 2015, 10: 624-628.

[2] O' Regan B, Grätzel M. A low-cost, high-efficiency solar-cell based on dye-sensitized colloidal TiO_2 films. Nature, 1991, 353: 737-740.

[3] Hara K, Sato T, Katoh R, et al. Molecular design of coumarin dyes for efficient dye-sensitized solar cells. J. Phys. Chem. B, 2003, 107: 597-606.

[4] Nazeeruddin M K, Zakeeruddin S M, Humphry-Baker R, et al. Acid-base equilibria of (2, 2'-Bipyridyl-4, 4'-dicarboxylic acid) ruthenium (II) complexes and the Effect of protonation on charge-transfer sensitization of nanocrystalline titania. Inorg. Chem., 1999, 38: 6298-6305.

[5] Liang M, Chen J. Arylamine organic dyes for dye-sensitized solar cells. Chem. Soc. Rev., 2013, 42: 3453-3488.

[6] Tsao H N, Burschka J, Yi C, et al. Influence of the interfacial charge-transfer resistance at the counter electrode in dye-sensitized solar cells employing cobalt redox shuttles. Energy Environ. Sci., 2011, 4: 4921-4924.

[7] Nazeeruddin M K, Angelis F D, Fantacci S, et al. Combined experimental and DFT-TDDFT computational study of photoelectrochemical cell ruthenium sensitizers. J. Am. Chem. Soc., 2005, 127: 16835-16847.

[8] Memarian N, Concina I, Braga A, et al. Hierarchically assembled ZnO nanocrystallites for high-Efficiency dye-Sensitized solar cells. Angew. Chem. Int. Ed., 2011, 50: 12321-12325.

[9] Ganapathy V, Kong E, Park Y, et al. Cauliflower-like SnO_2 hollow microspheres as anode and carbonfiber as cathode for high performance quantum dot and dye-sensitized solar cells. Nanoscale, 2014, 6: 3296-3301.

[10] Ghosh R, Brennaman M K, Uher T, et al. Nanoforest Nb_2O_5 photoanodes for dye-sensitized solar cells by pulsed laser deposition. ACS Appl. Mater. Interfaces, 2011, 3: 3929-3935.

[11] Niu H, Zhang S, Ma Q, et al. Dye-sensitized solar cells based on flower-shaped α-Fe_2O_3 as a photoanode and reduced graphene oxide-polyaniline composite as a counter electrode.

RSC Adv., 2013, 3: 17228-17235.

[12] Jabeen Fatima M J, Niveditha C V, Sindhu S. α-Bi$_2$O$_3$ photoanode in DSSC and study of the electrode-electrolyte interface. RSC Adv., 2015, 5: 78299-78305.

[13] Wang Y, Li K, Xu Y, et al. Hydrothermal fabrication of hierarchically macroporous Zn$_2$SnO$_4$ for highly efficient dye-sensitized solar cells. Nanoscale, 2013, 5: 5940-5948.

[14] Rajamanickam N, Soundarrajan P, Vendra V K, et al. Efficiency enhancement of cubic perovskite BaSnO$_3$ nanostructures based dye sensitized solar cells, Phys. Chem. Chem. Phys., 2016, 18: 8468-8478.

[15] Kim C, Suh S, Choi M, et al. Fabrication of SrTiO$_3$-TiO$_2$ heterojunction photoanode with enlarged pore diameter for dye-sensitized solar cells. J. Mater. Chem. A, 2013, 1: 11820-11827.

[16] Mathew S, Yella A, Gao P, et al. Dye-sensitized solar cells with 13% efficiency achieved through the molecular engineering of porphyrin sensitizers. Nat. Chem., 2014, 6: 242-247.

[17] Redmond G, Fitzmaurice D, Graetzel M. Visible light sensitization by cis-bis (thioc yanato) bis (2, 2'-bipyridyl-4, 4'- dicarboxylato) ruthenium (Ⅱ) of a transparent nanocrystalline ZnO Film prepared by sol-gel techniques. Chem. Mater., 1994, 6: 686-691.

[18] Greene L E, Law M, Goldberger J, et al. Low-temperature wafer-scale production of ZnO nanowire arrays. Angew. Chem. Int. Ed., 2003, 42: 3031-3034.

[19] Kakiage K, Aoyama Y, Yano T, et al. Highly-efficient dye-sensitized solar cells with collaborative sensitization by silyl-anchor and carboxy-anchor dyes. Chem. Commun., 2015, 51: 15894-15897.

[20] Crossland E J W, Noel N, Sivaram V, et al. Mesoporous TiO$_2$ single crystals delivering enhanced mobility and optoelectronic device performance. Nature, 2013, 495: 215-219.

[21] Ding Y, Zhou L, Mo L, et al. TiO$_2$ Microspheres with controllable Surface area and porosity for enhanced light harvesting and electrolyte diffusion in dye-sensitized solar cells. Adv. Funct. Mater., 2015, 25: 5946-5953.

[22] Navas J, Guillén E, Alcántara R, et al. Direct estimation of the electron diffusion length in dye-sensitized solar cells. J. Phys. Chem. Lett., 2011, 2: 1045-1050.

[23] Jennings J R, Ghicov A, Peter L M, et al. Dye-sensitized solar cells based on oriented TiO$_2$ nanotube arrays: transport, trapping, and transfer of electrons. J. Am. Chem. Soc., 2008, 130: 13364-13372.

[24] Feng X, Shankar K, Varghese O K, et al. Vertically aligned single crystal TiO$_2$ nanowire arrays grown directly on transparent conducting oxide coated glass: synthesis details and applications. Nano Lett., 2008, 8: 3781-3786.

[25] Liu B, Aydil E S. Growth of oriented single-crystalline rutile TiO$_2$ nanorods on transparent conducting substrates for dye-sensitized solar cells. J. Am. Chem. Soc., 2009, 131: 3985-3990.

[26] Li H, Yu Q, Huang Y, et al. Ultralong rutile TiO$_2$ nanowire arrays for highly efficient dye sensitized solar cells. ACS Appl. Mater. Interfaces, 2016, 8: 13384-13391.

[27] Yang L, Leung W W. Application of a bilayer TiO$_2$ nanofiber photoanode for optimization of dye-sensitized solar cells. Adv. Mater., 2011, 23: 4559-4562.

[28] Law M, Greene L E, Johnson J C, et al. Nanowire dye-sensitized solar cells. Nat. Mater., 2005, 4: 455-459.

[29] Xu C, Wu J, Desai U V, et al. Multilayer assembly of nanowire arrays for dye-sensitized

solar cells. J. Am. Chem. Soc., 2011, 133: 8122-8125.

[30] Chen L, Yin Y. Hierarchically assembled ZnO nanoparticles on high diffusion coefficient ZnO nanowire arrays for high efficiency dye-sensitized solar cells. Nanoscale, 2013, 5: 1777-1780.

[31] Arnold M S, Avouris P, Pan Z W, et al. Field-effect transistors based on single semiconducting oxides nanobelts. J. Phys. Chem. B, 2003, 107: 659-663.

[32] Krishnamoorthy T, Tang M, Verma A, et al. A facile route to vertically aligned electrospun SnO_2 nanowires on a transparent conducting oxide substrate for dye-sensitized solar cells, J. Mater. Chem., 2012, 22: 2166-2172.

[33] Chen J, Lu L, Wang W. Zn_2SnO_4 Nanowires as photoanode for dye-sensitized solar cells and the improvement on open-circuit voltage. J. Phys. Chem. C, 2012, 116: 10841-10847.

[34] Li Z, Zhou Y, Bao C, et al. Vertically building Zn_2SnO_4 nanowire arrays on stainless steel mesh toward fabrication of large-area, flexible dye-sensitized solar cells. Nanoscale, 2012, 4: 3490-3494.

[35] Chun K Y, Park B W, Sung Y M, et al. Fabrication of dye-sensitized solar cells using TiO_2-nanotube arrays on Ti-grid substrates. Thin Solid Films, 2009, 517: 4196-4198.

[36] Wang J, Lin Z. Dye-sensitized TiO_2 nanotube solar cells with markedly enhanced performance via rational surface engineering. Chem. Mater., 2010, 22: 579-584.

[37] Kim D, Ghicov A, Albu S P, et al. Bamboo-type TiO_2 nanotubes: improved conversion efficiency in dye-sensitized solar cells. J. Am. Chem. Soc., 2008, 130: 16454-16455.

[38] Luan X, Guan D, Wang Y. Facile synthesis and morphology control of bamboo-type TiO_2 nanotube arrays for high-efficiency dye-sensitized solar cells. J. Phys. Chem. C, 2012, 116: 14257-14263.

[39] Ye M, Xin X, Lin C, et al. High efficiency dye-sensitized solar cells based on hierarchically structured nanotubes. Nano Lett., 2011, 11: 3214-3220.

[40] Hsiao P, Liou Y, Teng H. Electron transport patterns in TiO_2 nanotube arrays based dye-sensitized solar cells under frontside and backside illuminations. J. Phys. Chem. C, 2011, 115: 15018-15024.

[41] Zhang J, Li S, Ding H, et al. Transfer and assembly of large area TiO_2 nanotube arrays onto conductive glass for dye sensitized solar cells. J. Power Sources, 2014, 247: 807-812.

[42] Liu Y, Cheng Y, Chen K, et al. Enhanced light-harvesting of the conical TiO_2 nanotube arrays used as the photoanodes inflexible dye-sensitized solar cells. Electrochim. Acta, 2014, 146: 838-844.

[43] Mor G K, Shankar K, Paulose M, et al. Use of highly-ordered TiO_2 nanotube arrays in dye-sensitized solar cells. Nano Lett., 2006, 6: 215-218.

[44] Varghese O K, Paulose M, Grimes C A. Long vertically aligned titania nanotubes on transparent conducting oxide for highly efficient solar cells. Nat. Nanotechnol., 2009, 4: 592-597.

[45] Liu Z, Liu C, Ya J, et al. Controlled synthesis of ZnO and TiO_2 nanotubes by chemical method and their application in dye-sensitized solar cells. Renew. Energy, 2011, 36: 1177-1181.

[46] Martinson A B F, Elam J W, Hupp J T, et al. ZnO nanotube based dye-sensitized solar cells. Nano Lett., 2007, 7: 2183-2187.

[47] Sauvage F, Fonzo F D, Bassi A L, et al. Hierarchical TiO_2 photoanode for dye-sensitized

solar cells. Nano Lett., 2010, 10: 2562-2567.

[48]　Ko S H, Lee D, Kang H W, et al. Nanoforest of hydrothermally grown hierarchical ZnO nanowires for a high efficiency dye-sensitized solar cell. Nano Lett., 2011, 11: 666-671.

[49]　Zhang J, He M, Fu N, et al. Facile one-step synthesis of highly branched ZnO nanostructures on titanium foil for flexible dye-sensitized solar cells. Nanoscale, 2014, 6: 4211-4216.

[50]　Qiu J, Li X, Gao X, et al. Branched double-shelled TiO_2 nanotube networks on transparent conducting oxide substrates for dye sensitized solar cells. J. Mater. Chem., 2012, 22: 23411-23417.

[51]　Liao J, Lei B, Kuang D, et al. Tri-functional hierarchical TiO_2 spheres consisting of anatase nanorods and nanoparticles for high efficiency dye-sensitized solar cells. Energy Environ. Sci., 2011, 4: 4079-4085.

[52]　Li Z, Zhou Y, Yu T, et al. Unique Zn-doped SnO_2 nano-echinus with excellent electron transport and light harvesting properties as photoanode materials for high performance dye sensitized solar cell. CrystEngComm, 2012, 14: 6462-6468.

[53]　Lin J, Nattestad A, Yu H, et al. Highly connected hierarchical textured TiO_2 spheres as photoanodes for dye-sensitized solar cells. J. Mater. Chem. A, 2014, 2: 8902-8909.

[54]　Liu Z, Su X, Hou G, et al. Spherical TiO_2 aggregates with different building units for dye-sensitized solar cells. Nanoscale, 2013, 5: 8177-8183.

[55]　Ye M, Liu H, Lin C, et al. Hierarchical rutile TiO_2 flower cluster-based high efficiency dye-sensitized solar cells via direct hydrothermal growth on conducting substrates. Small, 2013, 9(2): 312.

[56]　Lin C, Lai Y, Chen H, et al. Highly efficient dye-sensitized solar cell with a ZnO nanosheet-based photoanode. Energy Environ. Sci., 2011, 4: 3448-3455.

[57]　Yu J, Fan J, Lv K. Anatase TiO_2 nanosheets with exposed (001) facets: improved photoelectric conversion efficiency in dye-sensitized solar cells. Nanoscale, 2010, 2: 2144-2149.

[58]　Li Z, Chen W, Guo F, et al. Mesoporous TiO_2 yolk-shell microspheres for dye-sensitized solar cells with a high efficiency exceeding 11%. Sci. Rep., 2015, 5: 14178-14185.

[59]　Hwang S H, Yun J, Jang J. Multi-shell porous TiO_2 hollow nanoparticles for enhanced light harvesting in dye-sensitized solar cells. Adv. Funct. Mater., 2014, 24: 7619-7626.

[60]　Xu J, Li K, Wu S, et al. Preparation of brookite titania quasi nanocubes and their application in dye-sensitized solar cells. J. Mater. Chem. A, 2015, 3: 7453-7462.

[61]　Sun Z, Kim J, Zhao Y, et al. Rational design of 3D dendritic TiO_2 Nanostructures with favorable architectures. J. Am. Chem. Soc., 2011, 133: 19314-19317.

[62]　Guldin S, Hüttner S, Kolle M, et al. Dye-sensitized solar cell based on a three-dimensional photonic crystal. Nano Lett., 2010, 10: 2303-2309.

[63]　Guo M, Xie K, Wang Y, et al. Aperiodic TiO_2 nanotube photonic crystal: full-visible-spectrum solar light harvesting in photovoltaic devices. Sci. Rep., 2014, 4: 6442-6447.

[64]　Dong Z, Lai X, Halpert J E, et al. Accurate control of multishelled ZnO hollow microspheres for dye-sensitized solar cells with high efficiency. Adv. Mater., 2012, 24: 1046-1049.

[65]　Lee J W, Lee J, Kim C, et al. Facile fabrication of sub-100 nm mesoscale inverse opal films and their application in dye-sensitized solar cell electrodes. Sci. Rep., 2014, 4:

6804-6810.

[66] Alarcón H, Hedlund M, Johansson E M J, et al. Modification of nanostructured TiO_2 electrodes by electrochemical Al^{3+} insertion: effects on dye-sensitized solar cell performance. J. Phys. Chem. C, 2007, 111: 13267-13274.

[67] Liu Z, Li Y, Liu C, et al. TiO_2 photoanode structure with gradations in V concentration for dye-sensitized solar cells. ACS Appl. Mater. Interfaces, 2011, 3: 1721-1725.

[68] Liau L, Lin C C. Fabrication and characterization of Fe^{3+}-doped titania semiconductor electrodes with p-n homojunction devices. Appl. Surf. Sci., 2007, 253: 8798-8801.

[69] Zhang J, Feng J, Hong Y, et al. Effect of different trap states on the electron transport of photoanodes in dye sensitized solar cells. J. Power Sources, 2014, 257: 264-271.

[70] Zhang Y, Wang L, Liu B, et al. Synthesis of Zn-doped TiO_2 microspheres with enhanced photovoltaic performance and application for dye-sensitized solar cells. Electrochim. Acta, 2011, 56: 6517-6523.

[71] Dürr M, Rosselli S, Yasuda A, et al. Band-gap engineering of metal oxides for dye-sensitized solar cells. J. Phys. Chem. B, 2006, 110: 21899-21902.

[72] Chandiran A K, Sauvage F, Casas-Cabanas M, et al. Doping a TiO_2 photoanode with Nb^{5+} to enhance transparency and charge collection efficiency in dye-sensitized solar cells. J. Phys. Chem. C, 2010, 114: 15849-15856.

[73] Ghosh R, Hara Y, Alibabaei L, et al. Increasing photocurrents in dye sensitized solar cells with tantalum-doped titanium oxide photoanodes obtained by laser ablation. ACS Appl. Mater. Interfaces, 2012, 4: 4566-4570.

[74] Xie Y, Huang N, You S, et al. Improved performance of dye-sensitized solar cells by trace amount Cr-doped TiO_2 photoelectrodes. J. Power Sources, 2013, 224: 168-173.

[75] Archana P S, Gupta A, Yusoff M M, et al. Tungsten doped titanium dioxide nanowires for high efficiency dye-sensitized solar cells. Phys. Chem. Chem. Phys., 2014, 16: 7448-7454.

[76] Duan Y, Fu N, Zhang Q, et al. Influence of Sn source on the performance of dye-sensitized solar cells based on Sn-doped TiO_2 photoanodes: A strategy for choosing an appropriate doping source. Electrochim. Acta, 2013, 107: 473-480.

[77] Ko K H, Lee Y C, Jung Y J. Enhanced efficiency of dye-sensitized TiO_2 solar cells (DSSC) by doping of metal ions. J. Colloid Interf. Sci., 2005, 283: 482-487.

[78] Long L, Wu L, Yang X, et al. Photoelectrochemical performance of Nb-doped TiO_2 nanoparticles fabricated by hydrothermal treatment of titanate nanotubes in niobium oxalate aqueous solution. J. Mater. Sci. Technol., 2014, 30: 765-769.

[79] Kim S G, Ju M J, Choi I T, et al. Nb-doped TiO_2 nanoparticles for organic dye-sensitized solar cells. RSC Adv., 2013, 3: 16380-16386.

[80] Zhang J, Zhao Z, Wang X, et al. Increasing the oxygen vacancy density on the TiO_2 surface by La-doping for dye-sensitized solar cells. J. Phys. Chem. C, 2010, 114: 18396-18400.

[81] Zhang J, Peng W, Chen Z, et al. Effect of cerium doping in the TiO_2 photoanode on the electron transport of dye-sensitized solar cells. J. Phys. Chem. C, 2012, 116: 19182-19190.

[82] Tian H, Hu L, Zhang C, et al. Enhanced photovoltaic performance of dye-sensitized solar cells using a highly crystallized mesoporous TiO_2 electrode modified by boron doping. J. Mater. Chem., 2011, 21: 863-868.

[83]　Hsu C W, Chen P, Ting J M. Microwave-assisted hydrothermal synthesis of TiO_2 mesoporous beads having C and/or N doping for use in high efficiency all-plastic flexible dye-sensitized solar cells. J. Electrochem. Soc., 2013, 160: H160-H165.

[84]　Ma T, Akiyama M, Abe E, et al. High-efficiency dye-sensitized solar cell based on a nitrogen-doped nanostructured titania electrode. Nano Lett., 2005, 5: 2543-2547.

[85]　Li Y, Jia L, Wu C, et al. Mesoporous (N, S)-codoped TiO_2 nanoparticles as effective photoanode for dye-sensitized solar cells. J. Alloys Compd., 2012, 512: 23-26.

[86]　Niu M, Cui R, Wu H, et al. Enhancement mechanism of the conversion effficiency of dye-sensitized solar cells based on nitrogen-, fluorine-, and iodine-doped TiO_2 photoanodes. J. Phys. Chem. C, 2015, 119: 13425-13432.

[87]　Neo C Y, Ouyang J. LiF-doped mesoporous TiO_2 as the photoanode of highly efficient dye-sensitized solar cells. J. Power Sources, 2013, 241: 647-653.

[88]　Wang H, Li H, Wang J, et al. Nitrogen-doped TiO_2 nanoparticles better TiO_2 nanotube array photo-anodes for dye sensitized solar cells. Electrochim. Acta, 2014, 137: 744-750.

[89]　Sudhagar P, Asokan K, Itoand E, et al. N-ion-implanted TiO_2 photoanodes in quantum dot-sensitized solar cells. Nanoscale, 2012, 4: 2416-2422.

[90]　Gao Y, Feng Y, Zhang B, et al. Double-N doping: a new discovery about N-doped TiO_2 applied in dye-sensitized solar cells. RSC Adv., 2014, 4: 16992-16998.

[91]　Tian H, Hu L, Li W, et al. A facile synthesis of anatase N, B codoped TiO_2 anodes for improved-performance dye-sensitized solar cells. J. Mater. Chem., 2011, 21: 7074-7077.

[92]　Im J S, Yun J, Lee S K, et al. Effects of multi-element dopants of TiO_2 for high performance in dye-sensitized solar cells. J. Alloys Compd., 2012, 513: 573-579.

[93]　Noh S I, Bae K N, Ahn H J, et al. Improved efficiency of dye-sensitized solar cells through fluorine-doped TiO_2 blocking layer. Ceram. Int., 2013, 39: 8097-8101.

[94]　Duan Y, Zheng J, Xu M, et al. Metal and F dual-doping to synchronously improve electron transport rate and lifetime for TiO_2 photoanode to enhance dye-sensitized solar cells performances. J. Mater. Chem. A, 2015, 3: 5692-5700.

[95]　Park J, Lee K, Kim B, et al. Enhancement of dye-sensitized solar cells using Zr/N-doped TiO_2 composites as photoelectrodes. RSC Adv., 2014, 4: 9946-9952.

[96]　Tian H, Hu L, Zhang C, et al. Superior energy band structure and retarded charge recombination for anatase N, B codoped nano-crystalline TiO_2 anodes in dye-sensitized solar cells. J. Mater. Chem., 2012, 22: 9123-9130.

[97]　Lim S P, Pandikumar A, Lim H N, et al. Boosting photovoltaic performance of dye-sensitized solar cells using silver nanoparticle-decorated N, S-co-doped-TiO_2 photoanode. Sci. Rep., 2015, 5: 11922-11935.

[98]　Liu Q, Zhou Y, Duan Y, et al. Improved photovoltaic performance of dye-sensitized solar cells (DSSCs) by Zn + Mg co-doped TiO_2 electrode. Electrochim. Acta, 2013, 95: 48-53.

[99]　Bakhshayesh A M, Bakhshayesh N. Enhanced performance of dye-sensitized solar cells aided by Sr, Cr co-doped TiO_2 xerogel films made of uniform spheres. J. Colloid Interf. Sci., 2015, 460: 18-28.

[100]　Tanyi A R, Rafieh A I, Ekaneyaka P, et al. Enhanced efficiency of dye-sensitized solar cells based on Mg and La co-doped TiO_2 photoanodes. Electrochim. Acta, 2015, 178: 240-248.

[101]　Liu Q. Photovoltaic performance improvement of dye-sensitized solar cells based on

Mg-doped TiO_2 thin films. Electrochim. Acta, 2014, 129: 459-462.

[102]　Seo H, Wang Y, Ichida D, et al. Improvement on the electron transfer of dye-sensitized solar cell using vanadium doped TiO_2. Jpn. J. Appl. Phys., 2013, 52: 1409-1432.

[103]　Wang M, Bai S L, Chen A F, et al. Improved photovoltaic performance of dye-sensitized solar cells by Sb-doped TiO_2 photoanode. Electrochim. Acta, 2012, 77: 54-59.

[104]　So S G, Lee K, Schmuki P. Ru-doped TiO_2 nanotubes: Improved performance in dye-sensitized solar cells. Phys. Status Solidi RRL, 2012, 6: 169-171.

[105]　Jin E M, Zhao X G, Park J Y, et al. Enhancement of the photoelectric performance of dye-sensitized solar cells using Ag-doped TiO_2 nanofibers in a TiO_2 film as electrode. Nanoscale Res. Lett., 2012, 7: 97.

[106]　Wang K P, Teng H. Zinc-doping in TiO_2 films to enhance electron transport in dye-sensitized solar cells under low-intensity illumination. Phys. Chem. Chem. Phys., 2009, 11: 9489-9496.

[107]　Huang J H, Hung P Y, Hu S F, et al. Improvement efficiency of a dye-sensitized solar cell using Eu^{3+} modified TiO_2 nanoparticles as a secondary layer electrode. J. Mater. Chem., 2010, 20: 6505-6511.

[108]　Wijayarathna T R C K, Aponsu G M L P, Ariyasinghe Y P Y P, et al. A high efficiency indoline-sensitized solar cell based on a nanocrystalline TiO_2 surface doped with copper. Nanotechnology, 2008, 19: 19158-19161.

[109]　Kim C, Kim K S, Kim H Y, et al. Modification of a TiO_2 photoanode by using Cr-doped TiO_2 with an influence on the photovoltaic efficiency of a dye-sensitized solar cell. J. Mater. Chem., 2008, 18: 5809-5814.

[110]　Archana P S, Kumar E N, Vijila C, et al. Random nanowires of nickel doped TiO_2 with high surface area and electron mobility for high efficiency dye-sensitized solar cells. Dalton Trans., 2013, 42: 1024-1032.

[111]　Subramanian A, Bow J S, Wang H W. The effect of Li^+ intercalation on different sized TiO_2 nanoparticles and the performance of dye-sensitized solar cells. Thin Solid Films, 2012, 520: 7011-7017.

[112]　Subramanian A, Wang H W. Effects of boron doping in TiO_2 nanotubes and the performance of dye-sensitized solar cells. Appl. Surf. Sci., 2012, 258: 6479-6484.

[113]　Sun Q, Zhang J, Wang P Q, et al. Sulfur-doped TiO_2 nanocrystalline photoanodes for dye-sensitized solar cells. J. Renewable Sustainable Energy, 2012, 4: 023104.

[114]　Song L, Yang H B, Wang X, et al. Improved utilization of photogenerated charge using fluorine-doped TiO_2 hollow spheres scattering layer in dye-sensitized solar cells. ACS Appl. Mater. Interfaces, 2012, 4: 3712-3717.

[115]　Hou Q Q, Zheng Y Z, Chen J F, et al. Visible-light-response iodine-doped titanium dioxide nanocrystals for dye-sensitized solar cells. J. Mater. Chem., 2011, 21: 3877-3883.

[116]　Guo W, Shen Y, Boschloo G, et al. Influence of nitrogen dopants on N-doped TiO_2 electrodes and their applications in dye-sensitized solar cells. Electrochim. Acta, 2011, 56: 4611-4617.

[117]　Yu J, Yang Y, Fan R, et al. Rapid electron injection in nitrogen- and fluorine-doped flower-like anatase TiO2 with {001} dominated facets and dye-sensitized solar cells with a 52% increase in photocurrent. J. Phys. Chem. C, 2014, 118: 8795-8802.

[118]　Joshi P, Zhang L, Davoux D, et al. Composite of TiO_2 nanofibers and nanoparticles for

dye-sensitized solar cells with significantly improved efficiency. Energy Environ. Sci., 2010, 3: 1507-1510.

[119] Sheng J, Hu L, Xu S, et al. Characteristics of dye-sensitized solar cells based on the TiO$_2$ nanotube/nanoparticle composite electrodes. J. Mater. Chem., 2011, 21: 5457-5463.

[120] Fu N, Liu Y, Liu Y, et al. Facile preparation of hierarchical TiO$_2$ nanowire- nanoparticle/ nanotube architecture for highly efficient dye-sensitized solar cells. J. Mater. Chem. A, 2015, 3: 20366-20374.

[121] Wang W, Zhang H, Wang R, et al. Design of a TiO$_2$ nanosheet/nanoparticle gradient film photoanode and its improved performance for dye-sensitized solar cells. Nanoscale, 2014, 6: 2390-2396.

[122] Wu C, Liao W, Wu J. Three-dimensional ZnO nanodendrite/nanoparticle composite solar cells. J. Mater. Chem., 2011, 21: 2871-2876.

[123] Sun Z, Kim J H, Zhao Y, et al. Morphology-controllable 1D-3D nanostructured TiO$_2$ bilayer photoanodes for dye-sensitized solar cells. Chem. Commun., 2013, 49: 966-968.

[124] Wang H, Wang B, Yu J, et al. Significant enhancement of power conversion efficiency for dye sensitized solar cell using 1D/3D network nanostructures as photoanodes. Sci. Rep., 2014, 5: 9305-9314.

[125] Wu W Q, Xu Y, Rao H S, et al. Kuang, Trilayered photoanode of TiO$_2$ nanoparticles on a 1D-3D nanostructured TiO$_2$-grown flexible Ti substrate for high-efficiency (9.1%) dye-sensitized solar cells with unprecedentedly high photocurrent density. J. Phys. Chem. C, 2014, 118: 16426-16432.

[126] Yang Y, Zhao J, Cui C, et al. Hydrothermal growth of ZnO nanowires scaffolds within mesoporous TiO$_2$ photoanodes for dye-sensitized solar cells with enhanced efficiency. Electrochim. Acta, 2016, 196: 348-356.

[127] Lei J, Liu S, Du K, et al. ZnO@TiO$_2$ architectures for a high efficiency dye-sensitized solar cell. Electrochim. Acta, 2015, 171: 66-71.

[128] Miles D O, Lee C S, Cameron P J, et al. Hierarchical growth of TiO$_2$ nanosheets on anodic ZnO nanowires for high efficiency dye-sensitized solar cells. J. Power Sources, 2016, 325: 365-374.

[129] Ahn S H, Kim D J, Chi W S, et al. One-dimensional hierarchical nanostructures of TiO$_2$ nanosheets on SnO$_2$ nanotubes for high efficiency solid state dye-sensitized solar cells. Adv. Mater., 2013, 25: 4893-4897.

[130] Duan Y, Tang Q, Chen Z, et al. Enhanced dye illumination in dye-sensitized solar cells using TiO$_2$/GeO$_2$ photo-anodes. J. Mater. Chem. A, 2014, 2: 12459-12465.

[131] Xu P, Tang Q, He B, et al. Transmission booster from SiO$_2$ incorporated TiO$_2$ crystallites: enhanced conversion efficiency in dye-sensitized solar cells. Electrochim. Acta, 2014, 134: 281-286.

[132] Wang Z, Tang Q, He B, et al. Efficient dye-sensitized solar cells from curved silicate microsheet caged TiO$_2$ photoanodes. An avenue of enhancing light harvesting. Electrochim. Acta, 2015, 178: 18-24.

[133] Wang Z, Tang Q, He B, et al. Titanium dioxide/calciumfluoride nanocrystallite for efficient dye sensitized solar cell. A strategy of enhancing light harvest. J. Power Sources, 2015, 275: 175-180.

[134] Choi H, Chen W T, Kamat P V. Know thy nano neighbor. Plasmonic versus electron

charging effects of metal nanoparticles in dye-sensitized solar cells. ACS Nano, 2012, 6: 4418-4427.

[135] Wang Q, Butburee T, Wu X, et al. Enhanced performance of dye-sensitized solar cells by doping Au nanoparticles into photoanodes: a size effect study. J. Mater. Chem. A, 2013, 1: 13524-13531.

[136] Ramasamy P, Manivasakan P, Kim J. Upconversion nanophosphors for solar cell applications. RSC Adv., 2014, 4: 34873-34895.

[137] Shan G, Demopoulos G P. Near-infrared sunlight harvesting in dye-sensitized solar cells via the insertion of an upconverter-TiO_2 nanocomposite layer. Adv. Mater., 2010, 22: 4373-4377.

[138] Wu J, Wang J, Lin J, et al. Enhancement of the photovoltaic performance of dye sensitized solar cells by doping $Y_{0.78}Yb_{0.20}Er_{0.02}F_3$ in the photoanode. Adv. Energy Mater., 2012, 2: 78-81.

[139] Jung K H, Jang S R, Vittal R, et al. Photocurrent improvement by incorporation of single-wallcarbon nanotubes in TiO_2 film of dye-sensitized solar cells. Bull. Korean Chem. Soc., 2003, 24: 1501-1504.

[140] Yang N, Zhai J, Chen Y, et al. Two-dimensional graphene bridges enhanced photoinduced charge transport in dye-sensitized solar cells. ACS Nano, 2010, 4: 887-894.

第4章　染料敏化太阳能电池的对电极

多年来，研究人员通过对染料敏化太阳能电池三个组成部分的优化，将电池的光电转换效率提升至14.3%[1]。电解质中I_3^-的还原反应往往需要对电极的催化作用，铂材料由于具有较高的催化活性和稳定性，一直被视作对电极催化剂的首选。然而，铂是一种昂贵的金属并且储量稀少，较高的铂负载量在很大程度上提升了染料敏化太阳能电池的生产成本。因此，寻求高电导率和催化活性的低铂或者非铂催化剂材料，推进染料敏化太阳能电池的工业化生产一直是一个热门的话题。目前，对电极的研究范围广泛，涉及有机、无机以及金属材料等领域，并已逐渐形成较为完善的理论体系，了解对电极的基础知识对开发高效的对电极材料具有很大的指导作用。

4.1　对电极催化剂的选择标准

在染料敏化太阳能电池的三个部分当中，对电极起到至关重要的作用，主要功能是将从外电路收集来的电子传递给电解质中的电子受体，进而将电子传递给氧化态的染料分子，实现染料分子的还原再生，完成一个完整的电子循环过程。染料敏化太阳能电池中的对电极主要是催化I_3^-的还原反应，即$I_3^- + 2e^- = 3I^-$。因此，对电极的物理化学性能在很大程度上决定了太阳能电池的光伏性能。对于理想的对电极材料，需要具备以下几个条件：

（1）高电导率；

（2）高催化性；

（3）较高的稳定性；

（4）耐化学腐蚀；

（5）较高的比表面积；

（6）功函数与电解质氧化还原电对的电位相匹配；

（7）低成本；

基于以上的选择标准，很多性能优异的材料相继被用作染料敏化太阳能电池的对电极，并且取得了很好的效果。新型的催化材料表现出较高的催化活性，并且成本较低、合成简单，对于实现染料敏化太阳能电池的商业化具有很大的推进作用。

根据催化剂材料的不同，可以将对电极材料划分为铂材料、合金材料、碳材料、过渡金属化合物、导电高分子以及复合催化剂材料。

对电极的优良性能通常通过电化学手段进行表征，如循环伏安法、交流阻抗测试以及塔菲尔极化曲线测试。由于对电极在电池中的主要作用是收集外电路的电子并且将电解质中的 I_3^- 还原为 I^-，因此循环伏安法是测定对电极催化性能比较有效的手段。在典型的循环伏安曲线中，具有两对明显的氧化还原峰，如图 4-1（a）所示，分别对应电解质中两对可逆的氧化还原反应[2,3]：

$$Red_1:\ I_3^- + 2e^- \rightarrow 3I^-$$

$$Ox_1:\ 3I^- - 2e^- \rightarrow I_3^-$$

$$Red_2:\ 3I_2 + 2e^- \rightarrow 2I_3^-$$

$$Ox_2:\ 2I_3^- - 2e^- \rightarrow 3I_2$$

对电极材料对电解质的催化能力不同，在循环伏安曲线中会表现出不同的峰电流密度。在电池实际工作过程中，氧化还原反应 Red_1/Ox_1 占主导地位，因此还原反应 Red_1 的峰电流密度（J_{red1}）以及 Red_1/Ox_1 氧化还原峰的峰间距（E_{pp}）可以作为对电极催化性能的评价指标[4,5]，通常峰电流密度在很大程度上反映了对电极的催化能力，而峰间距则与电解质中的离子扩散系数成反比。对于可逆过程，催化能力的强弱与电解质中的离子扩散速率息息相关，催化能力越强，离子扩散系数越大。并且可以根据如下公式初步估计电解质中的离子扩散系数[6]：

$$J_{red1} = Kn^{1.5}ACD_n^{0.5}v^{0.5}$$

式中，$K = 2.69 \times 10^5$；A 为电极面积；v 为扫速；D_n 代表扩散系数；C 代表 I_3^- 的浓度；n 代表电极表面发生的反应中的电子数目。

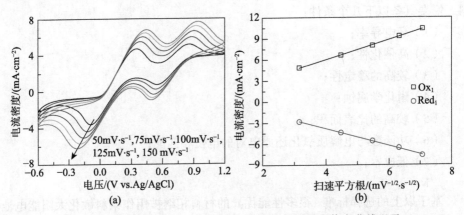

图 4-1　对电极催化 I^-/I_3^- 氧化还原电对的典型循环伏安曲线以及
峰电流密度与扫速的关系曲线（彩图请见封底二维码）

离子在电极表面的氧化还原反应动力学可以根据不扫描速率条件下的循环伏安曲线进行分析。氧化还原反应随着扫速的增加，峰电流密度的变化趋势、峰电流密度与扫速的平方根之间的关系，都用来评价氧化还原电对在电极表面的氧化还原反应的可逆程度。如图 4-1（b）所示，峰电流与扫速平方根之间存在非常好的线性关系，并且峰电位随着扫速的增加而变大，说明电极表面的氧化还原反应由离子的扩散速率控制，电极材料与离子之间不存在化学反应，并呈现一定的准可逆机理。另外，当 J_{ox1}/J_{red1} 的数值越接近于 1 时，电极表面的反应可逆性越好，电极材料与 I_3^- 之间不存在化学吸附以及反应等额外过程。

交流阻抗法也是研究对电极催化活性的有效手段，在对电极的表征过程中，常利用对电极/电解质/对电极对称模拟电池结构进行阻抗谱的测试，通过该方法可以得到 Nyquist 阻抗和波特曲线，分别如图 4-2（a）和图 4-2（b）所示。利用等效电路对阻抗谱进行数据处理，常用的等效电路图如图 4-2（a）中的插图所示，可以在高频区获得对电极的串联阻抗（R_s），在低频区获得对电极与电解质的界面电荷传

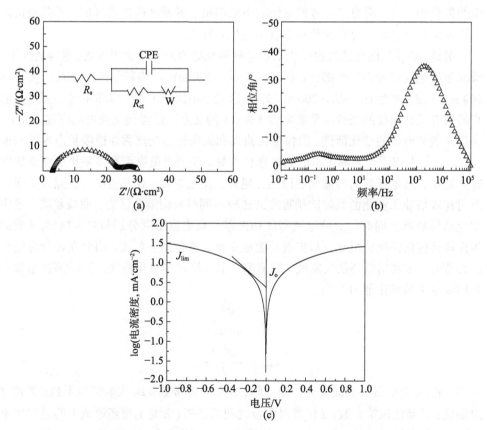

图 4-2　典型对电极的阻抗图（a）、波特图（b）以及塔菲尔极化曲线（c）

输阻抗（R_{ct}）以及电解质的扩散阻抗（W）[7,8]。同时可以获得电解质与对电极的界面电容（CPE）等参数。串联阻抗主要包括 FTO、对电极的内部阻抗以及接触电阻等。这些参数可以用来有效地分析阻抗谱，分析界面反应动力学过程。当对电极的催化能力较强时，电子在对电极与电解质界面间的转移速率较快，此时界面电荷传输阻抗较小。相应的，电子在对电极表面的寿命相对较低，通过波特图可以进行表征与计算：

$$\tau = \frac{1}{2\pi f_p}$$

式中，f_p 表示波特图中的高频峰的频率；τ 为对电极表面的电子寿命。

除了较小的界面电荷传输阻抗意味着较高的催化性，较小的扩散阻抗意味着碘离子在电解质中的传输速率较快，扩散系数较大，较大的界面电容表明对电极材料具有较高的比表面积，有利于增加对电极的催化能力。较小的界面电荷传输阻抗可以明显增加电池器件的填充因子，从而提高电池的光电转换效率。往往在评价对电极的催化能力时，需要综合考虑电极的串联阻抗、界面电荷传输阻抗、扩散阻抗以及界面电容等参数，综合评价对电极的电催化能力。

另外，塔菲尔极化曲线也是表征对电极催化能力的一种常用方式。通常情况下，塔菲尔极化曲线分为三个部分：极化区（$|U| < 120\ \text{mV}$）、塔菲尔区（$120\ \text{mV} < |U| < 200\ \text{mV}$）以及扩散区（$|U| > 200\ \text{mV}$）。在这三个不同的区中，塔菲尔区主要是与电荷转移有关，曲线的切线与平衡电位（0 V）的交点可以得到交换电流密度（J_0），常用来表征电极的催化活性。阴极极化曲线和纵坐标的交点称为极限扩散电流密度（J_{lim}），与电解质中的离子扩散速率息息相关。交换电流密度和极限扩散电流密度越大意味着对电极对 I_3^- 的催化还原能力越强，反之亦然。在实验中，研究人员通常通过比较塔菲尔极化曲线的陡峭程度来比较不同材料的催化能力，曲线越陡，表明催化活性越高。同时，交换电流密度和极限扩散电流密度分别与对电极/电解质的界面电荷传输阻抗成反比，与扩散系数成正比，符合如下公式，因此在评价对电极的性能时，常利用循环伏安曲线、交流阻抗谱和塔菲尔极化曲线三者的测量结果相互印证电极的催化能力[9,10]。

$$J_0 = \frac{RT}{nFR_{ct}}$$

$$J_{lim} = \frac{2nFCD_n}{l}$$

其中，R_{ct} 是对电极的界面电荷传输电阻；R 是气体常数；D_n 代表扩散系数；T 是绝对温度；F 是法拉第常数；l 代表对电极之间的距离；n 是 I_3^- 被还原成 I^- 的过程中电子转移的个数。

4.2 对电极催化剂的种类

近年来，对电极的研究呈现爆炸性增长，各种性能优异的材料被人们引入到染料敏化太阳能电池中，并表现出卓越的催化性，按照材料的性质主要分为铂材料、合金材料、碳材料、过渡金属化合物以及导电聚合物等。如图 4-3 所示，表示目前基于各类对电极的电池效率以及各种类型对电极的文章数量。

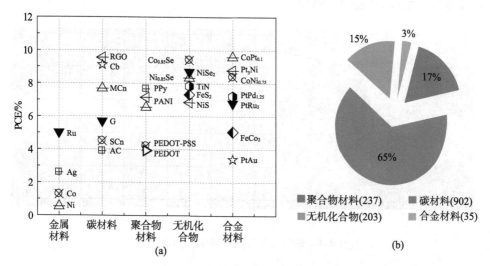

图 4-3 基于不同类型对电极的电池效率图（a）
和关于不同类型对电极发表文章数目（b）（彩图请见封底二维码）

4.2.1 铂材料

在传统的染料敏化太阳能电池中，铂由于具有非常优异的性质，如高导电性、电催化性以及稳定性，可以有效地将入射光反射到负载染料的 TiO_2 光阳极，提高光的吸收效率，具有较低的超电势，铂是一种比较理想的对电极材料[11]。目前制备铂对电极的常用方法主要包括电化学沉积法、热解法以及磁控溅射法等。对于一个性能优异的对电极来说，足够大的比表面积通常被认为是理想对电极的必备条件之一。但是以上方法制备的对电极一般具有较小的比表面积和电荷传输能力，同时铂属于贵金属，地球储量有限，不利于染料敏化太阳能电池的商业化发展[12]。因此，如何减少铂的用量以及提高催化活性，降低对电极的成本是目前染料敏化太阳能电池研究的主要工作。

形貌调控是调节材料性能的有效途径之一，例如，利用纳米球、纳米管等高比表面积的结构可以明显改善材料的催化活性。马廷丽等通过对单原子铂的研究发现，单原子的铂能明显增加铂的利用率以及电化学催化活性[13]。吴继怀等通过模板法制备了铂纳米管阵列，如图 4-4（a）所示，纳米结构的铂膜不仅提高了氧化还原的活性位点，还加快了电子的传输速率。在降低铂用量的同时，明显增加了电池器件的光电转化效率，达到了 9.05%[14]。最近，Dao 等通过在自组装的聚苯乙烯微球表面溅射了一层铂，之后通过煅烧成功制备了铂的空心球结构，如图 4-4（b）所示，其制备工艺简单，铂的用量少，将此对电极应用到染料敏化太阳能电池中，可以把电池效率从 7.89% 提高到 8.53%[15]。

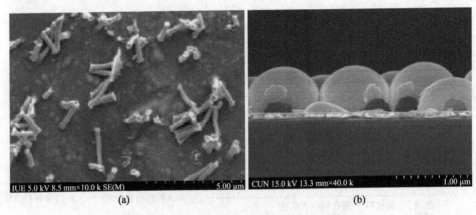

图 4-4   铂纳米管和空心球的扫描电镜图

4.2.2   合金材料

为了进一步降低铂的用量，低铂合金材料在研究过程中逐渐进入到科学家的视线。众所周知，铂与过渡金属形成二元合金和三元合金，可以明显提高燃料电池中的氧还原反应，主要原因是过渡金属的引入可以诱导铂原子表面的电子结构发生变化，降低铂与化学物质的化学键能；同时由于晶格常数的差别，造成了大量的晶格缺陷，形成了大量的活性位点，有利于提高催化剂的电化学活性。基于铂合金的优良性能，研究人员尝试将其作为对电极应用到染料敏化太阳能电池中，电池的光电性能也可以得到明显的提高。Wan 等成功合成了 Pt_3Ni 合金对电极，发现通过合金化，可以调节对电极的功函，使其更加匹配氧化还原电对的氧化还原电位，明显提升了对电极的催化性能[16]。本课题组利用电化学沉积技术制备了一系列 $PtM_{0.05}$（M = Fe、Co、Ni、Mo、Cr、Au）合金。研究发现，过渡金属的加入，可以优化铂原子表面的电子结构，同时考虑到金属与电解质中 I_3^-、I_2 的反应热力学，相对于铂来说，其他过渡金属与电解质中 I_3^-、I_2 反应的吉布斯自由能更负，表明更容易与电解质发生反应，从而保护了铂原子的溶解，提高了对电极在长期使用过程中的稳定性[17]。

为了系统地研究多金属体系的电催化性，本课题组还通过电化学沉积法制备了一系列的低铂三元合金[Pt-M-Ni, M = (Co、Fe、Pd)]以及低铂二元合金催化剂（Pt-M），并成功应用在染料敏化太阳能电池中。同样的，实验结果表明三元合金对电极具有独特的性能，在增加对 I_3^- 还原反应的催化能力的同时，可以有效地提高其长期稳定性。相对于二元合金，基于三元合金对电极的电池整体光伏性能得到进一步优化，利用 Pt-Co-Ni、Pt-Pd-Ni 和 Pt-Fe-Ni 合金对电极分别获得 8.71%、8.28%、7.89%的光电转化效率[18]。

合金材料的优势在于可以完全避免对电极中铂材料的使用，大幅度降低电池的生产成本，虽然非铂合金对电极的催化性能较低，但是研究人员发现非铂合金的催化性能同样明显优于单一金属的催化性，有望在未来的发展过程中，实现染料敏化太阳能电池低沉本、高效率的商业化生产。

4.2.3　碳材料

提高对电极的电催化性能，降低制作成本是染料敏化太阳能电池研究的长期任务。碳材料作为对电极催化剂材料，具有一系列的优点，如良好的导电性、质量轻、原材料易得、无毒无污染，以及表面阻抗小、催化活性高且抗腐蚀、成本低廉等，具有很大的应用潜力，常见的碳材料包括活性炭、介孔碳、石墨、石墨稀、炭黑、碳纳米管等。

随着研究的深入，对碳材料的研究也逐渐转向结构、形貌、缺陷以及制备方法等方面。而在一系列碳材料中，石墨烯以及碳纳米管受到广泛的关注。早在 1996 年，Grätzel 等就利用石墨烯和炭黑制备了对电极并应用在染料敏化太阳能电池中，获得了 6.67%的光电转换效率，优良的性能主要归因于较大的比表面积以及较好的导电性能[19]。而 Lee 等在 2009 年报道了使用竹节状的多壁碳纳米管作为对电极，管状结构有利于促进对电极和电解质界面的电子传输，降低电子传输阻抗，提高了电池的填充因子，获得了较高的光伏转换效率：0.64 的填充因子和 7.7%的光电转化效率[20]。

虽然石墨烯等碳材料具有很好的电化学性能，但是碳膜与基体之间较差的附着性严重限制了碳材料对电极的长期使用性。为了提高碳电极的实用性，碳浆料，类似银浆的一种材料被研制出来作为对电极材料使用，可以改善催化材料与基底之间的结合强度。另外，碳浆的引入还可以增强对电极的导电性能，Gao 等研究表明，基于此类碳对电极，电池的效率可以达到铂对电极的 95%，这对于碳材料的研究给予了积极的推进作用[21]。

石墨烯，是具有六角排列 sp^2 杂化轨道的二维碳层，之所以被看成最有前景的铂替代材料，是由于石墨烯在以下方面存在独特的性能优势：载流子迁移率

（~10000 cm^2·V^{-1}·s^{-1}）[22]、有效面积（2630 m^2·g^{-1}）[23]、导热系数（~3000 W·m^{-1}·K^{-1}）[24] 和光学透明性（97.7%）[25]。为了用石墨烯取代铂对电极，研究人员进行了许多尝试，但是石墨烯的导电性和对氧化还原电解质的催化活性仍然不能与铂相媲美。提高基于石墨烯对电极的染料敏化太阳能电池的性能，综合考虑导电性和催化活性至关重要[26-28]。石墨烯对 I$_3^-$ 的催化活性在很大程度上依赖于石墨烯内部缺陷的数量，虽然研究人员提出了许多方法来降低石墨烯与电解质之间的电荷转移阻抗，但是催化 I$_3^-$ 的活性位点较少，造成对电极的催化能力较弱。为此，在实验过程中常采用化学方法，利用其他原子（如 N、B、P 等）对石墨烯的碳原子网络进行掺杂，以此来增加催化的活性位点并最大限度地降低共轭长度的变化。

碳材料具有较高的电导率，在实验过程中制备简单、低成本、性能稳定，使碳材料在探索低成本太阳能电池的过程中成为最具竞争力的对电极替代品之一。

4.2.4　过渡金属化合物

与碳材料相比，过渡金属化合物种类繁多，制备方法多种多样，制备过程简单。与铂相比，价格较低、催化活性较高，也常被用作染料敏化太阳能电池的对电极材料。经过几十年的研究，大量新材料被开发，几乎涵盖了所有的 IVA、VA、VIA 非金属元素的过渡金属化合物，主要包括碳化物、氮化物、硫化物、硒化物、氧化物等。

2009 年，Grätzel 等采用电沉积的方法在 ITO/聚萘二甲酸乙二醇酯薄膜（ITO/PEN）表面沉积了 CoS 薄膜，制备了适用于柔性染料敏化太阳能电池的对电极，揭开了过渡金属硫化物作为对电极材料的研究序幕[29]。经过电化学性能测试，该对电极具有较小的电荷转移阻抗，表明该对电极具有优异的电化学催化性能，并且相应电池的光电转化效率与铂相近。为了进一步增加对电极的催化活性位点，Kung 等首先制备了 Co$_3$O$_4$ 纳米棒阵列，之后通过化学浴离子交换的方法在 FTO 透明导电玻璃上成功制备了 CoS 纳米棒阵列[30]。相对于静电沉积的 CoS 薄膜，纳米棒阵列增加了对电极材料的比表面积以及活性位点，具有较快的电子传输能力，促进了氧化还原反应，提高了电化学催化性。以 CoS 纳米棒阵列作为对电极，电池的效率达到 7.67%。随后一系列金属硫化物被开发出来，比如 NiS、FeS、WS$_2$ 和 MoS$_2$ 等。Meng 研究团队针对电沉积过程中容易生成金属 Ni 的问题，提出了一种周期电势反转技术（PR），成功制备了单一组分的 NiS 对电极，相应电池器件的光电转换效率达到了 6.82%，超过传统电沉法制备的 NiS 对电极[31]。2014 年，Shukla 等在 FTO 上制备了 FeS$_2$ 薄膜，实验表明此对电极对 I$^-$/I$_3^-$ 和 Co^{2+}/Co^{3+} 氧化还原电对都表现出优异的催化性能，与传统的铂对电极相比，基于 FeS$_2$ 对电极器件的短路电流密度以及开路电压都有明显提高，效率达到 7.97%，高于基于铂对电极电池器件的 7.5%[32]。与硫化物类似，金属硒化物也表现出了优异的电催化性能。Gong 等采用简单的水热法制备了透明的金属 $Co_{0.85}Se$ 和 $Ni_{0.85}Se$ 对电极，其透光率达到 90%以上，相应的电池效率达到 9.4%和 8.32%，明显高于铂对应电池 8.64%的效率[33]。同时，通过稳定性的测试，$Co_{0.85}Se$ 对电极表现出优良的化学稳定性。随后，大量硒化物（$MoSe$、$FeSe$、$CuSe$、$RuSe$）以及多元硒化物（$Cu_{1.49}Zn_{1.00}Sn_{1.51}S_{0.85}Se_{4.78}$）都表现出优异的电催化能力[34, 35]。

除了过渡金属硫化物和硒化物之外，金属碳化物、氮化物以及氧化物也对 I^-/I_3^- 表现出一定的电催化活性，可以被用作对电极使用。2009 年，Jiang 等通过阳极氧化法以及氨气氮化法制备了高度有序的 TiN 纳米管阵列对电极。由于较低的电荷传输阻抗和较大的比表面积，电池获得了较为优异的光电性能[36]。2011 年，Li 等对金属氧化物在高温下进行氮化处理，制得了 MoN、WN 和 Fe_2N 对电极，虽然这些电极材料对 I_3^- 的还原反应都表现出较高的催化性能，但是由于较大的扩散阻抗，所制备的电池效率并不理想[37]。2012 年，T. Ma 研究团队合成制备了一系列的碳化物、氮化物和相应的氧化物，并且系统地研究了相应电池的光电转换效率，发现 Cr_3C_2、CrN、VC、VN、TiC、TiN 和 V_2O_3 都呈现出优良的催化性能（图 4-5（a））[38]。为了进一步理解不同金属化合物对电解质的催化效果，Hou 等通过密度泛函理论计算，发现只有当电极材料表面碘原子的吸附能与碘原子在铂（111）晶面的吸附能接近时，如图 4-5（b）所示，材料才能表现出与铂类似的催化能力，解释了不同材料催化性能差异的根本原因，并且根据此理论制备了 Fe_2O_3 对电极，其相应电池光电转化效率为 6.96%，与铂（7.32%）相近[39]。

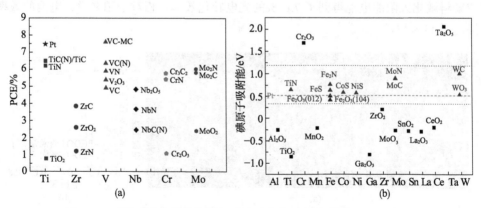

图 4-5　不同过渡金属化合物组成电池的光电转化效率图（a）以及
对碘原子的吸附能（b）（彩图请见封底二维码）

4.2.5　导电聚合物

导电聚合物因电导率高、环境稳定性好、无污染以及价格低廉等优点，同时具有柔性、透明的特性，作为对电极材料受到人们越来越多的关注。目前常用的导电聚合物主要有聚苯胺（PANI）、聚 3,4-二氧乙基噻吩（PEDOT）、聚吡咯（PPy）等。其中，聚苯胺经掺杂后导电性能增强，具有特殊的电化学性质。不同于其他导电高分子材料，掺杂的质子酸可以形成 H^+ 和阴离子（如 Cl^-、SO_4^{2-}、PO_4^{3-} 等），进入主链，H^+ 中的空穴与亚胺基团中 N 原子的孤对电子结合形成极子和双极子离域到整个分子链的键中，从而增加了其导电性。掺杂后的聚苯胺具有优良的光透过性能，使得聚苯胺在染料敏化太阳能电池中得到了大范围的应用。由于聚苯胺对电解质具有较好的催化性能，引发了大量的研究。2011 年，Tai 等通过原位聚合的方法制备了均匀透明的聚苯胺薄膜对电极，通过电化学性能测试表征，表明聚苯胺对 I_3^- 具有优异的催化性能，当入射光从正面照射和背面照射时，分别获得了 6.54% 和 4.26% 的光电转换效率[40]。

目前基于聚 3,4-二氧乙基噻吩以及聚吡咯对电极的研究也非常多，Trevisan 等为了增强对 I_3^- 的催化性能，采用模板法制备了聚 3,4-二氧乙基噻吩纳米管阵列对电极，并考察了相应电池的光电性能，得到了 8.3% 的转化效率，与相同条件下的铂对电极所得的效率（8.5%）相近[41]。根据测试结果，与平面的聚 3,4-二氧乙基噻吩薄膜相比，电池的短路电流密度由 15.83 mA·cm^{-2} 增加到 16.24 mA·cm^{-2}，纳米管阵列对电极的串联阻抗以及电荷转移阻抗都明显降低，其主要原因是纳米管阵列增加了材料的比表面积，有效地提高了聚 3,4-二氧乙基噻吩对电极的催化性能，如图 4-6 所示。另外，Wu 等将预制的聚吡咯涂覆在 FTO 导电玻璃上，将其作为对电极组装成染料敏化太阳能电池得到了 7.66% 的光电转化效率，相对于铂来说，电池的效率提高了 11%[42]。

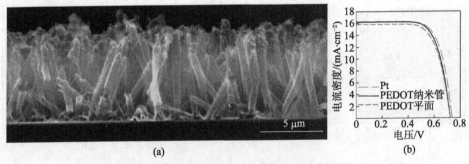

图 4-6　PEDOT 纳米管阵列的 SEM 图及其电池的 J-V 曲线

4.2.6　复合材料

在实际应用过程中，单一材料往往不能满足对电极的标准，比如碳材料具有优良的导电性，但是催化性能由于活性位点较少，导致催化性能较差；而导电聚合物和过渡金属化合物拥有较高的催化性能，但电导率则相对较低。因此，将两种不同的材料复合在一起，利用协同效应，实现两种材料性能上的优势互补，可以明显提高对电极的电催化性能。

碳材料由于具有大的比表面积，优异的电导率，以及高的稳定性和强的机械强度，往往被用于复合材料的载体。2014 年，Yang 等采用自由基辅助的方法将纳米铂颗粒成功均匀地负载在碳纳米管上，该对电极与 FTO 基体接触紧密，减小了电子传输阻抗，当作为对电极材料用在染料敏化太阳能电池中时，其光电转换效率达到 8.62%，大于单一组分的铂电极效率（7.56%）[43]。通过测试表明，复合材料的电导率优于单一组分，同时活性面积的增加使其具有更强的电催化能力。J. Lin 和 Y. Xiao 等使用电化学沉积技术在多壁碳纳米管表面均匀地沉积了 CoS 纳米颗粒，该复合材料增加了 CoS 对电解质的有效催化面积，同时改善了 CoS 和 MWCNT 与导电基底的结合作用，明显改善了电极的催化性能，相应电池的光电转换效率高于单一的铂电极（6.39%）和单组分的 CoS 电极（7.38%），增加到 8.01%[44,45]。

但是，催化材料与载体之间往往由于界面接触问题，催化性受到一定的限制，为了提高电子在载体与催化剂之间的电子传输能力，本研究团队通过高温回流的方法制备了一系列聚合物（聚苯胺、聚吡咯）–碳材料（石墨烯、碳纳米管）的复合对电极。由于碳材料是一种非常好的电子受体，聚苯胺等聚合物为电子给体，在回流作用下，聚合物中的氮元素与碳材料可以形成键合作用，减小了电子在碳材料与聚合物之间的传输阻抗，提高了电子在碳材料与聚合物间的电子传输速率，从而增加了材料的催化性能[46-48]，如图 4-7（a）所示。在研究过程中测试了复合材料的吸收光谱以及发射光谱（图 4-7（b）、图 4-7（c）），可以发现单一的聚合物、碳材料或者两者的物理混合物表现出非常弱的吸收，发射光谱较低。而通过高温回流络合

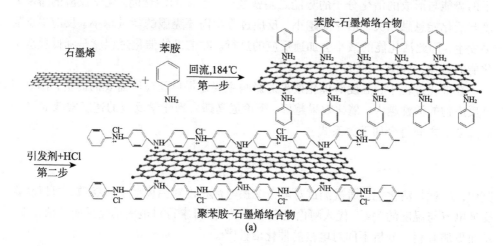

(a)

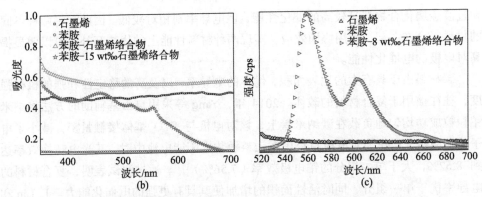

图 4-7　聚苯胺与石墨烯络合物的形成过程（a）以及聚苯胺–石墨烯的
吸收与发射光谱（b）、（c）（彩图请见封底二维码）

之后，材料具有明显的特征吸收峰，发射光谱也表现出了较高的发射强度，验证了两者之间形成了新的键合作用。

对电极的种类复杂多样，尤其在复合结构中，对电极的发展更是呈现多样化，从二元复合到三元复合催化剂，拓宽了对电极的研究空间，为获得高催化能力的对电极材料提供了无限可能。

4.3　对电极的催化机理

活化能定义为一个化学反应所需要克服的能量障碍，是指化学反应中，由反应物分子达到活化分子所需的最小的能量。以对电极催化剂和 I^-/I_3^- 为例，I_3^- 要被还原为 I^-，必须克服一定的能量，首先分裂为活性更高的碘单质即活化状态，自由状态下的势能与形成的活化分子的势能之差就是反应所需的活化能。化学反应的难易程度与活化能息息相关，活化能越小，反应过程中需要克服的能量越小，反应更加容易发生，因此活化能的减小会加速反应的进行。对电极的催化过程就是降低反应活化能的过程，如图 4-8 所示。

在催化过程中，温度对催化效果的影响主要是提供反应所需的能量，温度越高反应物的活性越大，催化效果越好。阿伦尼乌斯发现化学反应的速度常数 K 和绝对温度 T 之间符合如下关系式：

$$K = A \exp\left(-\frac{E_a}{RT}\right)$$

其中，E_a 就是活化能。通过测试对电极交换电流密度对温度的响应参数，可以获得交换电流与温度的关系，代入阿伦尼乌斯公式，便可求得对电极催化反应的活化能，从而更加有利于分析不同对电极的催化活性[49]。

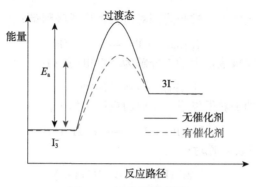

图 4-8　活化能示意图

　　目前电解质在对电极表面的反应机理研究较少，而且存在多种不同的理论解释。其中，本研究团队通过研究对电极的催化能力，提出了一种较为适用的催化机制。作者指出，对电极的催化过程主要由两个过程进行控制：离子扩散过程和表面活化过程。电解质中的 I_3^- 在浓度差的作用下扩散至对电极催化剂的表面，当其距离催化剂表面原子较近时，就会与催化剂表面原子产生化学吸附，形成吸附键。与单纯 I_3^- 相比，由于化学吸附键的存在减弱了碘原子之间的化学键的强度，使其活化能降低。活化状态的碘原子非常不稳定，更容易得到电子变为更稳定的 I^- 状态，该过程是自发过程。催化剂表面生成的 I^- 与催化剂原子间的吸附力不强，会脱附到电解质溶液中，然后扩散到电解质的体相中[50]。整个过程可按如下表示（图 4-9）。

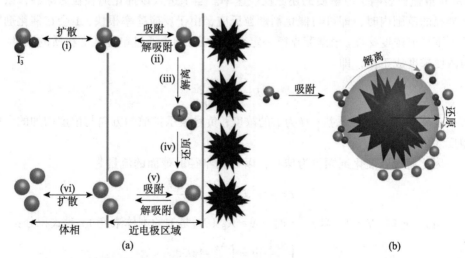

图 4-9　电解质中的 I_3^- 在对电极表面的催化还原过程（彩图请见封底二维码）

（1）电解质体相中的 I_3^- 扩散至对电极表面；

$$I_3^- \text{(bulk)} \longrightarrow I_3^- \text{(surf)}$$

（2）在对电极表面的 I_3^- 被吸附到对电极上形成吸附键；

$$I_3^- \text{(surf)} + Pt \longrightarrow I_3^- \text{(Pt)}$$

（3）吸附在对电极表面上的 I_3^- 分解为活性更高的 $I\cdot$；

$$I_3^- \text{(Pt)} \longrightarrow 2I\cdot \text{(Pt)} + I^-$$

（4）活性更高的 $I\cdot$ 获得电子，还原为更稳定的 I^-；

$$2I\cdot \text{(Pt)} + 2e^- \longrightarrow 2I^- \text{(Pt)}$$

（5）I^- 从对电极表面脱附；

$$2I^- \text{(Pt)} \longrightarrow 2I^- \text{(surf)}$$

（6）I^- 扩散到电解质的体相中：

$$2I^- \text{(surf)} \longrightarrow 2I^- \text{(bulk)}$$

在该催化机制中，过程（1）、（2）为电解质中 I_3^- 的扩散与吸附过程，反应速率与 I_3^- 的浓度以及催化剂表面未被占据的活性位点成正比，反应速率快；过程（3）~（5）为自发反应，研究表明，过程（4）是 $I_3^- \longleftrightarrow I^-$ 相互转化的决定步骤，也是该过程中反应速率最慢的一步；与过程（6）相比，I_3^- 的整体还原过程非常迅速，远大于 I^- 的扩散过程。

通常认为对电极催化 I_3^- 的还原过程是由扩散控制的[51]。因此，研究人员提出了扩散控制模型来解释 I_3^- 的催化还原过程。由于 I_3^- 的浓度较大，电极表面的活性吸附位点基本处于饱和状态，假设催化剂颗粒不动，并且还原过程保持速率不变，因此 I_3^- 的扩散速率表明了电解质的还原反应速率。当 I_3^- 进入以催化剂颗粒为球心，以 r_a 为半径的范围内时，即可与催化剂颗粒反应，由于反应速率很快，I_3^- 会在催化剂颗粒周围形成浓度梯度。根据菲克第一定律，单位时间内通过单位截面物质的流量（J）与浓度梯度成正比，即

$$J = -D_n \frac{dN}{dr}$$

式中，D_n 是 I_3^- 的扩散系数；N 为 I_3^- 的浓度；负号表示扩散的方向与浓度增加的方向相反。

因此通过以催化剂颗粒为球心，以 r_a 为半径的球面的流量为

$$I = 4\pi r^2 J = -4\pi r^2 D \frac{dN}{dr}$$

当 $r = r_a$ 时，$N = 0$。当 $r = \infty$ 时，$N = N_B$（N_B 是 I_3^- 的本体浓度）。对式积分：

$$\int_{r_a}^{\infty} \frac{1}{r^2} dr = \int_0^{N_B} -4\pi D dN$$

$$I = 4\pi D r_a N_B$$

I 为单个催化剂颗粒单位时间内与 I_3^- 的反应速率。

然而，有关电解质在对电极表面的催化反应机理还存在一定的争议。对电极催

化反应速率是由其最慢的步骤决定的，若是扩散反应最慢，则为扩散控制。扩散控制是由于催化反应太快，反应物来不及扩散至表面所致，从分子角度来看，吸附在催化剂分子表面的 I_3^- 被迅速还原使得催化剂表面 I_3^- 浓度降低，在催化剂表面形成浓度梯度。若催化还原过程最慢，则为反应动力学控制。进一步研究电解质在对电极表面的还原过程，可以从根本上了解提高对电极性能的方式，对发展高效、低成本的染料敏化太阳能电池具有非常大的科研意义。

4.4　对电极的合金效应

正如前面所介绍的，目前实验室中常用的对电极材料仍为铂材料，阻碍了染料敏化太阳能电池的产业化生产。而其他非铂对电极材料虽然具有非常优异的催化能力，但是对电极的催化能力以及长期稳定性仍与铂材料存在一定的差距。研究表明，合金对电极可以在不降低电池光电转换效率的同时，增加对电极的长期稳定性，是一种新型的低成本、高效对电极材料。

合金，是指由两种或两种以上的金属与金属或非金属经一定方法所合成的具有金属特性的物质。根据组成元素的数目，可分为二元合金、三元合金和多元合金。而在本小节中，在没有特别注明的条件下，主要是指有两种或者两种以上金属组成的对电极材料。两种或者两种以上的金属元素可以采用不同的合成方法，制备种类繁多的合金纳米结构，如合金/金属间化合物、核壳结构、异质结构等。在通常情况下，合金的性能与相应的单金属相比，在某些应用领域，表现出更好的物理或化学性能，由于加入的金属元素可能与原来的金属粒子相互作用，原有金属在组成、结构、属性上都发生一定的改变，产生了很多不同于单一金属的性能。同时，各种组元金属也会因制备条件的改变、化学性质的差异产生一定的相互作用，例如，双金属通过晶格畸变作用可提高材料的力学性能、产生特异的磁学性能、改善催化材料的催化性[52]等，这些性能使合金材料在催化、电子及工程等领域得到了广泛应用。

在催化领域中，当两种金属通过特定的方式进行复合，得到复合金属结构时，材料往往表现出更好的催化活性，主要是由于合金催化剂的表面性质及内部结构发生了变化。通过在原有的单一金属表面引入另一种金属组分，可以改变催化剂的表面形貌及组成，进而影响合金的比表面积、电子吸附与传导性等。如果能对这一过程进行精确控制，同时优化制备条件，就可以控制并提高材料的催化性能。纳米合金材料的化学和物理性质一般会受到其尺寸、组成和原子顺序的影响。一般来说，合金材料反应物间的键合方式与单金属催化剂明显不同。由于金属–金属间强烈的相互作用，原有金属材料的键合方式发生改变，催化剂的表面以及内部物质的扩散路径均发生改变。如果对合金化过程进行精确的控制，将有可能加速反应物在电极表面的吸附及在其内部的扩散传导，这将有利于金属催化剂催化性能的提高。大量实验表明，反应物在催化剂表面的吸附难易程度以及界面电荷转移速率的快慢是催化剂催化能力的主要决定因素。另一种金属的介入，使原有金属的晶格发生畸变，同时造成有效原子配位数的改变，进而优化合金表面的电子态结构，多数情况下这将有利于金属催化剂与反应物的相互作用，加快表面的电荷转移速率。当合金作为染料敏化太阳能电池的对电极时，可以使催化还原反应更加高效快速地进行，并降低电催化反应的活化过电位，有利于能量的节约，从而减少电池内部自身反应的电势降，使电池的开路电压等电池性能得到提高。金属性能差异的大小、组成比例等都会对合金催化剂的催化活性产生较大影响。

目前性能优异的合金对电极主要是由铂与过渡金属组成的，如 PtM_x（$x = 0 \sim 1$），M = Fe、Co、Ni、Cu、Ru、Pd 等。与传统铂电极相比，合金对电极具有高活性、低成本、易合成等优点。实验发现：相对于纯铂电极，铂含量仅为 1 mol% ~ 10 mol% 的 PtM_x 合金可将 I^-/I_3^- 电解质的催化活性提高 3 ~ 5 倍，所制备的染料敏化太阳能电池的光电转换效率也由纯铂基电池的 ~ 7.30% 提高至 ~ 10.23%，如图 4-10（a）、图 4-10（b）所示，并且在运行 1000 h 后的效率提高 ~ 8%（纯铂基电池的效率降低 ~ 11%）。

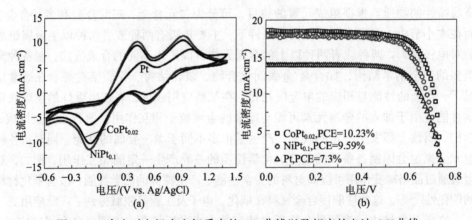

图 4-10　合金对电极在电解质中的 CV 曲线以及相应的电池 J-V 曲线

通过对铂进行合金化可以改变金属铂的晶格常数，进而在一定程度上提高对电极的电催化性能[53,54]。例如，在铂的晶格点阵中掺入金属钴，使其形成铂钴合金，由于原子半径的不同，钴原子会对铂原子造成一定的挤压，进而改变铂的 d 电子轨道结构和金属的原子键长，合金材料的氧化还原催化性能获得提高，常见过渡金属的原子半径见表 4-1。从表中可以看出，绝大多数过渡金属的金属半径小于金属铂，在形成合金过程中，过渡金属原子与铂原子之间会产生相互作用力，造成晶格畸变，产生更多的活性位点，有利于加速 I_3^- 的还原反应速率，提高合金对电极的催化能力。合金结构中，铂原子的 *d*-带中心会向下偏移，以及晶格参数的不同会引入应力和配位效应，导致更多的 I_3^- 吸附和还原位点，是合金电催化能力明显增加的根本原因[55-57]。同时，由于金属之间的电负性不同，当两种金属原子相互接触时，金属原子表面的电子结构会改变，部分电子由电负性较低的金属转移到电负性较高的原子表面，形成"富电子"区，活化电子，增加电子向电解质的转移速率[58]。从表中可以看到，除了金属金之外，铂金属的电负性要明显高于其他金属的电负性，当铂原子与过渡金属形成合金后，过渡金属的电子会向铂原子表面进行偏移，相应合金对电极的催化能力明显改善。例如，基于 Cu@M@Pt（M = Fe、Co、Ni）核壳结构的染料敏化太阳能电池效率明显优于纯铂的电池效率，并且对电极的催化能力符合规律：Cu@Fe@Pt > Cu@Co@Pt > Cu@Ni@Pt，主要是由过渡金属 Cu、Fe、Co、Ni 的电子偏移造成[59]。

表 4-1　不同金属的原子半径以及电负性

金属	金属半径/Å	电负性	金属	金属半径/Å	电负性
Pt	1.39	2.28	Pd	1.37	2.20
Fe	1.27	1.83	Cu	1.28	1.90
Co	1.26	1.88	Ru	1.32	2.20
Ni	1.24	1.92	Mn	1.32	1.55
Mo	1.4	2.16	Au	1.44	2.54

对电极表面电子结构的优化会造成一系列后续的合金效应，例如，离子在电极表面吸附能的改变以及功函数的调整。I_3^- 在对电极表面的还原反应主要分为 I_3^- 的吸附过程以及 I^- 的脱附过程。整体的还原反应速率取决于 I_3^- 吸附能与 I^- 脱附能的差值，即绝对能量。差值越小，合金对 I_3^- 的催化性能越强。如图 4-11 所示，为 Pt-Ni 合金对电极随着元素组成的改变，I_3^- 的吸附能、I^- 的脱附能以及绝对能量的变化趋势，可以看出，在铂晶格中引入适当含量的过渡金属可以有效地降低 I_3^- 还原反应的能量，增强电极的催化能力[16]。

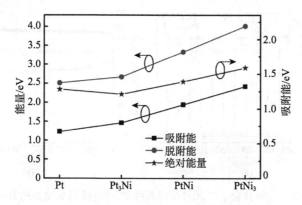

图 4-11　Ni 的含量与 Pt-Ni 合金表面 I_3^- 吸附能、I^- 的脱附能以及绝对能量之间的关系图

同时，合金化还可以调节合金对电极的功函数。上面已经提及，合金表面电子结构与单一金属的表面电子结构存在很大的差异，电子结构的优化可以降低电子的转移势垒。通过功函数测试，发现合金的功函数与 I^-/I_3^- 电解质的氧化还原电势（$-4.9\,\text{eV}$）的能极差变小，两者更加匹配。如图 4-12（a）所示，对电极的功函数与电解质之间的能极差明显小于纯铂与电解质之间的能极差，较小的能极差有利于电子从对电极材料的表面转移到电解质，增加催化还原反应速率。同样的，能量差的减小也是对电极与电解质之间的界面电荷传输阻抗降低的根本原因（图 4-12（b））[17, 60-62]。总体来说，合金化可以增加对电极中铂原子的挤压效应，产生晶格畸变，提供更多的催化活性位点；活化铂原子的表面电子，优化电极的表面功函数，促进电子的转移过程。

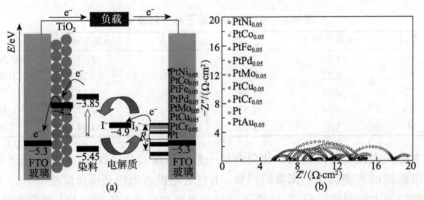

图 4-12　合金对电极的功函数对电子传输过程的影响以及不同合金对电极的阻抗图

研究表明，合金化除了可以增加电极的催化能力之外，另一个非常重要的效应是增加对电极的稳定性，提高合金对电极的耐腐蚀性。本研究团队通过研究合金对电极，发现合金对电极可以增加电池运行的长期稳定性，图 4-13（a）、图 4-13（b）

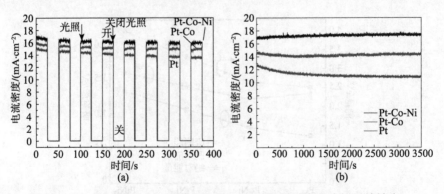

图 4-13　三元合金、二元合金以及纯 Pt 对电极组成电池的开关效应
以及长时间运行稳定性（彩图请见封底二维码）

为基于纯 Pt、Pt-Co 二元合金、Pt-Co-Ni 三元合金对电极的电池的开关效应以及稳定性曲线，经过多次循环开–关测试之后，电池仍能保持快速的响应，表明对电极仍保持非常高的活性，并且经过连续 3500 s 的运行，电池的输出电流基本不变，Pt-Co-Ni 电极组成的电池电流密度基本不变，而 Pt-Co 和 Pt 电极组成电池的电流密度却分别衰减了 2.45% 和 15.08%[18]，明显优于纯 Pt 电极。

　　为了解释这一现象，本研究团队提出了合金耐溶解理论，基本内容是：金属铂作为对电极在染料敏化太阳能电池运行过程中，会与电解质中的碘离子发生化学反应，生成相应的碘化物，相应反应式如下，是造成铂电极稳定性下降的主要原因[17]：

$$Pt(s) + 2I_2(aq) = PtI_4(s)$$

$$Pt(s) + 2I_3^-(aq) = PtI_4(s) + 2I^-(aq)$$

　　类似的，当过渡金属与电解质接触时，同样会发生过渡金属的溶解反应，不同之处在于过渡金属与电解质中的含碘粒子发生化学反应的吉布斯自由能（$\Delta_r G_{m,25℃}$）小于金属铂与电解质发生反应的吉布斯自由能，表明过渡金属更加容易与电解质中的粒子发生反应，相应的金属与 I_3^-、I_2 的反应式以及吉布斯自由能见表 4-2。因此，当

表 4-2　不同金属与 I_2、I_3^- 的反应式以及吉布斯自由能

序号	溶解反应	$\Delta_r G_{m,\,25\,℃}$（kJ·mol^{-1}）
1	$Pt(s) + 2I_2(aq) = PtI_4(s)$	−78.3
2	$Pt(s) + 2I_3^-(aq) = PtI_4(s) + 2I^-(aq)$	−45.9
3	$Ni(s) + I_2(aq) = NiI_2(s)$	−92.6
4	$Ni(s) + I_3^-(aq) = NiI_2(s) + I^-(aq)$	−76.4
5	$Co(s) + I_2(aq) = CoI_2(s)$	−107.3
6	$Co(s) + I_3^-(aq) = CoI_2(s) + I^-(aq)$	−91.1
7	$Fe(s) + I_2(aq) = FeI_2(aq)$	−128.3
8	$Fe(s) + I_3^-(aq) = FeI_2(s) + I^-(aq)$	−112.1
9	$Pd(s) + I_2(aq) = PdI_2(s)$	−87.5
10	$Pd(s) + I_3^-(aq) = PdI_2(s) + I^-(aq)$	−71.3
11	$2Cu(s) + I_2(aq) = 2CuI(s)$	−155.4
12	$2Cu(s) + I_3^-(aq) = 2CuI(s) + I^-(aq)$	−69.6
13	$Cr(s) + I_2(aq) = CrI_2(s)$	−182.2
14	$Cr(s) + I_3^-(aq) = CrI_2(s) + I^-(aq)$	−166.0
15	$2Au(s) + I_2(aq) = 2AuI(s)$	−24.8
16	$2Au(s) + I_3^- = 2AuI(s) + I^-(aq)$	−4.3

利用过渡金属与铂形成合金后，过渡金属会优先与电解质中的含碘离子发生化学反应，造成溶解现象，从而抑制铂原子的腐蚀过程，提高合金对电极的稳定性，对电极中金属的溶解机理如图 4-14 所示。

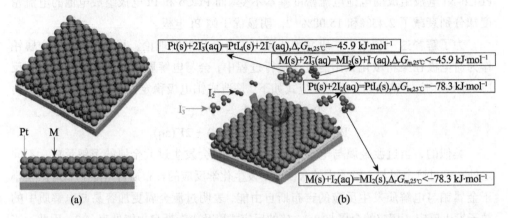

图 4-14　合金对电极在电解质中的溶解反应机理图（彩图请见封底二维码）

图 4-15 表示不同的合金经过连续 100 次的循环伏安（CV）、交流阻抗谱（EIS）、波特图（Bode）的测试曲线，从图中可以看到，合金化后对电极的还原峰电流密度、界面电荷传输阻抗、载流子寿命都没有明显的改变，仍保持非常高的催化活性，而纯铂电极的界面传输阻抗以及载流子寿命明显增加。值得注意的是，当利用反映吉布斯自由能较高的金与铂形成 Pt-Au 合金后，由于金的电负性大于金属铂，电子更容易从铂原子向金原子发生偏移，电极的催化能力明显降低；同时金与电解质反映的吉布斯自由能更正，合金后铂原子更加容易受到电解质的侵蚀，表现出较快的衰减速率，印证了合金效应以及耐溶解理论的科学性。

催化性以及稳定性是衡量对电极的两个重要指标。在实际使用过程中，电池能够以较高的功率持续输出电能是优良电池最基本的条件之一，也是染料敏化太阳能电池工业化生产的必要条件。合金对电极降低了铂的用量，减小了电池器件的生产成本，为合成高催化性、高稳定性的对电极材料提供了新的思路。除了低铂合金之外，制备非铂的合金对电极也是以后的研究方向，如 Fe-Co[63]、Co-Ni[64]合金都表现出优于单一金属的催化能力。通过调节金属间的成分配比、优化金属的表面电子结构，可以在理论上获得与铂相当的催化能力。

通过对低铂、非铂合金对电极材料的研制为降低染料敏化太阳能电池的成本，提高 $I_3^- \rightarrow I^-$ 的转换动力学速度，尤其为提高对电极材料的稳定性提供了技术和理论依据。

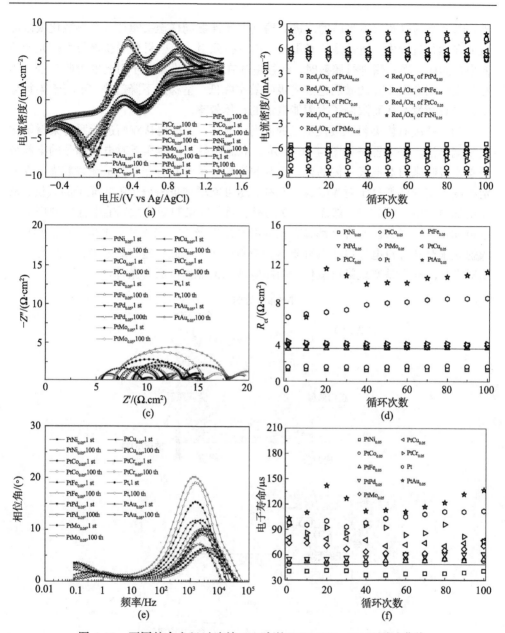

图 4-15　不同的合金经过连续 100 次的 CV、EIS、Bode 测试曲线

4.5　透明对电极

改善对电极的催化性以及稳定性是优化电池器件光电转换效率的关键。除此之

外，电池结构以及入射光路的改进对提高电池性能同样至关重要。染料敏化太阳能电池在运行过程中，通常是从光阳极一面进行照射，使染料分子获得最大的光捕获效率。然而，在一侧进行照射时，往往造成在近光区染料分子对光的吸收较强，而在远光区则会由于光的减弱造成光吸收效率降低，呈梯度下降趋势，不利于染料分子的光致激发，从而限制了太阳能电池的整体效率。

为了解决有机染料光激发不足的问题，研究人员设想从双面进行照射染料敏化太阳能电池。基本思路如图 4-16 所示，双面照射可以使靠近对电极部分的染料分子着重吸收来自对电极一侧的光，所有的染料分子都具有非常高的激发状态，在一定程度上实现染料分子对光吸收的互补，尽可能增加染料分子吸收光子的数量，从而增加激发电子的数量。然而，不幸的是，目前在染料敏化太阳能电池中常用的对电极如铂、碳材料以及合金都具有较强的光反射能力，当光从对电极一侧照射时，入射光很难透过对电极以及电解质达到染料分子。因此，透明对电极，至少是半透明对电极的开发是实现染料敏化太阳能电池双面照射的必备条件。

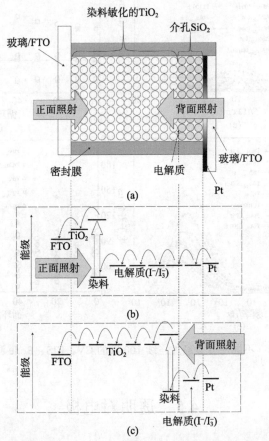

图 4-16　正面照射与背面照射时电子的激发状态与电子传输过程（彩图请见封底二维码）

　　目前虽然能够在透明的导电玻璃基底上沉积一层较薄的、半透明的铂薄膜，但是铂对电极对入射光具有较强的反射能力，因此在对电极一侧照射时电池效率处于较低的水平[65,66]。为了提高背面照射时电池的效率，Grätzel 实验室在电池结构中引入 SiO₂，达到增强入射光的目的，使染料敏化太阳能电池从正反两面照射时都能够具有较强的发电效率，同时降低了太阳能转化为电能的成本[67,68]。正如所提及的，由于铂对电极本身较强的反射能力，而透明铂电极往往催化能力较低，因此铂作为透明对电极受到一定的限制，X. Zhao 以及 J. Wu 等通过原位化学聚合法在 FTO 玻璃上制备了高度透明的聚苯胺薄膜（T550nm = 70%）对电极，组装成双面的透明染料敏化太阳能电池[40, 69]。透明的聚苯胺对电极具有能够与铂对电极相媲美的催化活性，基于该种对电极组装的染料敏化太阳能电池获得了较为可观的能量转换效率，电池基本结构以及电池效率如图 4-17 所示。

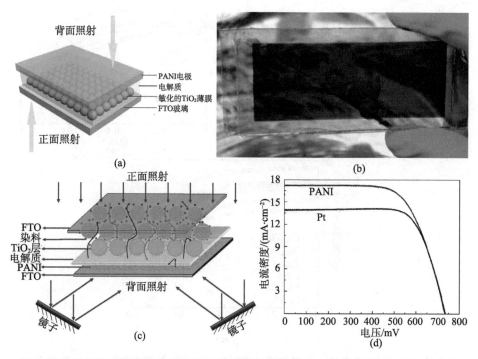

图 4-17　基于聚苯胺透明对电极的双面照射结构图以及双面照射时的电池效率曲线

　　改善对电极的光学透明性是提高双面染料敏化太阳能电池的关键。本研究团队成功制备了一系列的非铂合金 M-Se（M = Fe、Co、Ni、Cu、Ru、Pd）对电极，该类对电极具有非常高的光学透明性，透过率达到 80% 以上，如图 4-18（a）所示，为染料敏化太阳能电池的双面照射提供了基础[34, 70-73]。研究发现，背面照射时，基于 Pt 对电极的太阳能电池仅能获得 3.56% 的光电转换效率，相反，M-Se 合金对电极可以大幅度提升电池的光电转化效率，如图 4-18（b）所示。与正面照射相比，如图 4-18（c）所示，太阳光从背面照射时，电池的短路电流密度和开路电压明显低于正面照射，其主要原因是当太阳光从正面照射时，入射光线直接透过 FTO 玻璃基底即可抵达染料分子，光利用率相对较高；然而当太阳光从背面照射时，则需要穿过 FTO 导电玻璃、硒化物合金和电解质，光损失严重，导致染料分子的激发效率降低，激发的电子数目减小，从而造成 TiO_2 导带上的电子密度降低。众所周知，在电池中入射光强度逐渐减弱，染料分子激发所产生的电子分布也呈现逐渐减少的规律。背面照射时，靠近对电极的染料分子激发强度较大，电子密度较大，容易加速激发电子与电解质之间的复合反应，降低电池的开路电压。

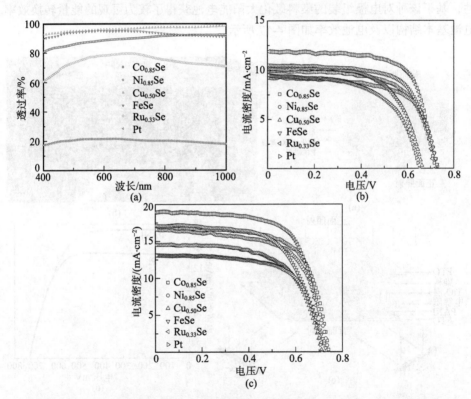

图 4-18 透明硒化物对电极的透过率以及背面照射与正面照射时的电池效率

在透明硒化物对电极的研究过程中发现 d 轨道电子结构对染料敏化太阳能电池的效率影响较大。一般的，d 轨道电子数越多，在形成对电极后，催化能力越强，太阳能电池的光电转换效率越高。

利用透明的对电极可以实现太阳光同时从正反两面照射，从而背面入射的太阳光与正面入射的太阳光相互补偿，大幅度提高染料分子的激发以及光电流密度、开路电压，从而提高电池的输出功率，是构建双面染料敏化太阳能电池的目的。同时，对电极的透明性，也提供了许多附加的实际应用价值，例如，可以将电池用作窗户、屋面板或者各种装饰品。

4.6　对电极的制备方法

目前对电极的制备方法多种多样，主要包括磁控溅射法、电化学沉积法、原位生长法、水热法等。不同的制备方法对对电极的催化性能具有很大的影响，主要表现在对电极的颗粒尺寸、比表面积以及形貌的差异。通常对电极的颗粒尺寸越小，电极的比表面积越大，越有利于增加电极的催化活性位点，从而提高催化性。由于近年来对电极材料的快速发展，制备方法也呈现多样化。

4.6.1　磁控溅射法

磁控溅射法是物理气相沉积方法的一种，可以精确控制铂的负载量，制备的铂膜具有较高的纯度和均一性，且镀层和基体结合力较强，再现性和重复性较好。Chang 等[74]在铂沉积过程中通过改变氩气压力从而改变薄膜厚度与孔隙率，进而影响铂催化剂的电化学活性面积。较高的氩气压力使得铂膜更粗糙，孔隙率更高，电化学活性面积高出致密铂膜 4～5 个数量级。Mukherjee 等[75]采用倾斜磁控溅射沉积法，通过控制沉积时间得到非常细小的、尺寸小于 2 nm 的铂纳米颗粒，探索了铂纳米颗粒在染料敏化太阳能电池中作为有效催化剂的尺寸下限，当沉积时间为 45 s 时，铂纳米颗粒尺寸约 1.56 nm，作为对电极的电池效率与连续的铂膜对电极相当，但铂负载量仅为 2.54×10^{-7} g·cm^{-2}，是 50 nm 的铂的 1/420，大大减少了铂的用量。Moraes 等[76]用直流磁控溅射法制备不同厚度的铂对电极，相对于商业铂电极，制备的 22 nm 和 24.8 nm 厚的铂膜具有较低的电荷转移阻抗和较高的透明性，得到了性能优良的染料敏化太阳能电池对电极。

4.6.2　电化学沉积法

电化学沉积法得到的对电极薄膜的性质会受到多种因素的影响，如沉积方法、溶液中金属离子浓度及溶液 pH、沉积时间、反应温度等实验参数[80]。其中，沉积方法的选择和电化学参数对所形成膜的组成、形貌等性能影响比较大，常用的电化学沉积方法包括恒流法[78]、恒压法[79]、脉冲电压法等[80]。

电化学沉积法制备铂电极，由于沉积温度较低，镀层与基体间不存在残余热应力，黏合力强；可以在各种形状复杂的表面制备均匀的薄膜；镀层厚度、化学组成等可控，是一种非常有效的制备技术。Hsieh 等[81]通过脉冲换向电沉积技术在 ITO

衬底上制备铂纳米花电极，通过改变阴极极化时间，改变铂纳米花的纹理系数、晶粒尺寸和粗糙度，从而得到最优的电池光电转换效率 7.74%（开路电压 0.68 V，短路电流密度 17.07 mA·cm^{-2}）。Yoon 等[82]在利用恒电位法制备铂对电极过程中引入了非离子表面活性剂聚辛乙二醇单十六醚（$C_{16}EO_8$），增加了铂膜的活性面积，降低了薄膜电阻，将电池效率提高到了 7.6%，而溅射沉积和热分解方法制备的铂对电极，其电池光电转换效率只有 6.4%。Li 等[83]采用循环伏安电沉积法，以氯铂酸（H_2PtCl_6）和硝酸钠（$NaNO_3$）作为前驱体溶液，通过改变循环周期和前驱浓度，得到了铂纳米簇、纳米片、纳米草、纳米花的不同形貌，同时也证明了 $NaNO_3$ 控制铂形貌的重要性，其中以铂纳米草作为对电极的染料敏化太阳能电池的效率高达 9.61%。2011 年，H. Sun 等利用一种周期换向脉冲电化学沉积技术在 FTO 导电玻璃基底上沉积了 NiS 对电极，与传统的恒电位沉积技术相比，该方法制备的薄膜具有较大的比表面积，催化能力较强，基于前者染料敏化太阳能电池的效率达到 6.82%，明显优于后者的 3.22%[31]。

4.6.3 热分解法

热分解法制备工艺相对简单，通过对前驱体进行高温加热，受热分解，可以获得所需要的对电极材料。利用此方法制备的铂电极结构多呈多孔结构，从而增加了电解质的扩散速率，提高了电池的光伏性能。Tang 等[84]将氯铂酸的异丙醇（C_3H_8O）溶液滴到加热的 FTO 导电玻璃上，待异丙醇挥发后就可以产生大量的孔结构，从而增加了铂催化剂的比表面积，多孔铂作为对电极的电池效率高达 8.15%。为了得到均一的多孔铂纳米结构，Lan 等[85]将一定量的聚乙烯吡咯烷酮（PVP）加入到铂的前驱体溶液中，由于聚乙烯吡咯烷酮具有一定的铺展性，且聚乙烯吡咯烷酮与氯铂酸存在路易斯酸碱的相互作用，因此聚乙烯吡咯烷酮可以作为模板，从而得到均匀的多孔铂，将染料敏化太阳能电池的效率从 7.062% 提高到 8.394%。除此之外，X. Zheng 等以[$Ni_2Fe(CN)_6$]为前驱体，在 600℃ 条件下，使其发生高温分解，得到 N-掺杂的碳纳米管包覆的 FeNi 合金对电极，表现出优于铂的催化活性，电池效率达到 8.82%[10]。

4.6.4 化学还原法

化学还原法相对于其他制备方法，具有温度较低、操作简单、成本低廉等优点，适合大规模的生产应用。Calagero 等[86]采用自下而上的合成方法，用硼氢化钠（$NaBH_4$）作为还原剂，得到尺寸均一、分散均匀的透明铂电极，由于较大的粗糙度，较高的比表面积，可以吸附更多的电解质，为 I_3^- 的还原提供了更多的活性位点，当在对电极 FTO 导电面涂上银反射层后，电池效率可以媲美采用磁控溅射法制备的铂对电极。为了使铂纳米颗粒尺寸可控、均匀分散且与基底有较强的黏附力，Song 等[87]采用尿素辅助均匀沉积–乙二醇还原的方法制备了具有高催化活性的铂对电极，通过尿素水解，得到铂的氢氧化物，由于静电排斥作用，该物质会均匀分布在 FTO 导电基底上，然后利用乙二醇将其还原为金属铂，得到尺寸分布均匀的纳米颗粒。由该方法制备的铂电极对 I^-/I_3^- 氧化还原电对有较高的催化活性，在对电极/电解质界面有较小的电荷传输电阻，电池的光电转换效率达到 9.34%。Dao 等[88]用蚁酸作为还原剂，采用一种简单的室温化学还原法制备了三维海胆状的铂电极，提高了铂催化剂的活性面积，将溅射铂作为对电极的电池效率由 8.51%提高到 9.39%。

4.6.5　气相沉积法

气相沉积法是指直接利用气体，或通过其他手段将物质转变为气体，使之在气体状态下发生物理变化或化学反应，最后在基底上冷却、凝聚并长大形成纳米粒子的方法。按照沉积原理的不同，大体上可分为物理法和化学法两种沉积技术。化学气相沉积技术是指反应物质在气态条件下发生化学反应，生成固态物质沉积在加热的固态基体表面，进而制得固体材料的工艺技术。J. Nam 等通过化学气相沉积的技术制备了整齐的碳纳米管阵列，如图 4-19 所示，高度有序的阵列结构有利于电子的快速传输，同时有助于电解质在对电极内部的快速扩散[89]，电池器件获得 10.04% 的光电转换效率。

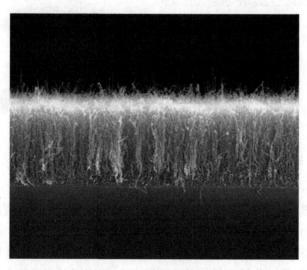

图 4-19　碳纳米管阵列

目前该技术也在制备氧化物、硫化物、氮化物、碳化物等二元或多元元素间的化合物领域应用广泛，同时材料的物理化学性能可以通过气相掺杂的沉积过程精确控制。

4.6.6 置换法

自发的置换反应（galvanic replacement reaction）一般是指单质与化合物在一定的条件下反应生成另一种单质和另一种化合物的化学反应，由于反应过程操作简单，常被用来制备新型的催化剂材料。其基本原理是不同金属的还原电势不同，当一种氧化还原电位较小的金属单质与相对较大的金属阳离子接触时，由于活泼性的差异，反应就会自发进行。研究表明，铂对电极催化剂的催化能力主要来源于表面铂原子，内部的铂原子通常无法利用。置换反应形成的催化剂往往会在原有基底表面进行反应，比如，单质 Fe、Co、Ni、Cu 与氯铂酸溶液接触时就会在金属表面形成一层铂原子，如图 4-20 所示，可以充分利用铂原子的催化能力，同时降低了铂的用量，并且制备方法简单，具有广阔的应用前景[90, 91]。与此同时，由于被置换原子与置换原子之间具有一定的相互作用，如合金效应等，往往可以改善原有金属单质的物理化学性质，提高催化性能。

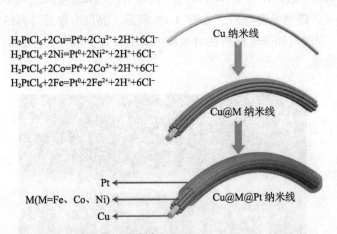

$$H_2PtCl_6+2Cu=Pt^0+2Cu^{2+}+2H^++6Cl^-$$
$$H_2PtCl_6+2Ni=Pt^0+2Ni^{2+}+2H^++6Cl^-$$
$$H_2PtCl_6+2Co=Pt^0+2Co^{2+}+2H^++6Cl^-$$
$$H_2PtCl_6+2Fe=Pt^0+2Fe^{2+}+2H^++6Cl^-$$

Cu 纳米线

Cu@M 纳米线

Pt
M(M=Fe、Co、Ni)
Cu

Cu@M@Pt 纳米线

图 4-20   基于置换反应制备 Cu@M@Pt (M = Fe、Co、Ni)
纳米线的机理图（彩图请见封底二维码）

本课题组基于置换反应，制备了一系列低铂对电极，并成功应用于染料敏化太阳能电池中。例如，以 Cu 纳米线、Fe 纳米球作为模板，将其分散在氯铂酸溶液中，通过控制氯铂酸的含量以及反应时间，可以获得性能优异的对电极材料[59, 92]。另外，结合 ZnO 模板以及电化学沉积技术，可以在 ZnO 表面沉积多种金属，然后通过置换反应，可以得到多金属纳米管阵列，如图 4-21 所示，有利于加速电子的传输，增加电极的催化能力[93, 94]。

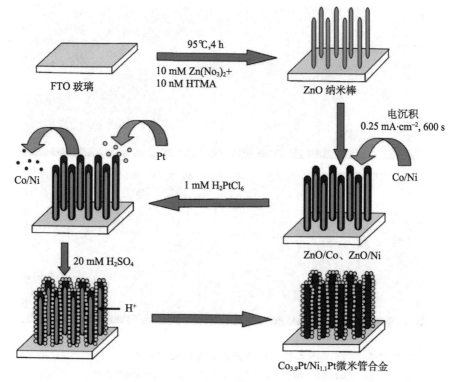

图 4-21　基于 ZnO 纳米棒阵列模板制备合金纳米管的过程示意图（彩图请见封底二维码）

4.6.7　水热法

　　水热反应过程是指在一定的温度和压力下，在水、水溶液或蒸汽等流体中所进行有关化学反应的总称。将不同的前驱体混合在一起，在高温高压下，可以实现纳米结构的生长，是制备对电极材料的常用方法之一。与其他方法相比，水热法具有操作简单、可以实现大规模制备等优点；同时容易调控，通过改变反应的温度、时间以及反应物的配比，可以形成多种不同的物质以及结构。目前在制备过渡金属化合物以及复合对电极中应用较为广泛。以硒化物对电极的制备方法为例，本研究团队发现水热法制备透明的硒化物是一种非常通用的手段。基本的制备过程是：将硒粉以及金属盐按照一定的配比溶于水中，然后在溶液中添加适当的水合肼作为还原剂，在高温高压下即可在 FTO 导电玻璃基底上生成一层非常薄的金属硒化物。同时可以在溶液中加入适当的添加剂，如表面活性剂等，可以改善电极材料的形貌，如图 4-22 所示，加入表面活性剂后可以明显改善电极的形貌，增加电极的比表面积，提高催化能力[95]。

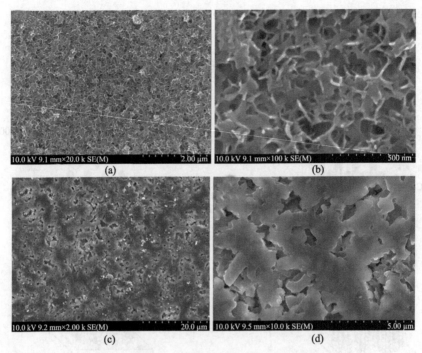

图 4-22　水热法制备的 FeSe 对电极

（a）、（b）添加表面活性剂；（c）、（d）不含表面活性剂

4.6.8　原位聚合法

原位聚合法主要用于聚合对电极的制备，包括聚苯胺、聚吡咯以及聚噻吩等。在单体中加入适当的引发剂，即可引发苯胺、吡咯以及噻吩等单体的聚合反应。此时如果将 FTO 导电玻璃等基底置于反应溶液中，聚合物则会在基底表面生长，作为对电极应用在染料敏化太阳能电池中。该方法制备工艺简单，但往往会造成聚合物的团聚、聚合物与基底之间的界面电荷传输阻抗较大等问题，不利于提高电池的光电转换效率。因此，为了改善界面，利用电化学原位聚合沉积的方式，使单体在基底表面进行原位聚合是一种非常有效的方式，电池的光电性可以得到一定程度的提高[96]。

目前对电极的制备技术远不止上述所介绍的，但所有的制备技术都追求高催化性的对电极材料。

4.7　对电极存在的问题

综合近年来的实验报道，在目前大量的对电极材料中，铂材料由于性能相对较好，仍占据主导地位，但是由于铂等贵金属材料价格昂贵、储量有限，限制了铂材料在染料敏化太阳能电池中的应用。因此，寻求催化性能高、成本低廉、来源广泛的电极材料仍是染料敏化太阳能电池的研究重点。而碳材料本征催化性较差，需要大量的催化活性位点以满足催化要求。有序的碳纳米管阵列虽然具有较为优异的催化能力，但在实际生产中制备工艺较为复杂，同时成本较高，难以实现大规模生产。基于导电聚合物以及过渡金属化合物的对电极材料在长期使用过程中，由于空气中的氧气等，往往会受到化学降解，影响对电极材料的稳定性。

同时，目前制备铂系对电极通常用的方法有热分解法、磁控溅射法、电化学沉积法以及利用还原剂水热还原法等，然而这些方法往往对反应条件（比如温度、还原剂）的要求比较高，不能满足工业化生产中简单低耗的要求。随着染料敏化太阳能电池研究的深入，寻求新颖的对电极制备方法，探索具有高效催化性能和长期稳定性的对电极材料将是染料敏化太阳能电池的发展方向。

4.8　对电极材料的发展前景

对电极作为染料敏化太阳能电池中的重要组成部分，起到了催化还原电解质，将电子传输到电解质的作用，促进了染料分子的还原再生。因此，提高对电极的催化活性是对电极材料研究长期而艰巨的任务。对低铂、非铂对电极的研发，降低电池的成本仍将是未来对电极研究的重中之重。传统的铂对电极虽然具有较高的催化活性，但由于其高昂的价格以及苛刻的制备条件，难以投入大规模生产应用。与之相比，过渡金属化合物等材料种类繁多，研究探索空间仍然巨大，许多化合物合成条件温和，原料也十分廉价，而且易与碳材料等其他材料复合获得综合性能优异的对电极材料。

改善对电极的长期稳定性也是未来对电极的研究方向。总的来说，开发性能稳定、低成本、高电导率、制备工艺简单、适宜于大面积生产的对电极材料是推进染料敏化太阳能电池产业化进程的必要条件。综合对电极的各个性能，研究不同类型的对电极材料，包括合金材料、复合材料等，是现今以及未来的发展方向。

探索对电极的催化机理，从理论上指导合成对电极是最为有效的方式。理论指导实践，从根本上提高对电极的催化性以及稳定性。目前，研究人员已经在提高对电极的催化性和稳定性上取得了一定的进展，相信在将来会有更多性能优异的对电极材料被研究人员开发并应用到染料敏化太阳能电池中，进一步提高染料敏化太阳能电池在光伏领域的地位并促进其产业化进程。

参 考 文 献

[1] Kakiage K, Aoyama Y, Yano T, et al. Highly-efficient dye-sensitized solar cells with collaborative sensitization by silyl-anchor and carboxy-anchor dyes. Chem. Commun., 2015, 51: 15894-15897.

[2] Jeon S S, Kim C, Ko J, et al. Pt nanoparticles supported on polypyrrole nanospheres as a catalytic counter electrode for dye-sensitized solar cells. J. Phys. Chem. C, 2011, 115: 22035-22039.

[3] Lan Z, Wu J, Lin J, et al. Morphology controllable fabrication of Pt counter electrodes for highly efficient dye-sensitized solar cells. J. Mater. Chem., 2012, 22: 3948-3954.

[4] Gong F, Xu X, Li Z, et al. NiSe$_2$ as an efficient electrocatalyst for a Pt-free counter electrode of dye-sensitized solar cells. Chem. Commun., 2013, 49: 1437-1439.

[5] Wang Y, Wang D, Jiang Y, et al. FeS$_2$ Nanocrystal ink as a catalytic electrode for dye-sensitized solar cells. Angew. Chem. Int. Ed., 2013, 52: 6694-6698.

[6] Ju M J, Jeon I Y, Kim J C, et al. Graphene nanoplatelets doped with N at its edges as metal-free cathodes for organic dye-sensitized solar cells. Adv. Mater., 2014, 26: 3055-3062.

[7] Wu M, Lin Y, Guo H, et al. Highly effective Pt/MoSi$_2$ composite counter electrode catalyst for dye-sensitized solar cell. J. Power Sources, 2014, 263: 154-157.

[8] Yu C, Meng X, Song X, et al. Graphene-mediated highly-dispersed MoS$_2$ nanosheets with enhanced triiodide reduction activity for dye-sensitized solar cells. Carbon, 2016, 100: 474-483.

[9] Daeneke T, Mozer A J, Kwon T H, et al. Dye regeneration and charge recombination in dye-sensitized solar cells with ferrocene derivatives as redox mediators. Energy Environ. Sci., 2012, 5: 7090-7099.

[10] Zheng X J, Deng J, Wang N, et al. Podlike N-doped carbon nanotubes encapsulating FeNi alloy nanoparticles: high-performance counter electrode materials for dye-sensitized solar cells. Angew. Chem. Int. Ed., 2014, 53: 7023-7027.

[11] Thalluri G, Décultot M, Henrist C, et al. Morphological and opto-electrical properties of a solution deposited platinum counter electrode for low cost dye sensitized solar cells. Phys. Chem. Chem. Phys., 2013, 15: 19799-19806.

[12] Yun S, Hagfeldt A, Ma T. Pt-free counter electrode for dye-sensitized solar cells with high efficiency. Adv. Mater., 2014, 26: 6210-6237.

[13] Shi Y T, Zhao C Y, Wei H S, et al. Single-atom catalysis in mesoporous photovoltaics: The principle of utility maximization. Adv. Mater., 2014, 26: 8147-8153.

[14] Wu J, Tang Z, Huang Y, et al. A dye-sensitized solar cell based on platinum nanotube counter electrode with efficiency of 9.05%. J. Power Sources, 2014, 257: 84-89.

[15] Dao V D, Kim S H, Choi H S, et al. Efficiency enhancement of dye-sensitized solar cell using Pt hollow sphere counter electrode. J. Phys. Chem. C, 2011, 115: 25529-25534.

[16] Wan J W, Fang G J, Yin H J, et al. Pt-Ni alloy nanoparticles as superior counter electrodes for dye-sensitized solar cells: experimental and theoretical understanding. Adv. Mater., 2014, 26: 8101-8106.

[17] Tang Q, Zhang H, Meng Y, et al. Dissolution engineering of platinum alloy counter electrodes in dye-sensitized solar cells. Angew. Chem. Int. Ed., 2015, 54: 11448-11452.

[18] Yang Q, Yang P, Duan J, et al. Ternary platinum alloy counter electrodes for high-efficiency dye-sensitized solar cells. Electrochim. Acta, 2016, 190: 85-91.

[19] Kay A, Grätzel M. Low cost photovoltaic modules based on dye sensitized nanocrystalline titanium dioxide and carbon powder. Sol. Energ. Mat. Sol. C., 1996, 44: 99-117.

[20] Jae L W, Easwaramoorthi R, Yoon L D, et al. Efficient dye-sensitized solar cells with Catalytic multiwall carbon nanotube counter electrodes. ACS Appl. Mater. Interfaces, 2009, 1: 1145-1149.

[21] Gao Y, Chu L, Wu M, et al. Improvement of adhesion of Pt-free counter electrodes for low-cost dye-sensitized solar cells. J. Photoch. Photobio. A., 2012, 245: 66-71.

[22] Novoselov K S, Geim A K, Morozov S V, et al. Electric field effect in atomically thin carbon films. Science, 2004, 306: 666-669.

[23] Peigney A, Laurent C, Flahaut E, et al. Specific surface area of carbon nanotubes and bundles of carbon nanotubes. Carbon, 2001, 39: 507-514.

[24] Stankovich S, Dikin D A, Dommett G H B, et al. Graphene-based composite materials. Nature, 2006, 442: 282-286.

[25] Nair R R, Blake P, Grigorenko A N, et al. Universal dynamic conductivity and quantized visible opacity of suspended graphene. Science, 2008, 320: 1308-1308.

[26] Roy-Mayhew J D, Bozym D J, Punckt C, et al. Functionalized graphene as a catalytic counter electrode in dye-sensitized solar cells. ACS Nano, 2010, 4: 6203-6211.

[27] Zhang D W, Li X D, Li H B, et Al. Graphene-based counter electrode for dye-sensitized solar cells. Carbon, 2011, 49: 5382-5388.

[28] Mattevi C, Eda G, Agnoli S, et al. Evolution of electrical, chemical and structural properties of transparent and conducting chemically derived graphene thin films. Adv. Funct. Mater., 2009, 19: 2577-2583.

[29] Wang M K, Anghel A M, Marsan B, et al. CoS supersedes Pt as efficient electrocatalyst for triiodide reduction in dye-sensitized solar cells. J. Am. Chem. Soc., 2009, 131: 15976-15977.

[30] Kung C W, Chen H W, Lin C Y, et al.CoS Acicular nanorod arrays for the counter electrode of an efficient dye-sensitized solar cell. ACS Nano, 2012, 6: 7016-7025.

[31] Sun H, Qin D, Huang S, et al. Dye-sensitized solar cells with NiS counter electrodes electrodeposited by a potential reversal technique. Energy Environ. Sci., 2011, 4: 2630-2637.

[32] Shukla S, Loc N H, Boix P P, et al. Iron pyrite thin film counter electrodes for dye-sensitized solar cells: high efficiency for iodine and cobalt redox electrolyte cells. ACS Nano, 2014, 8: 10597-10605.

[33] Gong F, Wang H, Xu X, et al. In situ growth of $Co_{0.85}Se$ and $Ni_{0.85}Se$ on conductive substrates as high-performance counter electrodes for dye-sensitized solar cells. J. Am. Chem. Soc., 2012, 134:10953-10958.

[34] Duan Y Y, Tang Q W, Liu J, et al.Transparent metal selenide alloy counter electrodes for high efficiency bifacial dye-sensitized solar cells. Angew. Chem. Int. Ed., 2014, 126: 14569-14574.

[35] Xin X, He M, Han W, et al. Low-cost copper zinc tin sulfide counter electrodes for high efficiency dye-sensitized solar cells. Angew. Chem. Int. Ed., 2011, 50: 11739-11742.

[36] Jiang Q W, Li G R, Gao X P. Highly ordered TiN nanotube arrays as counter electrodes for dye-sensitized solar cells. Chem. Commun., 2009, 44: 6720-6722.

[37] Li G R, Song J, Pan G L, et al. Highly Pt-like electrocatalytic activity of transition metal nitrides for dye-sensitized solar cells. Energy Environ. Sci., 2011, 4: 1680-1683.

[38] Wu M X, Lin X, Wang Y D, et al. Economical Pt-free catalysts for counter electrodes of dye sensitized solar cells. J. Am. Chem. Soc., 2012, 134: 3419-3428.

[39] Hou Y, Wang D, Yang X H, et al. Rational screening low-cost counter electrodes for dye-sensitized solar cells. Nat. Commun., 2013, 4: 67-88.

[40] Tai Q D, Chen B L, Guo F, et al. In situ prepared transparent polyaniline electrode and its application in bifacial dye-sensitized solar cells. ACS Nano, 2011, 5: 3795-3799.

[41] Trevisan R, Döbbelin M, Boix P P, et al. PEDOT nanotube arrays as high performing counter electrodes for dye sensitized solar cells. Study of the interactions among electrolytes and counter electrodes. Adv. Energy Mater., 2011, 1: 781-784.

[42] Wu J H, Li Q H, Fan L Q, et al. High-performance polypyrrole nanoparticles counter electrode for dye- sensitized solar cells. J. Power Sources, 2008, 181: 172-176.

[43] Yang X H, Guo J W, Yang S, et al. A free radical assisted strategy for preparing ultra-small Pt decorated CNTs as a highly efficient counter electrode for dye-sensitized solar cells. J. Mater. Chem. A, 2014, 2: 614-619.

[44] Lin J, Liao J, Hung T. A composite counter electrode of CoS/MWCNT with highly electrocatalytic activity for dye-sensitized solar cells. Electrochem. Commun., 2011, 13: 977-980.

[45] Xiao Y, Wu J, Lin J Y, et al. Pulse electrodeposition of CoS on the MWCNT/Ti as a high performance counter electrode for the Pt-free dye-sensitized solar cells. J. Mater. Chem. A, 2013, 1: 1289-1295.

[46] Wang M, Tang Q W, Xu P P, et al. Counter electrodes from polyaniline-graphene complex/ graphene oxide multilayers for dye-sensitized solar cells. Electrochim. Acta, 2014, 137: 175-182.

[47] Zhang H H, He B L, Tang Q W, et al. Bifacial dye-sensitized solar cells from covalent-bonded polyaniline-multiwalled carbon nanotube complex counter electrodes. J. Power Sources, 2015, 275: 489-497.

[48] Wang M, Tang Q W, Chen H Y, et al. Counter electrodes from polyaniline-carbon nanotube complex/graphene oxide multilayers for dye-sensitized solar cell application. Electrochim. Acta, 2014, 125: 510-515.

[49] Adriana N C, Sergio A S M, Luis A A. Studies of the hydrogen evolution reaction on smooth Co and electrodeposited Ni-Co ultramicroelectrodes. Electrochem. Commun., 1999, 1: 600-604.

[50] Hauch A, Georg A. Diffusion in the electrolyte and charge-transfer reaction at the platinum electrode in dye-sensitized solar cells. Electrochim. Acta, 2001, 46: 3457-3466.

[51] Tang Q W, Cai H Y, Yuan S S, et al. Counter electrodes from double-layered polyaniline nanostructures for dye-sensitized solar cell applications. J. Mater. Chem. A, 2013, 1: 317-323.

[52] Ferrando R, Jellinek J, Johnston R L. Nanoalloys: from theory to applications of alloy clusters and nanoparticles. Chem. Rev., 2008, 108: 845-910.

[53] Jeon M K, McGinn P. Co-alloying effect of Co and Cr with Pt for oxygen electro-reduction reaction. Electrochim. Acta, 2012, 64: 147-153.

[54] Strasser P, Koh S, Anniyev T, et al. Lattice-strain control of the activity in dealloyed core-shell fuel cell catalysts. Nat. Chem., 2010, 2: 454-460.

[55] Hammer B, Nørskov J K. Theoretical surface science and catalysis calculations and concepts. Adv. Catal., 2000, 45: 71-129.

[56] Wang C, Li D G, Chi M F, et al. Rational development of ternary alloy electrocatalysts. J. Phys. Chem. Lett., 2012, 3: 1668-1673.

[57] Cui C H, Li H H, Yu J W, et al. Ternary heterostructured nanoparticle tubes: a dual catalyst and its synergistic enhancement effects for O_2/H_2O_2 reduction. Angew. Chem. Int. Ed., 2010, 49: 9149-9152.

[58] Guo S J, Zhang X, Zhu W L, et al. Nanocatalyst superior to Pt for oxygen reduction reactions: The case of core/shell Ag(Au)/CuPd nanoparticles. J. Am. Chem. Soc., 2014, 136: 15026-15033.

[59] Duan J, Tang Q, Zhang H, et al. Counter electrode electrocatalysts from one-dimensional coaxial alloy nanowires for efficient dye-sensitized solar cells. J. Power Sources, 2016, 302: 361-368.

[60] Li H, Tang Q, Meng Y, et al. Dissolution-resistant platinum alloy counter electrodes for stable dye-sensitized solar cells. Electrochim. Acta, 2016, 190: 409-418.

[61] Yang Q, Duan J, Yang P, et al. Counter electrodes from platinum alloy nanotube arrays with ZnO nanorod templates for dye-sensitized solar cells. Electrochim. Acta, 2016, 190: 648-654.

[62] Yang P, Ma C, Tang Q. Understanding the catalytic behaviour of NiM (M = Pt, Ru, Pd) counter electrode electrocatalysts in liquid-junction dye-sensitized solar cells. Electrochim. Acta, 2015, 184: 226-232.

[63] Liu J, Tang Q, He B. Platinum-free binary Fe-Co nanofiber alloy counter electrodes for dye-sensitized solar cells. J. Power Sources, 2014, 268(21): 56-62.

[64] Chen X X, Tang Q W, He B L, et al. Platinum-free binary Co-Ni alloy counter electrodes for efficient dye-sensitized solar cells. Angew. Chem. Int. Ed., 2014, 53: 10799-10803.

[65] Iefanova A, Nepal J, Poudel P, et al. Transparent platinum counter electrode for efficient semi-transparent dye-sensitized solar cells. Thin Solid Films, 2014, 562: 578-584.

[66] Calogero G, Calandra P, Irrera A, et al. A new type of transparent and low cost counter-electrode based on platinum nanoparticles for dye-sensitized solar cells. Energy Environ. Sci., 2011, 4: 1838-1844.

[67] Ito S, Zakeeruddin S M, Comte P, et al. Bifacial dye-sensitized solar cells based on an ionic liquid electrolyte. Nat. Photonics, 2008, 2: 693-698.

[68] Bisquert J. The two sides of solar energy. Nat. Photonics, 2008, 2: 648-649.

[69] Wu J H, Li Y, Tang Q W, et al. Bifacial dye-sensitized solar cells: a strategy to enhance overall efficiency based on transparent polyaniline electrode. Sci. Rep., 2014, 4: 4028.

[70] Li P, Cai H, Tang Q, et al. Counter electrodes from binary ruthenium selenide alloys for dye-sensitized solar cells. J. Power Sources, 2014, 271: 108-113.

[71] Liu J, Tang Q, He B, et al. Cost-effective bifacial dye-sensitized solar cells with transparent iron selenide counter electrodes. An avenue of enhancing rear-side electricity generation

capability. J. Power Sources, 2015, 275: 288-293.

[72] Cai H, Tang Q, He B, et al. Bifacial dye-sensitized solar cells with enhanced rear efficiency and power output. Nanoscale, 2014, 6: 15127-15133.

[73] Duan Y, Tang Q, He B, et al. Transparent nickel selenide alloy counter electrodes for bifacial dye-sensitized solar cells exceeding 10% efficiency. Nanoscale, 2014, 6: 12601-12608.

[74] Chang I, Woo S, Lee M H, et al. Characterization of porous Pt films deposited via sputtering. Appl. Surf. Sci., 2013, 282: 463-466.

[75] Mukherjee S, Ramalingam B, Griggs L, et al. Ultrafine sputter-deposited Pt nanoparticles for triiodide reduction in dye-sensitized solar cells: impact of nanoparticle size, crystallinity and surface coverage on catalytic activity. Nanotechnology, 2012, 23: 485405.

[76] Moraes R S, Saito E, Leite D M G, et al. Optical, electrical and electrochemical evaluation of sputtered platinum counter electrodes for dye sensitized solar cells. Appl. Surf. Sci., 2016, 364: 229-234.

[77] Moharanal M, Mallik A. Nickel electrocrystallization in different electrolytes: an in-process and post synthesis analysis. Electrochim. Acta, 2013, 98: 1-10.

[78] Zhonga C, Hua W B, Cheng Y F. On the essential role of current density in electrocatalytic activity of the electrodeposited platinum for oxidation of ammonia. J. Power Sources, 2011, 196: 8064-8072.

[79] Tang Z, Tang Q, Wu J, et al. Template-free synthesis of a hierarchical flower-like platinum counter electrode and its application in dye-sensitized solar cells. RSC Adv., 2012, 2: 5034-5037.

[80] Fu D, Huang P, Bach U. Platinum coated counter electrodes for dye-sensitized solar cells fabricated by pulsed electrodeposition-correlation of nanostructure, catalytic activity and optical properties. Electrochim. Acta, 2012, 77: 121-127.

[81] Hsieh T L, Chen H W, Kung C W, et al. A highly efficient dye-sensitized solar cell with a platinum nanoflowers counter electrode. J. Mater. Chem., 2012, 22: 5550-5559.

[82] Yoon C H, Vittal R, Lee J, et al. Enhanced performance of a dye-sensitized solar cell with an electrodeposited-platinum counter electrode. Electrochim. Acta, 2008, 53: 2890-2896.

[83] Li L L, Chang C W, Wu H H, et al. Morphological control of platinum nanostructures for highly efficient dye-sensitized solar cells. J. Mater. Chem., 2012, 22: 6267-6273.

[84] Tang Z, Wu J, Zheng M, et al. A microporous platinum counter electrode used in dye-sensitized solar cells. Nano Energy, 2013, 2: 622-627.

[85] Lan Z, Wu J, Lin J, et al. Morphology controllable fabrication of Pt counter electrodes for highly efficient dye-sensitized solar cells. J. Mater. Chem., 2012, 22: 3948-3954.

[86] Calogero G, Calandra P, Irrera A, et al. A new type of transparent and low cost counter-electrode based on platinum nanoparticles for dye-sensitized solar cells. Energy Environ. Sci., 2011, 4: 1838-1844.

[87] Song M Y, Chaudhari K N, Park J, et al. High efficient Pt counter electrode prepared by homogeneous deposition method for dye-sensitized solar cell. Appl. Energy, 2012, 100: 132-137.

[88] Dao V D, Choi H S. Pt Nanourchins as efficient and robust counter electrode materials for dye-sensitized solar cells. ACS Appl. Mater. Interfaces, 2016, 8: 1004-1010.

[89] Nam J G, Park Y J, Kim B S, et al. Enhancement of the efficiency of dye-sensitized solar cell by utilizing carbon nanotube counter electrode. Scripta Mater., 2010, 62: 148-150.

[90] Lu X, McKiernan M, Peng Z, et al. Noble-metal nanotubes prepared via a galvanic replacement reaction between Cu nanowires and aqueous $HAuCl_4$, H_2PtCl_6, or Na_2PdCl_4. Sci. Adv. Mater., 2010, 2: 413-420.

[91] Alia S M, Pivovar B S, Yan Y. Platinum-coated copper nanowires with high activity for hydrogen oxidation reaction in base. J. Am. Chem. Soc., 2013, 135: 13473-13478.

[92] Tang Q, Liu J, Zhang H, et al. Cost-effective counter electrode electrocatalysts from iron@palladium and iron@platinum alloy nanospheres for dye-sensitized solar cells. J. Power Sources, 2015, 297: 1-8.

[93] Wang J, Tang Q, He B, et al. Counter electrodes from polymorphic platinum-nickel hollow alloys for high-efficiency dye-sensitized solar cells. J. Power Sources, 2016, 328: 185-194.

[94] Wang J, Tang Q, He B, et al. ZnO nanorods assisted $Ni_{1.1}Pt$ and $Co_{3.9}Pt$ alloy microtube counter electrodes for efficient dye-sensitized solar cells. Electrochim. Acta, 2016, 190: 903-911.

[95] Liu J, Tang Q, He B, et al. Cost-effective, transparent iron selenide nanoporous alloy counter electrode for bifacial dye-sensitized solar cell. J. Power Sources, 2015, 282: 79-86.

[96] Yue G, Tan F, Li F, et al. Enhanced performance of flexible dye-sensitized solar cell based on nickel sulfide/polyaniline/titanium counter electrode. Electrochim. Acta, 2014, 149: 117-125.

第 5 章　染料敏化太阳能电池的电解质概况

作为将光能转变为电能的装置，染料敏化太阳能电池已成为研究最广泛的领域之一，尤其是开发高性能低成本的太阳能电池器件。光照条件下染料分子吸收光能，电子由 HOMO 能级跃迁至 LUMO 能级，然后传输到 TiO_2 的导带上，此时染料分子处于氧化态。为了实现电池的持续发电，必须完成染料分子的再生过程。氧化还原电解质（redox electrolyte）在电池中起到连接对电极与光阳极的桥梁作用，吸收光阳极处染料分子产生的空穴，将氧化态的染料分子还原并接收对电极界面的电子。因此，氧化还原电解质的性能，包括电解质的成分、溶剂、相态等对电池性能的影响不容忽视。本章中将对常见的液体电解质以及准固态和固态电解质进行系统的介绍。

5.1　电解质的概述

电解质是染料敏化太阳能电池中重要的组成部分，电解质的性质很大程度上影响了电池的效率以及稳定性。目前对电解质的研究较为广泛，根据电解质的性质可以将电解质分为四类：液体电解质（liquid state electrolyte）、离子液体电解质（ionic liquid electrolyte）、准固态电解质（quasi-solid state electrolyte）以及固态电解质（solid state electrolyte）。

电解质在电池中的主要作用是将对电极上的电子转移至氧化态染料分子，实现染料分子的还原再生。在这一过程中，电子向氧化态染料分子的转移过程决定了染料分子的再生速率，因此，电解质需要具有与染料分子 HOMO 能级较为匹配的氧化还原电势以及较快的电子传输速率，这是优良电解质所应当具备的条件之一。电解质的氧化还原电势与光阳极的费米能级决定了电池的理论电压值。对于性能优异的电解质来说，较低的氧化还原电势可以明显增加电池的效率。这是作为电解质所应当具备的另一条件。具体而言，电解质的氧化还原电势应当与染料分子的 HOMO 能级尽可能地接近，同时保持足够的驱动力促使电子向染料分子转移实现染料再生。

在电解质中添加一些金属阳离子，如 Li^+ 以及有机季铵盐等添加剂，可以提高电子的传输速率并加速染料分子的再生。研究表明，随着阳离子半径的增加，电池的光生电流会减小，而开路电压会增加。其主要原因是阳离子的引入会造成 TiO_2 半导体的导带产生差异，影响了电子的注入效率[1]。目前在电解质的研究领域当中，一些活性物质的添加，已经成为电解质的研究重点，并进一步推进了电解质的发展。

除此之外，作为理想的电解质，在溶剂中较快的扩散速率、电解质中氧化还原反应良好的可逆性以及较好的稳定性，也是应当具备的条件。众所周知，电池对光的吸收效率决定了电池的整体性能。而电解质往往会捕获一定的光能，不利于电池效率的提高。因此从光学角度来说，理想的氧化还原电解质还应该具备不吸收太阳光的性能，以保证染料分子对光子最大程度的吸收。

5.2　液体电解质

5.2.1　多碘体系电解质

染料敏化太阳能电池中常用的电解质以液体电解质为主，主要是由溶剂、氧化还原电对以及添加剂组成。其中，使用最为普遍的氧化还原体系为 I^-/I_3^- 的乙腈溶液，在该电解质中发生的氧化还原反应主要为 $I^-\leftrightarrow I_3^-$ 之间的转换。由于 I^-/I_3^- 体系具有极好的离子迁移率，能够迅速地渗透进 TiO_2 光阳极的孔隙中，与染料分子之间的反应较为迅速，实现了染料的快速再生，同时 TiO_2 导带上的电子与电解质之间的复合反应相对较慢，所以基于 I^-/I_3^- 氧化还原电解质的染料敏化太阳能电池一直保持着较高的电池效率。然而，该体系的电解质仍存在着一定的问题，无法解决。

第一，I^-/I_3^- 氧化还原电解质的氧化还原电势与染料分子的 HOMO 能级差距较大，能量损失严重，开路电压较低。

第二，I^-/I_3^- 氧化还原电解质中的 I_3^- 以及其他多碘形式（I_5^-、I_7^-、I_9^-）对可见光存在一定的吸收，与染料分子存在竞争关系，降低了光的利用效率，不利于电池效率的提高。

第三，I_3^- 会与氧化态的染料分子之间形成离子对，增加了电池光阳极界面上的电子复合反应，降低了电池的整体性能。

第四，大规模染料敏化太阳能电池中常用银或铜作为金属栅线以减小电池中的电阻，然而 I^-/I_3^- 氧化还原电解质对该类金属具有腐蚀作用，长期稳定性下降。

第五，电解质复杂的氧化还原反应增加了能量的损失。

在传统的 I^-/I_3^- 氧化还原电解质中，其反应机理较为复杂，总体上电解质与氧化态的染料分子之间的反应过程属于多步反应。然而目前并没有一个准确的解释，其中以两步反应的过程被人们普遍接受。具体的过程是，首先，氧化态的染料分子与电解质中的 I^- 反应，生成 I_2^-，如反应 1：

$$D^+ + 2I^- = I_2^-$$

之后，形成的 I_2^- 发生歧化反应，生成 I^- 和 I_3^-，如反应 2：

$$2I_2^- = I_3^- + I^-$$

在电解质与染料分子之间的反应过程中，I^-/I_2^- 与 I^-/I_3^- 氧化还原电对的氧化还原电势存在很大的电势差，在乙腈溶剂中约为 0.4 eV，大大增加了能量的损失，具体的机理图如图 5-1 所示。

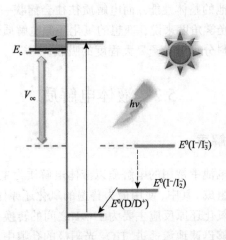

图 5-1   电解质与染料分子的反应机理图（彩图请见封底二维码）

在过去的 20 年当中，大量的文章报道了 I^-/I_3^- 氧化还原电解质的性质，且基于该电解质的染料敏化太阳能电池都取得了较好的光伏性能。鉴于多碘电解质仍存在大量的问题，人们逐渐开始寻求新型高效的电解质体系。作为新型的电解质，必须具备电解质最基本的条件，那就是其氧化还原电势应与染料分子的 HOMO 能级相匹配，否则，染料分子的再生将受到限制，造成电池效率较低。为此，新型电解质与相应染料分子的开发对高效染料敏化太阳能电池的发展是一项挑战。在本小节将着重介绍近年来新型的非碘体系的电解质。

5.2.2   非碘体系电解质

在染料敏化太阳能电池的发展过程中，人们虽然认识到了多碘电解质的不足，但是由于多碘电解质仍然具有较为优越的性能，研究人员的精力都集中在电池其他关键材料的研究上，在很长一段时间内电解质的发展较为缓慢。到 2011 年，Grätzel 课题组将一种非常新颖的钴络合物电解质引入染料敏化太阳能电池中，并与相匹配的染料分子组合，使电池效率达到 12.3%，获得了优于多碘电解质的性能，从此将研究人员的注意力转移至电解质的开发研究上[2]。目前关于非碘电解质的研究十分广泛，多种氧化还原体系被开发，作为电解质应用在染料敏化太阳能电池中，按照氧化还原电对的关键成分可以将电解质主要分为三类：金属络合物氧化还原电解质、有机氧化还原电解质和 Br^-/Br_3^- 及类卤族氧化还原电解质。下面将对这三种电解质进行详细的介绍。

1. 金属络合物氧化还原电解质

在非碘电解质体系中，发展最为迅速的当属金属络合物电解质。该类电解质具有自己独特的电化学特性，并且可以通过改变中心金属原子或配体来调节金属络合物电对的氧化还原电势；同时，在金属络合物电解质中，通常金属离子与染料分子之间的反应是单个电子的反应过程，核外单电子的反应有利于提高电池的开路电压，使该电解质具有非常大的应用潜力。目前研究较多的金属络合物电解质主要包括钴系络合物电解质、铁系络合物电解质以及铜系络合物电解质。

1）钴系络合物电解质

钴系络合物电解质主要是钴离子与吡啶衍生物的络合物组成的电解质溶液。与多碘体系电解质体系相比，钴络合物体系对可见光吸收较少，对金属的腐蚀性较小，同时氧化还原电对的氧化还原电势容易调控，以期增加电池的开路电压，理论上钴络合物电解质应当表现出较为优异的电学性能。众所周知，Co^{2+}中电子处于高自旋态，而Co^{3+}中电子处于低自旋态，因此前者表现出较高的反应活性。在染料分子的还原再生过程中，Co^{2+}复合物起到关键的作用。在对电极的催化作用下，Co^{3+}获得电子转变为Co^{2+}，实现电池整体循环过程。需要注意的是，Co^{3+}复合物稳定性较高，往往对对电极催化性的要求较高。目前常用的钴络合物电解质主要是以联吡咯、菲啰啉等作为配体，其具体的结构如图 5-2 所示。

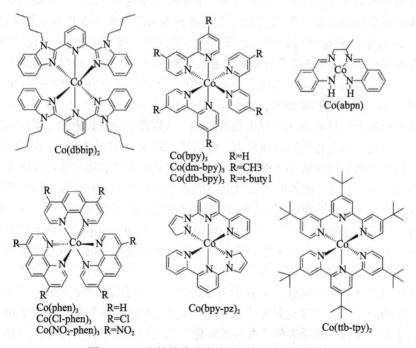

图 5-2　一些钴络合物氧化还原电对的结构图

2001 年，Grätzel 课题组首次报道了 $Co(dbbip)_2^{2+/3+}$ 氧化还原电解质较快的电荷传输动力学，以 Z316 染料作为敏化剂，整体电池在 $100\ mW\cdot cm^{-2}$ 的光照条件下获得了 2.2% 的光电转换效率[3]。之后，该研究团队继续对吡咯类钴络合物电解质进行探索，通过与适当的染料分子进行匹配，电池的整体性能得到提高。当利用钌系染料 Z907 与 $Co(dbbip)_2^{2+/3+}$ 氧化还原电解质构成染料敏化太阳能电池时，电池的效率可以增加至 4.2%[4]。同时，2002 年 Bignozzi 等系统地研究了钴-吡啶类络合物电解质的性能，发现基于 $Co(dtb-bpy)_3^{2+/3+}$ 电解质的染料敏化太阳能电池具有最为优异的光伏性能[5]。

在基于钴系电解质的染料敏化太阳能电池中对于染料分子的能级要求较高，同时由于电解质的扩散速率较低，在染料敏化太阳能电池中将常用的 N719 等染料与钴络合物电解质组合后，电池效率往往很低，主要原因是电解质与染料分子之间的电子复合反应较大。为此，改变染料的结构成为提高电池效率的一条途径。增加染料分子的空间位阻以及在染料分子中增加疏水性基团，如烷基以及烷氧基团，阻碍 Co^{3+} 的靠近，减小电子的复合反应是目前常用的方式。2014 年，S. Mathew 等利用锌-卟啉敏化剂 SM315，以 $[Co(bpy)_3]^{3+/2+}$ 氧化还原体系作为电解质，将电池的效率提升至 13%，达到了当时染料敏化太阳能电池的最高效率[6]。

与多碘电解质不同，钴络合物氧化还原电解质可以通过对配体的改进，优化氧化还原电对的氧化还原电势。众所周知，电池的开路电压取决于光阳极的费米能级与电解质氧化还原电势的差值，因此，配体的改善可以极大地提高电池的开路电压。例如，2012 年 J. Yum 等通过改变钴离子周围的配体，获得 $[Co(bpy-pz)_2]^{3+/2+}$ 氧化还原体系电解质，与 Y123 染料分子相组合，获得大于 1 V 的开路电压，大大超过了基于多碘电解质的传统染料敏化太阳能电池的开路电压（通常为 0.7 ~ 0.8 V），并获得了超过 10% 的光电转换效率，体现了钴络合物电解质的优势[7]。图 5-3 表示了不同配体对钴络合物体系氧化还原电势的影响，从该图中也可以看出，配位基团的改变，对其氧化还原电势的影响非常大，可以从 0.36 V 增加至 0.86 V。同时，配位体不同，钴络合物电解质的稳定性也不同，三配位基配体络合物的稳定性优于二配位基配体络合物。另外，配体的改变对电池内部光生电子的复合反应有较为明显的影响。通过研究发现，不同结构的钴络合物电解质组成的电池中光生电子的寿命遵循如下规律：$[Co(dtb-bpy)_3]^{2+/3+}$ > $[Co(dm-bpy)_3]^{2+/3+}$ > $[Co(bpy)_3]^{2+/3+}$，电子的复合反应速率则与此顺序相反。通常，电子复合反应的进行需要电子的能级与电解质氧化还原电势之间的差值在 1.05 eV 左右。如图 5-4 所示，$[Co(bpy)_3]^{2+/3+}$ 氧化还原电对与导带上的电子复合反应较强，而处于带隙态的电子由于能级差距较小，反应较弱；相反，$[Co(bpy-pz)_2]^{2+/3+}$ 氧化还原电对的电位更正，此时处于带隙态的电子更加容易与其发生复合反应。理论表明，电解质氧化还原电位的正移或者导带的负移有利于减小电子复合反应速率常数[8]。

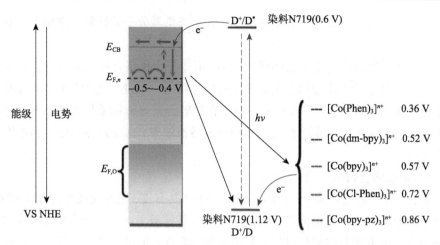

图 5-3　采用不同氧化还原电解质的 TiO_2 纳米晶染料敏化
太阳能电池示意图（彩图请见封底二维码）

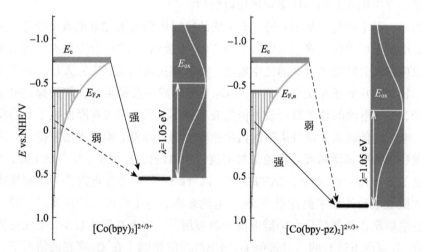

图 5-4　钴络合物氧化还原电对复合动力学示意图（彩图请见封底二维码）

　　钴络合物电解质中电子传输动力学较低，主要是由于络合物电解质中的分子体积较大，质量传输受到限制，降低了离子的扩散速率，电池效率总体较低。Elliott 等通过研究钴络合物在 TiO_2 薄膜中的传输速率发现，钴络合物电解质的传输速率比 I^-/I_3^- 电解质的扩散速率小一个数量级[9]，主要原因是电解质中络合物的分子尺寸较大，黏度较高以及钴络合物与 TiO_2 薄膜之间存在一定的静电作用力，因此，具有大孔隙率的 TiO_2 薄膜更有利于提高电池的性能。同时针对钴金属阳离子在动力学上的电子传输速率慢等问题，在电解质中添加适当的添加剂，可以有效地改善电解质的性能，提高电池的效率，如 Li^+ 以及特丁基吡啶等，适当的添加剂可以优化

Co^{2+}与Co^{3+}之间的转变能级，促进电子向氧化态染料分子的转移，增加光生电子的寿命。

目前关于钴络合物电解质的研究较多，但由于金属络合物电解质存在较大的体积，阻碍了分子的传质过程，尤其在多孔的光阳极中表现出尤为严重的扩散问题，对电池效率影响较大。所以很多基于钴络合物电解质的染料敏化太阳能电池在弱光下比在全光照强度下表现出更为优异的光电转换效率，这也是金属络合物电解质的缺点之一。

2) 铁系络合物电解质

在铁系络合物电解质中，二茂铁(Fc/Fc^+)由于具有较正的氧化还原电势(0.63 eV)，远高于多碘电解质，使电池具有获得高开路电压的潜力。二茂铁之间（$Fc \leftrightarrow Fc^+$）由于只有一个电子参与氧化过程，整个过程具有良好的可逆性。实验表明，两者之间的转变速率高于多碘电解质（$\sim 2 \times 10^5 \ M^{-1} \cdot s^{-1}$）2个数量级，达到了$\sim 10^7 \ M^{-1} \cdot s^{-1}$[10]，是非常具有应用前景的一种氧化还原电解质。

然而，不幸的是，基于Fc/Fc^+电解质的染料敏化太阳能电池效率较低，其主要原因是电解质中氧化态离子非常容易与TiO_2导带以及FTO导电玻璃上的电子发生复合反应，大大降低了电池的光生电流。为了解决该问题，研究人员开展了大量的工作。比如利用原子层沉积技术在TiO_2表面形成一层覆盖层，起到抑制电子复合的目的，虽然电池的性能有所改善但是效率并不理想，因为在降低电子复合反应的同时，电子的传输速率以及染料的再生速率也相对降低，两者无法兼得[11]。因此利用二茂铁作为电解质需要对电池的材料进行严格的优化，2011 年，U. Bach 等利用一种新型的有机染料 Carbz-PAHTDTT，以 Fc/Fc^+氧化还原电对作为电解质将染料敏化太阳能电池的效率提升至 7.5%，电池效率获得了突破性的进展，促进了铁系络合物电解质在染料敏化太阳能电池中的应用[12]。然而在该实验中，电池的测试条件是在 N_2 氛围下进行的，以避免 O_2 对电解质的影响（在 O_2 存在的情况下，电解质中的二茂铁盐容易转变为 Fe^{3+}、Fe_2O_3 以及其他化合物），而且由于 Carbz- PAHTDTT 染料分子的禁带宽度较大（约为 2.11 eV），限制了电池对红外光的吸收。随后，该研究团队对二茂铁衍生物（氧化还原电势的范围为 0.09 V vs. NHE~0.85 V vs. SCE，见表5-1）进行了详细的研究，探索了电解质的氧化还原电势对染料分子再生速率的影响。研究表明，当氧化还原电对的氧化还原电势与氧化态染料分子之间的反应驱动力在 $18 \sim 35 \ kJ \cdot mol^{-1}$，即当能级差为 $0.19 \sim 0.36$ V 时，有利于染料分子的再生，电池效率在 4.3%~5.2%。当驱动力过小时，电解质中的还原态与氧化态的染料分子之间的反应速率较慢，导致氧化态的染料分子聚集，促进光生电子与染料分子之间的复合反应，电池效率大大降低[13]。图 5-5 为 Fc、$Fe(dm-bpy)_3$ 和 $Fe(dMeO-bpy)_3$ 的结构式。

表 5-1　常见铁络合物氧化还原电对及其氧化还原电势

氧化还原电对	氧化还原电势/V
Fc/Fc^+	0.63 vs. NHE[a]，0.62 *vs.* NHE[b]，
$BrFc/BrFc^+$	0.80 vs. NHE[a]，
$EtFc/EtFc^+$	0.57 vs. NHE[a]，0.56 vs. NHE[b]，
Et_2Fc/Et_2Fc^+	0.51 vs. NHE[a]，0.50 vs. NHE[b]，
$Me_{10}Fc/Me_{10}Fc^+$	0.09 vs. NHE[b]
$Fe(dm\text{-}bpy)_3^{2+/3+}$	0.85 vs. SCE
$Fe(dMeO\text{-}bpy)_3^{2+/3+}$	0.75 vs. SCE
$K_4Ni^{II}[Fe^{II}(CN)_6]/K_3Ni^{II}K_3Ni^{II}[Fe^{III}(CN)_6]$	0.85 vs. SCE
$Fe(CN)_6^{4-/3-}$	0.04 vs. I^-/I_3^-

a. 在乙腈中测试；b. 在苯甲腈中测试

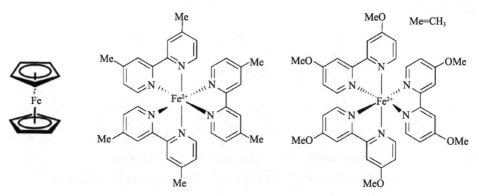

图 5-5　Fc、$Fe(dm\text{-}bpy)_3$ 和 $Fe(dMeO\text{-}bpy)_3$ 的结构式

除了二茂铁之外，科研工作者还对一些其他铁系络合物电解质进行研究，如多吡啶络合物，2010 年，S. Caramori 等将$[Fe(dm\text{-}bpy)_3]^{2+/3+}$、$[Fe(dMeO\text{-}bpy)_3]^{2+/3+}$氧化还原电对与钴络合物电解质复合后，促进了电荷的分离与收集[14]。其次，铁氰化物 $Fe(CN)_6^{4-/3-}$氧化还原电对也被人们作为电解质应用在染料敏化太阳能电池中，并获得了超过 4%的光电转换效率。

对于铁系电解质的研究目前相对较少，同时由于二茂铁等物质在大气环境下容易受到氧化，降低了电解质的性能，导致基于铁系电解质的电池效率较低。在以后的研究中需要对该电解质进行结构上的优化，进一步提高其稳定性，才能使其发挥出其原本的优势与潜力。

3）铜系络合物电解质

2005 年，Fukuzumi 等将铜络合物 $([Cu(SP)(mmt)]^{0-}$、$[Cu(dmp)_2]^{2+/+}$ 以及

[Cu(phen)$_2$]$^{2+/+}$)作为电解质引入染料敏化太阳能电池中，三种络合物的结构式如图 5-6 所示。由于不同价态的铜配位体的形貌不同，例如，Cu$^+$通常形成四配位的四面体形貌，而 Cu^{2+}通常形成五配位的四方锥、三角双锥或者是六配位的八面体结构，在价态转变过程中往往会存在较大的重组能，不利于电解质之间的转变。研究发现，上述三者的自转变速率常数遵循如下规律：[Cu(phen)$_2$]$^{2+/+}$ < [Cu(SP)(mmt)]$^{0/-}$ < [Cu(dmp)$_2$]$^{2+/+}$，这和 Cu$^+$与 Cu^{2+}络合物结构之间转变后的形貌差距相一致，形貌差距较小时，其转变速率常数较大。然而，在 100 mW·cm^{-2} 的光强下三种电解质组成电池的光电转换效率较低，分别获得了 0.1%，1.3% 以及 1.4% 的光电转换效率[15]。2011 年，P. Wang 研究团队通过新颖的染料分子 C218，与[Cu(dmp)$_2$]$^{2+/+}$氧化还原电对组合，将电池效率提升至了 7%，并表现出优于同条件下的多碘电解质[16]，高效的光电转换效率主要是由于染料分子中含有大量的烷基以及烷氧基连，有利于抑制电子的复合过程。表 5-2 为[Cu(SP)(mmt)]$^{0/-}$、[Cu(dmp)$_2$]$^{2+/+}$以及[Cu(phen)$_2$]$^{2+/+}$的氧化还原电势。

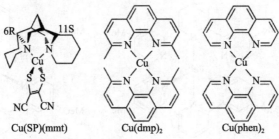

Cu(SP)(mmt)   Cu(dmp)$_2$ Cu(phen)$_2$

图 5-6　[Cu(SP)(mmt)]$^{0/-}$、[Cu(dmp)$_2$]$^{2+/+}$以及[Cu(phen)$_2$]$^{2+/+}$的结构式

表 5-2　**[Cu(SP)(mmt)]$^{0/-}$、[Cu(dmp)$_2$]$^{2+/+}$以及[Cu(phen)$_2$]$^{2+/+}$的氧化还原电势**

氧化还原电对	氧化还原电势/V
[Cu(SP)(mmt)]$^{0/-}$	0.29 vs. SCE
[Cu(dmp)$_2$]$^{2+/+}$	0.66 vs. SCE，−5.16 vs. vacuum
[Cu(phen)$_2$]$^{2+/+}$	−0.10 vs. SCE

相对其他氧化还原电对，不同价态的铜络合物造成的形貌改变严重阻碍了电子的传输过程，并且不同的配位结构对电解质的稳定性影响较大。为了解决这一问题，科研人员也进行了大量的工作，近期，W. L. Hoffeditz 等在铜络合物电解质中加入适当的特丁基吡啶，可以改变 Cu$^+$与 Cu^{2+}配位体的形式，减小两者之间的重组能，增加电子之间的转移速率，有利于提高电池的性能。另外，通过设计新型的铜络合物电解质也是提高电池性能的有效方法[17]。M. Magni 等在传统的[Cu(dmp)$_2$]$^{2+/+}$氧化还原电对的基础上，设计合成了[Cu(mdmp)$_2$]$^{2+/+}$氧化还原电对（结构式如图 5-7 所

示），消除了[Cu(dmp)₂]$^{2+}$络合物中常见的 Cl$^-$的存在，并且通过实验证明，新型的氧化还原电对之间的转化速率较快，降低了其重组能，使 G3 染料分子敏化的太阳能电池获得了 4.4%的光电转换效率[18]。

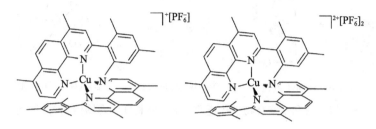

图 5-7 [Cu(mdmp)₂]$^{2+/+}$氧化还原电对的结构式

基于铜络合物电解质的染料敏化太阳能电池效率并没有达到理想值，其主要原因是电对之间的转变速率较慢，对电极催化电解质还原较难，并且铜离子对可见光存在一定的吸收，限制了铜络合物电解质在染料敏化太阳能电池中的广泛应用。

4）其他金属络合物电解质

除了上述介绍的金属络合物电解质，在基于金属离子的氧化还原电对中，金属镍(Ⅲ/Ⅳ)络合物[Ni(Ⅲ/Ⅳ)bis(dicarbollide)]$^{0/1-}$、氧化钒(Ⅳ/Ⅴ)络合物[VO(hybeb)]$^{2-/1-}$以及锰(Ⅲ/Ⅳ)络合物[Mn(acac)₃]$^{0/1+}$也常被用来作为氧化还原电对，其氧化还原电势分别为 0.49 V、–0.047 V、0.49 V vs.NHE，表现出较为优异的性能，其相应的结构式如图 5-8 所示。镍络合物电解质在氧化还原过程中也是简单的单电子反应过程，具有很好的电子转移速率。2010 年，T. C. Li 等发现，Ni (Ⅳ)转变为 Ni (Ⅲ)的过程中，其电子获取速率是二茂铁络合物的 1/1000，有利于减小 TiO₂ 导带上的电子与 Ni (Ⅳ)发生复合反应，虽然在转变过程中，镍络合物的构象从顺式转变为反式，该构象的改变阻碍了氧化还原电对的转变，但是势垒较小，并不阻碍染料分子的还原再生，电池的光电转换效率达到 1.5%[19]。总体来说，目前基于镍络合物电解质的染料敏化太阳能电池的电荷收集仍然存在不足，无法与多碘电解质相比，电池效率较低。正如第 3 章所提到的，通过优化电池的关键组成部分可以提高电池的整体效率，之后该小组通过优化 TiO₂ 光阳极的形貌结构，利用 SiO₂ 气凝胶作为模板制备了介孔的 TiO₂ 光阳极，抑制注入电子与电解质中的 Ni(Ⅳ)发生复合反应，将基于 Ni(Ⅲ/Ⅳ)电解质的电池效率提升到了 2.1%[20]。相反，[VO(hybeb)]$^{2-/-}$氧化还原电对表现出了较高的转变速率，高达 10⁹ M^{-1}·s^{-1}，正如预料的，电池内部存在大量的光电流损失，导致电池效率较低[21]。通过计算发现，当[VO(hybeb)]$^{2-}$失去一个电子之后，其 HOMO 能级会发生正移，与染料分子之间的能极差将会减小，不利于染料分子的再生，尤其在 N719 染料中尤为严重，因此选择适当的染料分子与

[VO(hybeb)]$^{2-/-}$氧化还原电对组合，将有利于增加电池的效率。

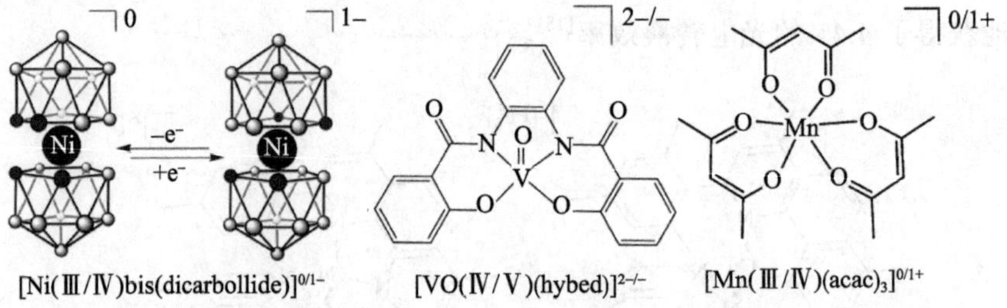

$$[Ni(\text{III}/\text{IV})bis(dicarbollide)]^{0/1-} \qquad [VO(\text{IV}/\text{V})(hybed)]^{2-/-} \qquad [Mn(\text{III}/\text{IV})(acac)_3]^{0/1+}$$

图 5-8　镍、钒和锰络合物氧化还原电对的结构式（彩图请见封底二维码）

　　关于锰络合物电解质的研究较少，2014 年，I. R. Perera 等首次将锰络合物电解质引入染料敏化太阳能电池中，由于电解质与光阳极之间的电子复合反应较大，电池效率相对较低，达到 4.4%[22]。

　　目前关于金属络合物电解质的研究较多，其中主要以钴络合物性能较好，但无论是哪种电解质，都存在着电子复合的问题，常用的解决方法是通过对染料分子结构的优化，例如，在染料分子中增添疏水的烷基链以及烷氧基链，减小电解质与光阳极之间的电子复合。不幸的是，通过结构的优化也降低了电解质与染料分子之间的反应速率，不利于氧化态染料分子的再生。因此，在未来的研究过程中，通过设计新型高效的染料分子将有望增加电池的整体效率。

　　2. 有机氧化还原电解质

　　有机氧化还原电对是目前染料敏化太阳能电池中常用的液体电解质中的一大类，其主要是由包含硫元素的有机化合物组成，在溶液中以复合态与离子态两种形式存在，常见的有机氧化还原电对有基于二硫化物/硫醇盐[T$^-$/T$_2$]的氧化还原电对、基于四甲基硫脲（TMTU）的氧化还原电对以及基于哌啶酮[2, 2, 6, 6-四甲基-1-哌啶酮（TEMPO）]的氧化还原电对等，其相应的结构式如图 5-9 所示。

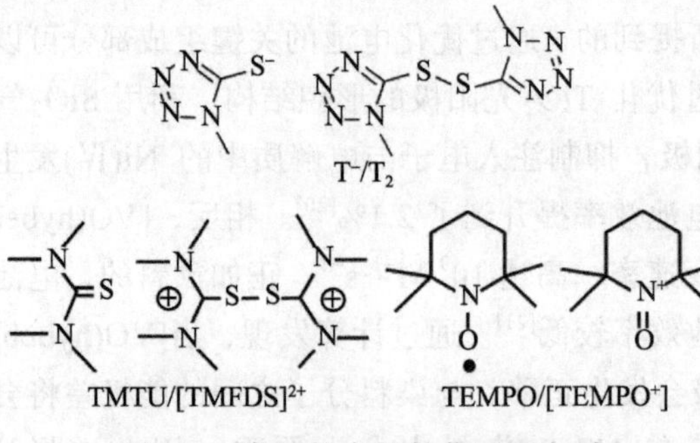

$$T^-/T_2$$

$$TMTU/[TMFDS]^{2+} \qquad\qquad TEMPO/[TEMPO^+]$$

图 5-9　常见的有机氧化还原电对

基于二硫化物/硫醇盐的有机氧化还原电对是目前染料敏化太阳能电池中最为常用的有机氧化还原电解质，2010 年，H. Tian 等合成了一系列的二硫化物/硫醇盐氧化还原电解质，包括 McMT-/BMT、McMO-/BMO、McPO-/BPO、McBT-/BBT、McBO-/BBO 五种电解质，其相应的分子式如图 5-10 所示，氧化还原电势分别为 0.15 V vs. NHE，0.25 V vs. NHE，0.37 V vs. NHE，0.01 V vs. NHE，0.29 V vs. NHE。其中，McMT-/BMT 氧化还原电解质的性能最为优异，电池效率可达到 4.6%。除电解质自身性质的问题，如溶解性较差、电子复合严重以及分子体积大造成的质量传输较慢之外，铂对电极对有机电解质的催化能力较低，造成电池填充因子低也是影响电池效率的因素之一[23]。通过研究发现，有机导电聚合物以及碳材料对电极对有机氧化还原电对的催化能力明显高于传统的铂对电极。

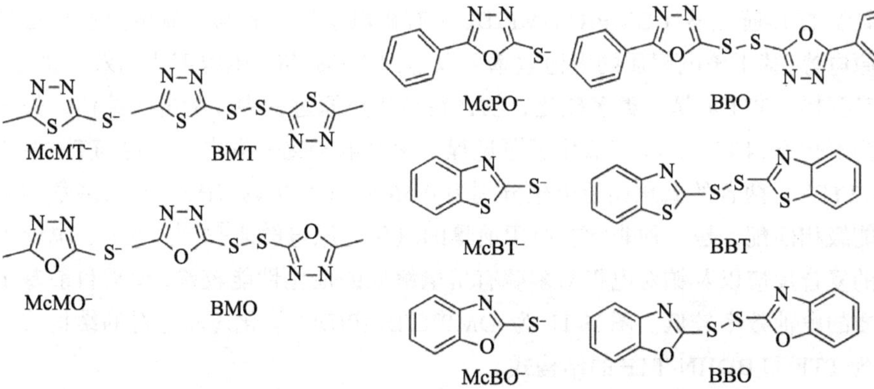

图 5-10　二硫化物/硫醇盐氧化还原电对的结构式

2010 年，Grätzel 研究团队利用 T^-/T_2（氧化还原电势为 0.485 V vs. NHE）氧化还原电对作为电解质，以 Z907 染料分子作为敏化剂，由于 T^-/T_2 之间的转化反应为两电子反应过程，可以增加电池中的电子寿命，电池效率达到 6.4%[24]。为了改善基于有机氧化还原电解质的染料敏化太阳能电池的光电转换效率，CoS 以及 PEDOT 等材料常被用来作为有机电解质的催化剂。2012 年，该研究团队系统地研究了不同对电极对 T^-/T_2 氧化还原电对的催化性能，发现基于 PEDOT 对电极的染料敏化太阳能电池具有优于铂电极的光电转换效率，达到了 7.9%[25]，是当时有机氧化还原电解质的最高效率。研究表明，碳化物也对 T^-/T_2 氧化还原电对表现出较为优异的催化性能，2014 年，M. Wu 研究团队成功将 Mo_2C 纳米管对电极引入到染料敏化太阳能电池中，与传统的铂电极相比，电池的效率从 3.91%提升至 6.22%[26]。

TMTU/[TMFDS]$^{2+}$氧化还原电对的氧化还原电位为 0.577 V vs. NHE，比多碘电解质的氧化还原电位更正，有利于提高电池的开路电压。以 D205 染料分子作为敏化剂的太阳能电池中，内部电子的复合速率比多碘电解质约低 1000 倍。即便如此，目前基于 TMTU/[TMFDS]$^{2+}$电对的电池效率仍然较低，主要是染料分子的再生速率低造成的。2010 年，Q. Meng 等制备了无色的 TMTU/[TMFDS]$^{2+}$电解质，由于其成本低、无腐蚀、对光不吸收等优点使该电解质具有非常大的应用潜力，以 N3 染料作为敏化剂获得了 3.1%的光电转换效率[27]。通过优化选择适当的染料分子，调节电解质氧化还原电势与染料分子 HOMO 能级之间的差距，增加氧化态染料分子再生的驱动力，可以进一步提高电池的效率。随后，Y. Liu 等用吲哚林类染料 D131 代替常用的钌系染料 Z907，将电池效率提高到 3.88%[28]。

　　除了上述研究较多的有机电解质之外，还有很多含硫的有机电解质被应用在染料敏化太阳能电池中。它们基本上都是遵循 S-S 键的形成与断裂产生相应的氧化态与还原态，将光阳极与对电极联系在一起，完成电子的循环传输过程。例如，基于 L-半胱氨酸/L-胱氨酸（DMPIC/DMPIDC）有机电解质具有与多碘电解质相近的氧化还原电势，基于该电解质的电池效率可以达到 7.7%，与 I$^-$/I$_3^-$电解质的效率接近[29]。四硫富瓦烯（TTF）是一类多硫化合物，在氧化还原过程中作为电子给体，失去电子成为氧化态 TTF^{2+}，在其氧化还原过程中两个电子逐一失去，获得 TTF/TTF$^+$、TTF+/TTF^{2+}，两者的氧化还原电位分别为 0.56 V、0.9 V vs.NHE，与大多数的染料分子能级相匹配，是一种非常有应用前景的氧化还原电解质[30-32]。然而，电池内部大量的复合反应以及铂对电极对多硫有机电解质的催化性能较差，使得目前基于该电解质的电池效率较低。图 5-11 为 DMPIC/DMPIDC 氧化还原电对的结构式，图 5-12 为 TTF 和 BDHN-TTF 的结构式。

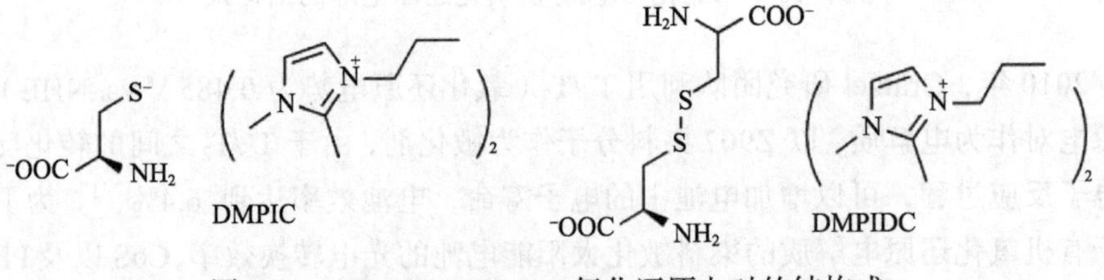

图 5-11　DMPIC/DMPIDC 氧化还原电对的结构式

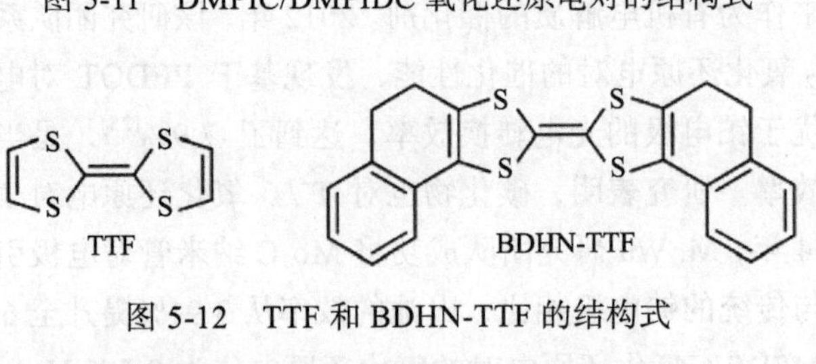

图 5-12　TTF 和 BDHN-TTF 的结构式

有机电解质可以分为两大类，一类是含硫的有机氧化还原电解质，另一类则是非硫有机氧化还原电解质。2, 2, 6, 6-四甲基-1-哌啶酮（TEMPO）是一类非常稳定的无毒非硫有机化合物，常被用作抗氧化剂以及光稳定剂等。2008 年，Grätzel 研究团队首次将该类物质作为电解质应用在染料敏化太阳能电池中，TEMPO[+]与TEMPO 之间的转变过程为单电子反应过程，电子传输速率相对较快，其氧化还原电势为 0.8 V vs. NHE，比多碘电解质的氧化还原电位高 0.4 V，利用 D149 染料分子作为敏化剂，电池的开路电压达到 0.83 V，光电转换效率达到 5.4%，在当时，该效率已达到基于有机氧化电解质电池的最大效率[33]。然而，与多碘电解质相比，基于该电解质的电池中电子寿命明显减小，主要是由于电解质更加容易从 TiO$_2$ 导带上获取电子，发生复合反应，减小了光生电子的数量，从而降低了电池的短路电流。之后，研究人员通过优化 TEMPO 的结构，制备了 OH-TEMPO、NHCOCH$_3$-TEMPO 以及 CN-TEMPO 氧化还原电对，然而效果并不理想，电池效率较低[34]。

除 TEMPO 之外，对苯二酚/苯醌（hydroquinone/benzoquinone）是另一种较为特殊的氧化还原电对。其中，对苯二酚是一种非常强的还原剂，能够失去两个电子以及两个质子形成新的苯醌结构。对苯二酚/苯醌的氧化还原电势约为 0.06 V vs. SCE，与染料分子的 HOMO 能级匹配性好，但是目前基于该电解质的染料敏化太阳能电池效率较低，其主要原因与其他的电解质一样，存在严重的电子复合，同时在氧化还原过程中会产生质子，而质子的存在可能会造成 TiO$_2$ 导带的正移，降低电池的开路电压。图 5-13 对苯二酚/苯醌氧化还原电对。

图 5-13　对苯二酚/苯醌氧化还原电对

目前基于有机电解质的研究体系较多，也较为复杂。但总体来说，有机氧化还原电解质较为稳定，电子传输速率慢，对电极材料对其催化性能较差，致使电池的整体效率低于 I$^-$/I$_3^-$。通过合理设计染料分子的结构，寻求适当的高催化性对电极，可以提高染料分子的再生速率，抑制 TiO$_2$ 导带上的电子与电解质中的氧化态物质之间的电子反应，进而提高电池的效率。

3. Br$^-$/Br$_3^-$ 及类卤族氧化还原电解质

与 I$^-$/I$_3^-$ 电解质类似，另一种卤族氧化还原电对 Br$^-$/Br$_3^-$ 也常被用来作为电池的电解质，两者的性质以及反应机理非常相似，其氧化还原电对的氧化还原电势约为

1.1 V vs. NHE，可以使电池具有更高的开路电压。通过研究表明基于 Br^-/Br_3^- 电解质的染料敏化太阳能电池的开路电压可以达到 1 V 以上，明显高于 I^-/I_3^- 电解质的 0.7 ~ 0.8 V。同时，该电解质吸收更少的可见光，可以增加电池的光生电流。然而，基于 Br^-/Br_3^- 电解质的电池对于染料分子的要求更高，很多适用于 I^-/I_3^- 电解质的染料分子无法满足 Br^-/Br_3^- 电解质的能级，因此设计新型的染料分子是利用 Br^-/Br_3^- 电解质的基础。

目前在 Br^-/Br_3^- 电解质体系中常用的染料分子包括 Eosin Y、SFD-5、TC301、TC302、TC306 等，其结构式如图 5-14 所示。自从 2005 年 Z. Wang 等报道了基于 Br^-/Br_3^- 电解质的染料敏化太阳能电池，获得了 0.813 V 的开路电压以来，研究人员就一直希望可以设计出一种能级较为匹配的染料分子，以达到更高的电池效率[35]。之后 L. Sun 等设计合成了 TC301 和 TC306 两种染料分子，将电池开路电压分别提升至 1.156 V、0.939 V，获得了 3.68% 以及 5.22% 的光电转换效率[36]。同时，M. Hanaya 等通过调整染料分子的 HOMO 能级，利用 SFD-5 染料将电池的开路电压提升至 1.21 V，是目前染料敏化太阳能电池中开路电压最高的电池体系。然而，基于 Br^-/Br_3^- 电解质的电池短路电流较小，电池效率仍无法与 I^-/I_3^- 电解质相比。虽然后续又对 Br^-/Br_3^- 电解质以及染料分子（如 TC302）进行了优化，也都没有取得较为优异的电池效率[37]。再加上 Br^-/Br_3^- 电解质具有一定的毒性，不利于该电解质的进一步发展，但是也为获得高开路电压的染料敏化太阳能电池的发展提供了一条非常有效的途径。

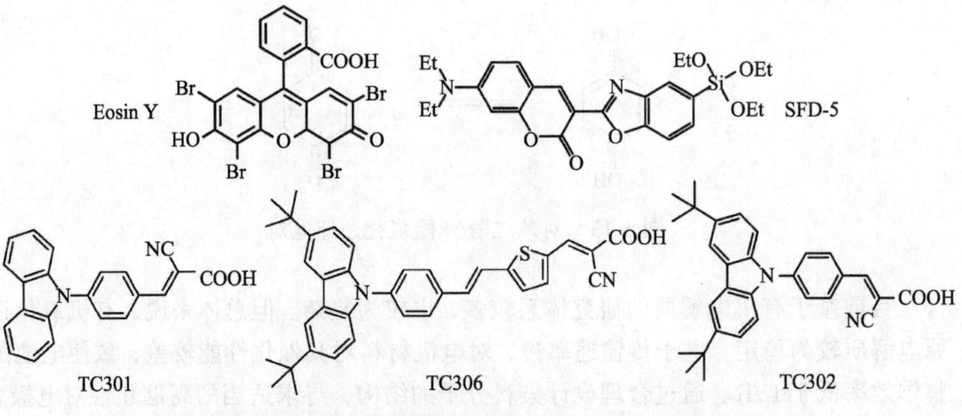

图 5-14 Br^-/Br_3^- 电解质体系中常用的染料分子结构式

在类卤族氧化还原电对中，$SeCN^-/(SeCN)_3^-$ 以及 $SCN^-/(SCN)_3^-$ 是非常具有代表性的两种，其氧化还原电势分别比 I^-/I_3^- 高 0.19 V 和 0.43 V。2005 年，Grätzel 研究团队将 $SeCN^-/(SeCN)_3^-$ 电对引入染料敏化太阳能电池，取得了 7.5% 的光电转换效率[38]。与 I^-/I_3^- 电对相比，三者与氧化态染料分子之间的反应速率存在一定的差距，仍以 I^-/I_3^-

电对的反应速率最快，$SeCN^-/(SeCN)_3^-$电对次之，$SCN^-/(SCN)_3^-$最小，这也是目前基于类卤族氧化还原电对的电池仍无法与I^-/I_3^-电对相比的原因之一。

除此之外还有卤间化合物也常作为氧化还原电对，如IBr_2^-以及I_2Br^-，但是该电解质在溶液中的存在形式复杂，目前仍无法准确地理解，需要进一步研究。$((CH_3)_4N)_2S/((CH_3)_4N)_2Sn$氧化还原电对被人们用来作为电解质，以 TH305 作为敏化剂的电池可以获得 5.2%的效率[39]，而S^{2-}/Sn^{2-}电对常以金属硫化物作为电解质的配方，大量的金属离子不适用于在染料敏化太阳能电池中，但是常被用在量子点敏化太阳能电池中（具体见第 7 章）。

与金属络合物电解质不同，卤族以及类卤族氧化还原电对基本上都是两电子或者多电子反应体系，有利于抑制电池内部的电子复合反应。然而，在其具有该优点的同时，也限制了氧化还原电对的电势，因此改善与优化染料分子则成为提高该类电解质电池效率的关键因素。

5.3　液体电解质存在的问题

液体电解质具有非常高的离子扩散速率，有利于增加氧化还原电解质的反应速率。一个性能优异的太阳能电池除具备较高的光电转换效率、制备工艺简单、无污染、成本低等优点之外，还应当具备极好的电池稳定性能。然而，液体电解质在染料敏化太阳能电池的应用过程中存在致命的缺点，即溶剂的易挥发、易泄露问题，限制了染料敏化太阳能电池的产业化进程，以乙腈、甲氧基丙腈等有机溶剂组成的液体电解质尤为严重。

与传统的硅太阳能电池相比，基于液体电解质的染料敏化太阳能电池的效率衰减极为严重。在电池的运行过程中，电池的温度会急剧增加，通常会达到 60℃以上，在如此高的温度下，有机溶剂往往会迅速挥发，隔断了光阳极与对电极之间的电荷传输，使电池处于断路状态。为了解决电池稳定性较差的问题，研究人员进行了大量的工作，希望可以找到适当的电解质体系替换传统的液体电解质，主要包括离子液体电解质、准固态电解质以及固态电解质。

研究表明，基于难挥发电解质体系的电池稳定性虽然可以得到明显的改善，但是电池的效率却由于离子扩散速率的降低受到严重影响。综合考虑电池的稳定性以及光电转换效率，人们针对电池结构以及电解质体系进行了详细的研究，相应的工作将在下面几节中介绍。

5.4　离子液体电解质

离子液体是指全部由离子组成的液体，例如，高温下的 KCl，KOH 等呈液体状态，此时它们就是离子液体。在室温或室温附近温度下呈液态的由离子构成的物质，称为室温离子液体、室温熔融盐、有机离子液体等，目前尚无统一的名称，但倾向于简称离子液体。在离子化合物中，阴阳离子之间的作用力为库仑力，其大小与阴阳离子的电荷数量及半径有关，离子半径越大，它们之间的作用力越小，这种离子化合物的熔点就越低。某些离子化合物的阴阳离子体积很大，结构松散，导致它们之间的作用力较低，以至于熔点接近室温。目前离子液体在很多领域都得到广泛的应用，比如作为耐高温电解质、高温热媒介材料以及润滑材料等。

由于离子液体具有导电性、难挥发、不燃烧、电化学稳定电位窗口比其他电解质水溶液大很多等特点，因此，将离子液体应用于电化学研究时可以减少放电，作为电池电解质时，使用温度远低于融熔盐，离子液体作为电解液用于制造新型高性能电池、太阳能电池以及电容器等。在与传统有机溶剂和电解质相比时，离子液体具有一系列突出的优点：①液态范围宽，从低于或接近室温到 300 ℃以上，有高的热稳定性和化学稳定性；②蒸汽压非常小，不挥发，在使用、储藏中不会蒸发散失，可以循环使用；③电导率高，电化学窗口大，可作为许多物质电化学研究的电解液；④通过阴阳离子的设计可调节其对无机物、水、有机物及聚合物的溶解性；⑤具有较大的极性可调控性，黏度低，密度大；⑥对大量无机和有机物质都表现出良好的溶解能力。由于离子液体的这些特殊性质和表现，研究人员逐渐将离子液体引入到染料敏化太阳能电池中，以期提高电池的长期稳定性。

离子液体作为氧化还原电对（如 I^-/I_3^-）的溶剂，虽然可以避免电解质的挥发问题，但是与常规的乙腈等溶剂的性质差距很大。在离子液体中的阴阳离子以静电力相互结合，阴阳离子的性能严重影响了电解质的性能，如基于脂肪类阳离子与芳香类阳离子电池的光电转换效率有较大区别。同时，与小分子的有机溶剂相比，离子液体中的阳离子会明显降低染料分子的再生速率[40]。对于离子液体阴离子来讲，可以将其分为两大类，卤族/类卤族阴离子和复合物阴离子（如硼酸盐、三氟甲烷磺酸盐等）。其中，卤族与类卤族阴离子是一种路易斯碱，会与金属有机染料分子发生配体互换反应，因此，离子液体并不是单一类型的液体，选择适当的阴离子与阳离子对电池的性能至关重要。离子液体中常见的阴离子与阳离子如图 5-15 所示。

目前基于咪唑碘盐的离子液体是染料敏化太阳能电池中常用的离子液体电解质。Y. Bai 等在 2008 年系统地研究了咪唑碘盐离子液体电解质（1-己基-3-甲基咪唑啉碘化物（HMII）、1-丁基-3-甲基咪唑啉碘化物（BMII）、1-丙基-3-甲基咪唑啉碘化物（PMII）、1-乙基-3-甲基咪唑啉碘化物（EMII）、1, 3-双甲基咪唑啉碘化物（DMII）、1-烯丙基-3-甲基咪唑啉碘化物（AMII）、1-乙基-3-甲基咪唑啉四氰合硼酸化物（EMITCB））的电导率、黏度、密度以及 I_3^- 的扩散系数随温度的变化关系，如图 5-16 所示。从中也可以发现，离子液体的电导率与其黏度呈现一定的相关性，黏度越小，纯离子液体的电导率也就越高[41]。然而，离子液体具有很高的黏度，使

阳离子:

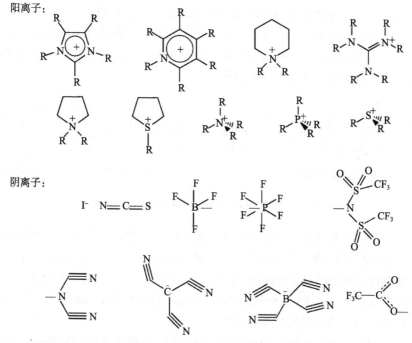

阴离子:

图 5-15 离子液体中常见的阴离子与阳离子

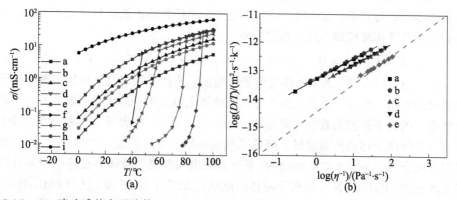

图 5-16 (a) 咪唑碘盐离子液体电解质电导率与温度的关系图：a. HMII、b. BMII、c. PMII、
d. EMII、e. DMII、f. DMII/EMII (1:1)、g. AMII、h. DMII/EMII/AMII (1:1:1)、i. EMITCB；
(b) 不同熔融组分黏度与扩散系数关系图：a. PMII/I$_2$ (24:1)、b. DMII/EMII/AMII/I$_2$ (8:8:8:1)、
c. PMII/EMITCB/I$_2$ (24:16:1.67)、d. DMII/ EMII/ EMITCB/I$_2$ (12:12:16:16.7)、e. DMII/
EMII/[EMIM]TF2N/I$_2$ (6:6:800:0.83)

得离子液体中 I$_3^-$ 的扩散系数比有机溶剂电解质中的低 1~2 个数量级。因此，氧化态
染料分子的再生受到抑制，容易造成电池整体性能的降低。为了提高电池的整体性能，
降低离子液体的黏度，提高电解质中离子的扩散系数成为离子液体电解质的研究重点。

H. Matsumoto 等研究了离子液体黏度对电池性能的影响，无论是电流密度还是电池的整体效率都随着离子液体黏度的减小逐渐增加，基于 EMIm-F•2.3HF（其结构式如图 5-17 所示）离子液体电解质的电池效率为 2.1%，明显优于 EMIm-TFSI（图 5-17 结构式）的电池效率（0.36%）[42]。

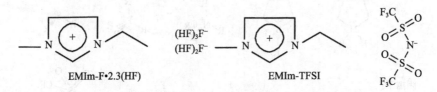

图 5-17   EMIm-F•2.3HF 和 EMIm-TFSI 的结构式

在离子液体中加入适当的有机溶剂（如乙腈的）或者黏度较小的离子液体可以很好地改善电池的性能。在咪唑碘化物的离子液体中，PMII 具有非常好的优势，通过与低黏度的离子液体 EMISCN 混合后，电解质的黏度得到明显的降低，电解质中 I_3^- 的扩散系数大于纯 PMII 电解质中的 1.6 倍，为 2.95×10^{-7} $cm^2 \cdot s^{-1}$，可以将 Z-907 作为敏化剂的电池效率提升到 7.0%[43]。

为了更好地了解 I_3^- 在离子液体中的传输过程，科研人员详细地探究了不同黏度的含碘离子液体中 I_3^- 的传输机理，发现 I_3^- 的传输与离子液体的黏度息息相关，尤其在高浓度的电解质中，其传输过程更加复杂，包括物理扩散过程以及 Grotthus 类型的非扩散跳跃传输机理，其过程如下所示：

$$I_3^- + I^- \longrightarrow I^- - I_2 \cdots I^- \longrightarrow I^- \cdots I_2 - I^- \longrightarrow I^- + I_3^-$$

由此也可以发现，离子液体电解质的黏度对 I_3^- 的扩散以及还原反应速率起到至关重要的作用。然而，低黏度并不是离子液体电解质唯一的考量因素，另一个影响电解质中的离子扩散系数的因素是离子之间的作用力，如范德瓦耳斯力等，较大的作用力导致离子移动速率缓慢，降低了氧化还原电对的扩散。2004 年，M. Grätzel 研究团队合成了基于 $SeCN^-/(SeCN)_3^-$ 氧化还原电对的离子液体 1-乙基-3-甲基咪唑硒基氰酸化物（EMISeCN），该离子液体的黏度在 21℃ 下为 25 cP，仅为 PMII 的 1/35，同时较小的内聚能，使 EMISeCN 的电导率是同温下 PMII 的 28 倍，$SeCN^-$ 与 $(SeCN)_3^-$ 的扩散系数分别是 PMII 中 I^- 和 I_3^- 的扩散系数 9 倍、7 倍。以该离子液体作为电解质，在 $100mW \cdot cm^{-2}$ 的照射条件下，电池的效率达到 7.5%，首次证明了非碘离子液体电解质可以达到与多碘离子液体的性能，并有可能超过多碘离子液体[44]。

以离子液体作为溶剂或者是直接作为电解质应用在染料敏化太阳能电池中，其主要目的是提高电池的长期稳定性，解决液体电解质中有机溶剂易挥发的问题。实验证明，离子液体的存在确实可以极好地改善电池的稳定性，基于 PMII 和 EMIB(CN)$_4$ 离子液体电解质的染料敏化太阳能电池在 1000 h 的测试下，电池效率仍能保持初始值的 90%[45]，如图 5-18 所示。

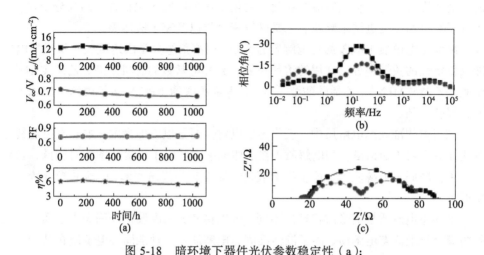

图 5-18　暗环境下器件光伏参数稳定性（a）；
暗环境下器件初始和 1000h 后波特图（b）和能奎斯特图（c）

　　将离子液体引入到染料敏化太阳能电池对提高电池的稳定性起到了极大的推动作用，研究高效低黏度的离子液体将会是未来离子液体电解质的研究重点。

5.5　准固体电解质

　　在寻求高稳定性、高效的染料敏化太阳能电池的过程中，研究人员开发了大量不同的方式，其中，利用准固态电解质是一种非常有效的方式。准固态，是介于液态与固态之间的一种状态，在准固态电解质中，包含了液体电解质的基本性质，如液体电解质高导电性、良好渗透性及与两电极间良好的界面接触性能等，同时也具有固态电解质所具备的一些性能，如电解质不易泄露与挥发，是目前较为理想的一类电解质。与液态染料敏化太阳能电池相比，基于准固态电解质的电池稳定性明显提高。然而，准固态的引入在一定程度上减小了离子的扩散系数，也为其应用提出了新的挑战。令人庆幸的是，准固态电解质由于具有液相的优势，其成分的优化非常简单，在电解质中加入适当的添加剂可以很好地改善准固态电解质的性能，这也是准固态电解质的另一优势。

　　在液体电解质中，其基本的成分是碘盐、碘单质以及各种添加剂，按照一定的配比溶于有机溶剂（如乙腈等）中，获得电导率较高的氧化还原体系。凝胶剂准固态电解质就是在液体电解质的基础上，通过加入适当的凝胶剂，提高电解质的黏度，直至失去流动性。这类电解质的形成机理主要是由凝胶剂与液相中的溶剂组分相互作用，或形成较强的键合作用，强烈的作用力（链间物理或化学作用）造成电解质的流动性降低，逐渐将电解液凝胶化。目前常用的凝胶剂包括直链的高分子材料、小分子有机物、无机纳米颗粒、三维网络聚合物以及离子液体等。

准固态电解质中凝胶剂是电解质的骨架，而溶剂组分是决定凝胶电解质导电性能及稳定性的关键组分，常用的溶剂一般为高介电常数的有机溶剂如乙腈（AN）、甲氧基乙腈（MPN）、乙烯碳酸酯（EC）、丙烯碳酸酯（PC）、γ-丁内酯（GBL）等或其混合溶剂。

在目前的准固态电解质中，氧化还原电对主要是以 I^-/I_3^- 为主，主要原因是其他氧化还原电对（如钴络合物电解质）在液体电解中的电子传输速率相对较低，当将其应用在准固态电解质中会严重影响氧化还原电对的传输速率，电池的光电转化效率低下。

准固态电解质根据形成机理的不同，可以将其分为凝胶剂准固态电解质、三维网络聚合物准固态电解质、离子液体准固态电解质。三种准固态电解质在结构、合成方式以及电导率方面存在较大的差异，相应的电池效率也存在很大的不同。在准固态电解质中，电导率的大小对电池的性能影响较大。如何更好地衡量准固态电解质的离子扩散能力对系统地了解电池的性能至关重要。目前常用的评价机制主要是准固态电解质的电导率随着温度的变化规律。当凝胶电解质中离子的迁移主要靠胶凝剂链段松弛来实现时，电导率随温度的变化曲线符合 Vogel-Tamman-Fulcher (VTF) 关系式（1）；当离子的迁移主要靠自由离子在凝胶电解质溶剂组分所形成的溶剂通道中跳跃移动时，电导率随温度的变化曲线符合 Arrhenius 方程（2）：

$$\sigma(T) = AT^{-1/2} \exp\left[\frac{-E_a}{T-T_0}\right] \tag{1}$$

$$\sigma(T) = A\exp\left[\frac{-E_a}{k_B T_0}\right] \tag{2}$$

其中，E_a 为体系活化能；k_B 为玻耳兹曼常量；A 为常数；T 为绝对温度；T_0 为体系玻璃化转变温度。

不同的离子传输机制对于电解质的性能影响较大，一般情况下，以小分子有机物、直链聚合物作为凝胶剂时符合 Vogel-Tamman-Fulcher 关系式；而基于三维网络聚合物的凝胶电解质则主要以 Arrhenius 关系式为主。下面将着重介绍不同凝胶剂组成的准固态电解质。

5.5.1　基于凝胶剂准固态电解质

凝胶剂通过分子或链间物理作用，如氢键、范德瓦耳斯力、静电力等形成的凝胶称为物理凝胶，为热可逆凝胶，即随温度的变化发生凝胶–溶胶转变，称为热塑性凝胶电解质（thermoplastic gel electrolyte，TPGE），以有机小分子、直链高分子及无机纳米颗粒为胶凝剂的凝胶一般为热塑性凝胶。而通过胶凝剂间化学键的交联作用形成网络结构来凝胶化溶剂组分的凝胶电解质具有良好的热稳定性，不随温度变化发生凝胶–溶胶转变，为热不可逆凝胶，即热固性凝胶电解质（thermosetting gel electrolyte, TSGE）。

　　在热塑性凝胶电解质中，直链的聚合物常被作为凝胶剂使用，往往会与液体电解质之间发生凝胶、吸附、膨胀以及形成一定的网格结构，常用的直链聚合物材料主要包括：聚氧化乙烯（PEO）、聚乙二醇（PEG）、聚丙烯腈（PAN）、PVDF（聚偏氟乙烯）、聚乙烯吡咯烷酮（PVP）、聚苯乙烯（PS）、聚氯乙烯（PVC）、聚亚乙烯基酯（PVE）、聚偏氟乙烯（PVDF）、聚甲基丙烯酸甲酯（PMMA）等。目前常见的聚合物凝胶电解质体系包括：PEG/PC/KI + I_2，P(AC-ST)/PC + EC/C_5H_5 – N^+ – CH_3I^- + I_2，PEG/PVP/KI + I_2，PMMA/EC + PC + DMC/NaI + I_2，P(AC-ST)/PC + EC/NaI + I_2 + TBP，MPN + AN/AlI$_3$ + I_2，PAS/PC + DMC + GBL/C_9H_7 – N^+ – CH_3I^- + I_2。

　　其中最具代表性的体系为 PEG/PC/KI + I_2，图 5-19 为 50℃和 15℃条件下热塑性聚合物电解质 PEG/PC/KI + I_2 的照片。在电解质中聚乙二醇可以与聚碳酸酯形成氢键，将液体电解质固定在高分子链的网络中，形成凝胶结构。同时，K^+ 容易与聚乙二醇链中的醚基发生络合作用，电解质中剩余的 I^- 被释放出来，使其可以在电解质中自由移动，成为自由离子，其基本的电子传输过程如图 5-20 所示。研究发现，通过优化电解质的配方组成，电解质的电导率可以提升至 2.61 ms·cm^{-2}，相应的电池效率达到了 7.22%[46]。电池的稳定性随着电解质的凝胶化明显提升，并且其电导率、黏度以及电解质的相态也可以随着温度以及成分进行调节。通过对电解质电导率的测试发现，离子的传输过程可以分为两个过程，当电解质的温度较低时，离子的传输遵循 Arrhenius 方程，随着温度的提升，电解质中的离子传输符合 Vogel-

(a)　　　　　　　　　　　　　(b)

图 5-19　50℃（a）和 15℃（b）条件下热塑性聚合物电解质
PEG/PC/KI + I_2 的照片（彩图请见封底二维码）

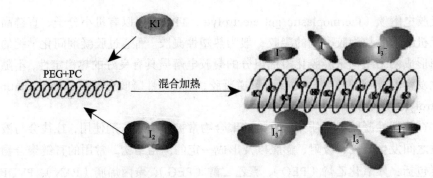

图 5-20   PEG 聚醚链与 KI/I$_2$ 络合作用示意图（彩图请见封底二维码）

Tamman-Fulche 关系式。从这也可以看出，凝胶电解质中离子传输过程较为复杂，主要依赖于电解质中的溶剂以及聚合物链的松弛作用。

早在 2003 年时，P. Wang 等就以高分子聚合物偏氟乙烯–六氟丙烯共聚物 PVDF-HFP 作为凝胶剂将以 MPN 作为溶剂的电解质凝胶化，得到凝胶电解质。该电解质的电导率符合 Vogel-Tamman-Fulche 关系式，说明电解质中的离子传输主要是通过高分子链段的松弛来实现，如图 5-21 所示。将该凝胶电解质组装成染料敏化太阳能电池，电池的效率与液体电解质相近，达到 6.1%[47]，同时电池的长期稳定性相较与液体电解质，有很大程度的提高。

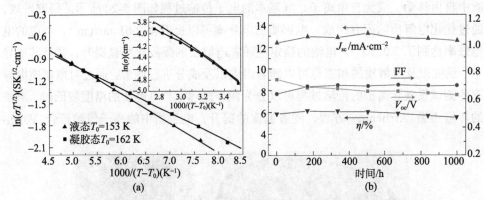

图 5-21   电解质的电导率随温度的变化曲线以及对电池稳定性的影响
（a）液态与固态电解质电导率-温度图；（b）器件光伏参数稳定性

除了高分子聚合物，小分子的有机物（low molecular mass organogelators，LMOGs）也常被用作凝胶剂，与溶剂分子之间的强烈作用力是小分子有机物作为凝胶剂的关键条件之一，这些强烈的作用力通常为氢键、范德瓦耳斯力、π-π 键、分子偶极造成的相互作用力等。在准固态电解质中常用的小分子有机凝胶剂主要包括十六烷基三甲基溴化铵、N,N′-1,5-戊二基双月桂酰胺、羟基硬脂酸、二酰胺衍生物、四（十二烷基）溴化铵以及氧化石墨烯等。在准固态凝胶电解质中，凝胶-液态转变温度（T_{gel}）是衡量凝胶电解质的关键参数，转变温度越高，电解质在电池工作温度区间也就越稳定。凝胶剂的种类以及同种凝胶剂的结构都会对 T_{gel} 产生极大的影响。例如，羟基硬脂酸作为凝胶剂的凝胶电解质 T_{gel} 约为 66℃，而基于二酰胺衍生物的凝胶电解质 T_{gel} 可以达到 100℃以上[48]。2014 年，L. Tao 等通过改变二酰胺衍生物的结构，系统地研究了两个酰胺羰基之间—CH_2—的含量对 T_{gel} 以及离子扩散速率的影响。研究发现，随着链段数的增加，电解质的 T_{gel} 逐渐从 101.1℃增加至 127.5℃，有利于改善电池的稳定性，如图 5-22 所示。当—CH_2—的数目为奇数时，有利于促进 I^- 以及 I_3^- 的扩散作用，同时增加电池中的电子寿命，提高开路电压。其主要原因是偶数的链段会导致凝胶电解质的网络结构更加致密，减弱了 Li^+ 在 TiO_2 表面的吸附作用，抑制了 TiO_2 导带的正移。其中当—CH_2—的数目为 $n = 3$ 时，电池的效率获得最大值，为 3.92%[49]。

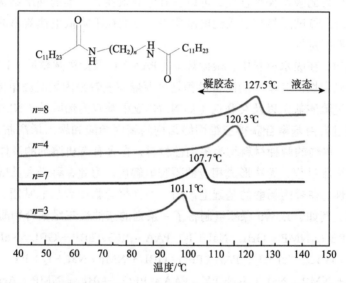

图 5-22　二酰胺衍生物的中—(CH_2)—含量对基于小分子有机凝胶剂的
凝胶电解质热稳定性的影响（彩图请见封底二维码）

另外，SiO_2 以及氧化石墨烯等物质也可以作为凝胶剂，被广泛应用在准固态电解质中。氧化石墨烯表面含有大量的羰基、羟基以及羧基等亲水基团，将少量的氧化石墨烯与 3-甲氧基丙腈或者乙腈等有机溶剂混合即可以在氧化石墨烯与溶剂之间形成氢键作用，使液体电解质凝胶化，J. Ouyang 等利用氧化石墨烯作为凝胶剂将染料敏化太阳能电池的效率提升至 7.12%[50]，并且可以在电解质中加入适当的多壁碳纳米管提高电解质的机械强度。类似的，SiO_2 颗粒同样可以将乙腈以及 3-甲氧基丙基凝胶化，H.-W. Chen 等合成了介孔的 SiO_2 纳米颗粒，然后与含有 LiI 的乙腈和 3-甲氧基丙腈（$V : V = 1 : 1$）溶液混合后，获得准固态凝胶电解质。在该凝胶电解质中，介孔 SiO_2 纳米颗粒不仅起到了凝胶剂的作用，同时起到对光的散射作用，提高了染料分子对光的吸收作用，使电池获得与液体电解质相似的电池效率[51]。

5.5.2　基于三维网络聚合物准固态电解质

与基于凝胶剂的凝胶电解质相比，三维网络聚合物准固态电解质大多属于热固性凝胶电解质，即作为凝胶剂的聚合物是通过化学键合作用形成三维网络结构，在温度变化过程中不发生凝胶–溶胶的转换过程。

人们在追求高效稳定电池器件的过程中，将液体电解质与凝胶剂通过相互作用力联系在一起，是形成准固态电解质的出发点。除此之外，研究人员也考虑到将液体电解质限制在一定的空间之内，保持液体电解质较高的离子扩散速率。由于水凝胶材料具有极好的吸水保湿性能，可以将液体局限在其三维的网络结构中，以此为出发点，科研人员试图将其引入到电解质中，以期在不降低电池效率的前提下，提高电池的长期稳定性。

众所周知，在吸水材料中，聚丙烯酸（PAA）以及聚丙烯酰胺（PAM）吸水后具有极高的稳定性。其基本的制备过程是将丙烯酸或者是丙烯酰胺单体溶于水中，在引发剂（过硫酸盐）以及交联剂（如 N, N′-亚甲基双丙烯酰胺，NMBA）的存在下，单体通过自由基聚合获得三维网络结构的聚丙烯酸和聚丙烯酰胺，如图 5-23 所示。然而，单纯的两种材料均为疏油性材料，在含有有机溶剂的液体电解质中不会发生吸附溶胀过程，无法形成相应的凝胶电解质。为此，科研人员试图通过对聚合物进行改性，在聚丙烯酸的基础上添加亲油性聚合物或者功能基团，使其形成亲油性聚合物。例如，J. Wu 课题组制备了一系列的亲油性三维聚合物凝胶电解质，包括 PAA - PEG / NMP + GBL / NaI + I_2，PAA - PEG / TBP + GBL / NaI + I_2，PAA - PEG / NMP + GBL / NaI + I_2，PAA - PEG / GBL + NMP / NaI + I_2 + PY，PAA - PEG - PPy / GBL + NMP / NaI + I_2 + PY，PAA - PEG / GBL + NMP / Acac-Py + I_2，(PAA-g-CTAB) PANI / NMP + AC / TRAI + MI + I_2，PAA - Gel - PANI / NMP + AC / TRAI + MI + I_2，PAC - PGE / PC + EC + KI + I_2，PEG - TEOS / KI + I_2，PGA - PPy / NMP + AC / TRAI + MI + I_2，P(MMA - co - AN) / EC + PC + DMC / KI + LiI + I_2 + TBP，P(MMA - co - MAA) / PEG / KI + I_2。

唐群委在该方面也进行了一定的研究工作，主要的研究内容是利用双亲性凝胶的吸附性，通过掺杂–共聚、吸附–聚合、溶胀–冻干–吸附–聚合、掺杂–冻干–吸附–聚合等路线合成了含导电聚合物、碳材料的凝胶电解质，并将其称为多功能导电凝胶电解质，主要包括 PAA-PEG/PANI、PAA-PEG/PPy、PAA-PEG/G、PAA-CTAB/PANI、

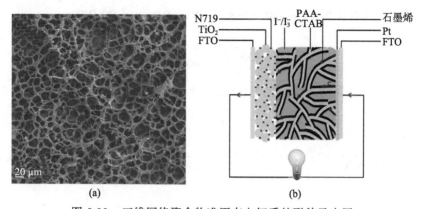

图 5-23　三维网络聚合物准固态电解质的形貌及应用

(a) 多孔 PAA-CTAB 三维网络结构的扫描电镜图　(b) 基于 PAA-CTAB/G 凝胶电解质的
染料敏化太阳能电池示意图

PAA-CTAB/PPy、PAA-CTAB/G 等体系。研究发现：准固态染料敏化太阳能电池效率的提高是由于多功能导电凝胶电解质提高了传统凝胶电解质中 I^-/I_3^- 氧化还原电对的负载量，增强了电荷传输能力，并将 I_3^- 的还原反应由电解质/对电极界面扩展至其三维空间并缩短了 I^-/I_3^- 氧化还原电对的扩散路径，从而加快 $I_3^- \leftrightarrow I^-$ 的转换过程。揭示了提高电荷传输能力和转换动力学的本质规律，为提高准固态染料敏化太阳能电池的光电转换效率提供科学依据。

　　以 PAA-PEG、PAA-CTAB 两种体系为例，其基本的反应过程如图 5-24、图 5-25

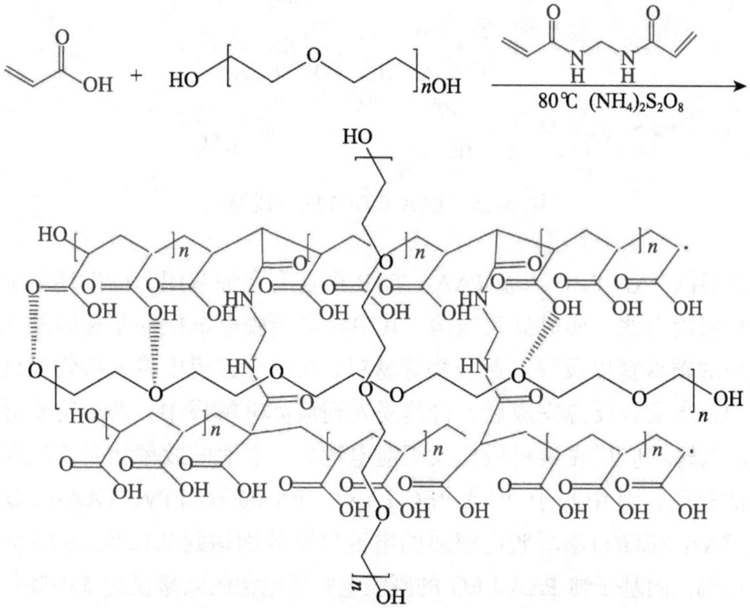

图 5-24　PAA-PEG 聚合过程示意图（彩图请见封底二维码）

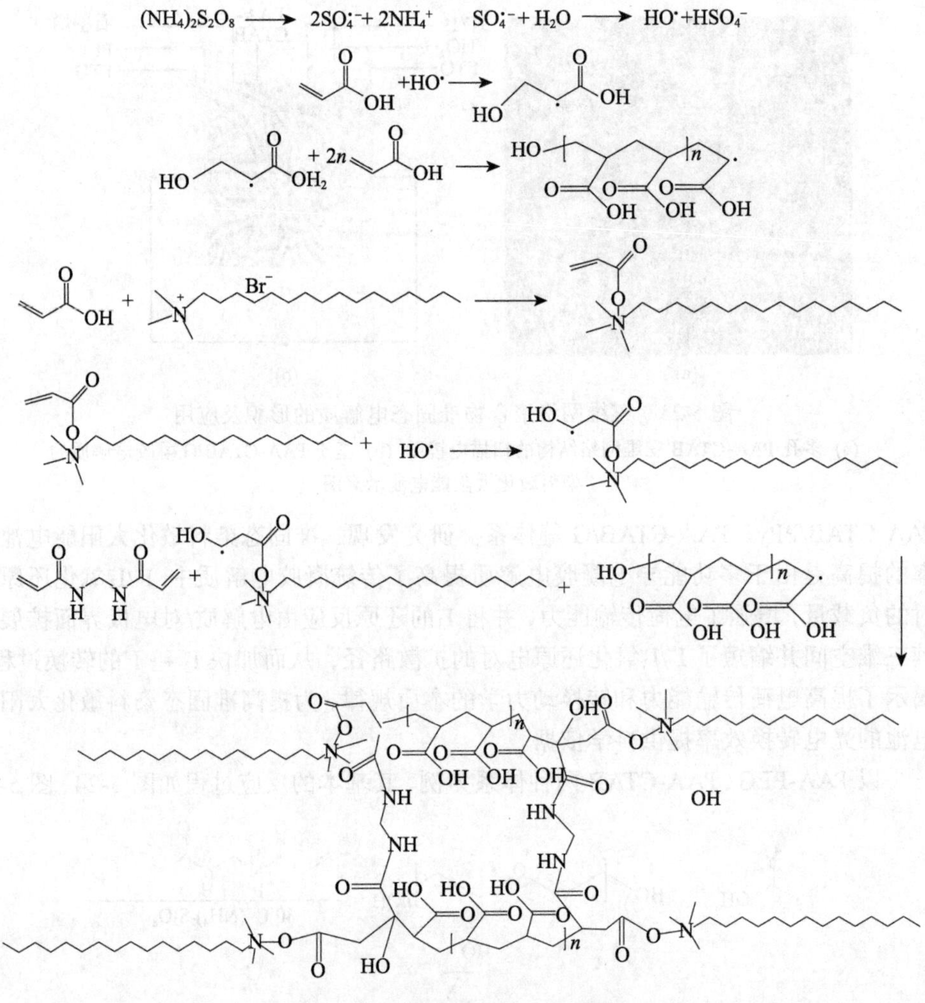

图 5-25　PAA-CTAB 的合成路线

所示。聚合后的 PAA-PEG 以及 PAA-CTAB 中含有亲油基团，可以使电解质在乙腈溶液中进行吸附溶胀，形成凝胶结构。其中导电凝胶电解质的制备则是在单体溶液中加入适当的碳材料以及导电聚合物等材料，在聚合过程中将这些物质嵌入到三维网络结构中，当聚合反应完成后，将其浸入到液体电解质中，即可得到导电凝胶电解质。将该电解质应用在染料敏化太阳能电池中，电池的效率相对于纯凝胶电解质具有明显的提高，其中基于 PAA-PEG/PANI、PAA-PEG/PPy、PAA-PEG/G、PAA-PEG/GO、PAA-PEG/石墨凝胶电解质的电池效率分别达到 7.12%、6.53%、7.74%、6.49%、5.63%，而基于纯 PAA-PEG 的凝胶电解质电池的效率仅为 5.02%[52, 53]；类似的，基于 PAA-CTAB/PANI、PAA-CTAB/PPy、PAA-CTAB/G、PAA-CTAB/GO、PAA-

CTAB/石墨凝胶电解质的电池效率分别达到 7.11%、6.39%、7.06%、6.35%、6.17%，优于基于纯 PAA-CTAB 凝胶电解质电池的 6.07%[54, 55]。

与传统的凝胶电解质不同，导电凝胶电解质中存在具有催化性的碳材料以及导电聚合物，当光生电子经外电路达到对电极之后，电子可以进一步通过导电网络传输到电解质内部的碳材料或导电聚合物表面，使氧化还原电对的催化还原反应延伸至电解质内部。该反应过程可以通过循环伏安以及塔菲尔极化曲线测试进行验证，如图 5-26 所示，导电凝胶电解质对多碘电解质存在一定的催化能力，表现出明显的氧化还原峰；相反，纯 PEG-PAA 凝胶电解质并未表现出电极表面有催化反应的发生。同时可以发现，导电凝胶电解质的塔菲尔曲线中的极限电流密度与交换电流密度都有所升高，也同样说明电解质内部 I^- 以及 I_3^- 的扩散速率也随着导电物质的加入逐渐提升，这是导电凝胶电解质与传统凝胶电解质最大的区别所在。将导电凝胶电解质引入到染料敏化太阳能电池中，可以加速 I_3^- 的还原反应，缩短了 I_3^- 的扩散距离，进而促进染料分子的再生速率，提高电池的光电转换效率。

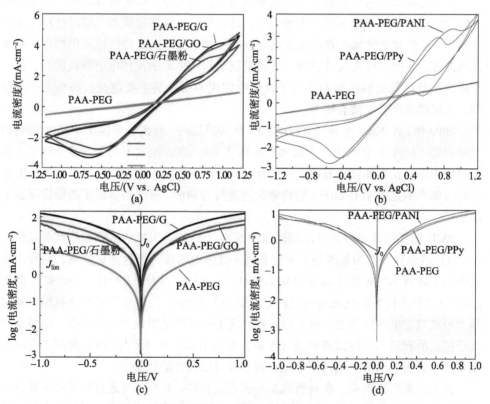

图 5-26　不同凝胶电解质的循环伏安曲线（a）、（b）和
塔菲尔极化曲线（c）、（d）（彩图请见封底二维码）

在三维网络聚合物准固态电解质中，离子的传输主要是通过连通网格当中的液体电解质进行，其传输机理与液体电解质相似，符合 Arrhenius 的传输机理，因此该准固态电解质的性能与聚合物对液体电解质的吸附能力息息相关。聚合物对溶剂组分的吸液能力可用吸液前后质量的变化来衡量：

$$Q_{le} = \frac{W - W_0}{W}$$

式中，Q_{le} 为吸液倍数；W_0 为干燥时样品的质量；W 为达到溶胀平衡时凝胶的质量。

为了提高三维聚合物对液体电解质的吸附量，本研究团队通过对聚合物溶胀-冷冻干燥过程，利用渗透压以及毛细作用双重作用力，增加液体电解质的负载量，从而进一步提高准固态太阳能电池的光电转化效率。

5.5.3 基于离子液体准固态电解质

准固态电解质在很大程度上解决了电解质易挥发易泄露以及难封装的问题，但是，以上的准固态电解质仍是以有机溶剂为主，仍然存在一定的挥发性。离子液体电解质由于自身蒸汽压极低，不易挥发，具有很好的长期稳定性，前面已经详细地介绍了。虽然离子液体不存在易挥发等问题，但是其液体的特性使其仍然存在易泄露的问题，为此，研究人员利用一定的凝胶剂同样将离子液体电解质凝胶化，进一步提高电池的稳定性。目前在离子液体中常用的凝胶剂主要包括一些小分子凝胶剂、无机纳米颗粒、聚合物等。

2002 年，P. Wang 等利用 PVDF-HFP 作为凝胶剂，将离子液体 1-甲基-3-丙基碘化咪唑嗡（MPII）凝胶化，电池效率达到 5.3%，该电池效率几乎与基于离子液体电解质相同，表明聚合物的存在并没有不利的影响，其主要原因是离子在黏性的聚合物电解质中是按照 Grotthus 型传输机理进行传输的，该电解质属于热塑性凝胶电解质[56]。

PMII 离子液体可以通过添加适当的 SiO_2、TiO_2 等无机纳米颗粒将其凝胶化。以 SiO_2 纳米颗粒作为凝胶剂的准固态离子液体电解质，经过测试发现，凝胶电解质中的 I^- 以及 I_3^- 的扩散系数分别为 1.89×10^{-7} $cm^2 \cdot s^{-1}$ 以及 3.09×10^{-7} $cm^2 \cdot s^{-1}$，利用 Z907 染料分子作为敏化剂将电池的效率提升至 6.1%[57]。聚合物以及无机纳米颗粒作为凝胶剂对电池性能的影响有所不同，基于后者的电池效率有所提高，电解质中离子可以沿着纳米颗粒的表面进行传输，有利于减小电解质与 TiO_2 薄膜之间的界面阻抗，表明无机纳米颗粒作为凝胶剂具有自己独特的优势。

在无机凝胶剂当中，碳材料也是一种常用材料。F. Yan 等通过对碳纳米管进行表面处理，使其表面形成大量的羰基、羧基以及羟基等功能基团，可以与离子液体电解质更好地相容，与未经处理的碳纳米管相比，处理后的碳纳米管可以增加凝胶电解质的电导率以及离子迁移率,所制备的准固态染料敏化太阳能电池在 AM 1.5 的光照条件下,电池效率达到 5.74%,并且具有非常好的长期稳定性[58]。

离子液体也可以作为凝胶剂,将离子液体电解质凝胶化。N. Wang 等利用一种新颖的离子液体咪唑氯盐作为凝胶剂,制备了准固态凝胶电解质,获得了6.1%的光电转换效率[59]。在该类电解质中,不含有任何的有机溶剂,完全是两种离子液体之间的相互作用,造成液体的凝固,呈现了非常好的稳定性。F. Yan 研究团队为了进一步增加电池的性能,在离子液体/离子液体凝胶电解质中引入无机纳米颗粒 TiO_2,与未掺杂 TiO_2 的电解质相比,电池的性能与稳定性都有所提高[60]。

离子液体电解质具有化学以及热稳定性、较高的电导率以及电化学窗口宽等优点,然而与液态电解质以及基于有机溶剂的凝胶电解质相比,电解质的黏度较大,电池的整体效率仍无法与其他类型的电解质相比。限制电池效率的关键因素主要是由于氧化还原电对较差的质量传输速率以及光阳极/电解质之间较高的界面传输阻抗。

不同的准固态电解质,具有不同的优势与缺陷。通过优化电池的各个组成部分如染料分子、半导体纳米晶的结构、电解质以及对电极,进一步提高电池性能是目前提高准固态太阳能电池性能的有效途径。或许在不久的将来,准固态电解质可以随着新型材料的发展获得突破性的进展。

5.6　固体电解质

传统的硅太阳能电池寿命非常长,甚至可以达到几十年。而染料敏化太阳能电池的寿命相对较低,通过对比两者的结构可以发现,两者的结构存在着本质的区别。在传统的硅太阳能电池当中是通过 P-N 结实现的电子转移,而在染料敏化太阳能电池中则是通过氧化还原电对实现染料分子的还原再生,液体氧化还原电解质的存在是制约染料敏化太阳能电池的关键。为了解决这一问题,准固态电解质被研究人员开发并被应用到染料敏化太阳能电池当中。然而,准固态电解质虽然在很大的程度上解决了液体电解质易挥发、易泄露、难封装的难题,但仍无法从根本上解决电池稳定性的问题。

固体电解质是指可以代替液体电解质,具有传输 I^-/I_3^- 或者是收集空穴的作用,能够在对电极与光阳极之间形成"桥梁"的固体物质,目前研究较多的主要包括聚合物固体电解质、空穴传输材料、离子液体固体电解质以及分子塑晶电解质等。其中,聚合物固体电解质是指在液体电解质中加入适当的聚合物,通过物理或者化学作用将 I^-/I_3^- 束缚在聚合物链中,在电池运行过程中,I^-/I_3^- 沿着高分子链进行传输,电解质内部的载流子为离子。而空穴传输材料主要是指 P 型半导体,载流子主要为空穴,分为有机空穴材料(如 spiro-OMeTAD、PEDOT、PANI、PPy、P3HT 等,其结构式如图 5-27 所示）以及无机空穴传输材料（如 CuI、CuSCN、NiO、CsSnI$_{2.95}$F$_{0.05}$等）。空穴传输材料作为电解质与传统的染料敏化太阳能电池的工作机理稍有不同。在基于空穴传输材料的电池中，染料分子激发后，会产生空穴，然后空穴则通过空穴传输材料传输到背电极，与电子发生复合反应。因此，空穴传输材料需要具备的关键条件是：空穴传输材料的价带位置应高于染料分子的 LUMO 能级，以保证空穴可以顺利地转移。塑晶是指具有塑性的固态晶体，在一定温度条件下，可以实现液态与固态之间的转变，但是在液态下晶体内分子间的排列仍基本保持与三维点阵对应的周期性而得以维持晶体的基本特征，具有非常稳定的特性，常见的塑晶包括丁二腈、1-乙基-1 甲基吡咯烷鎓碘盐等。

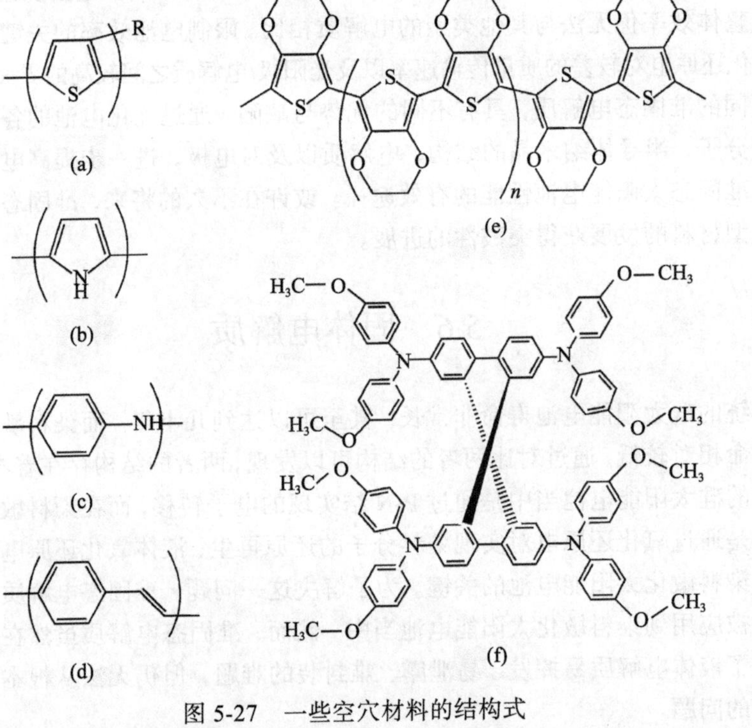

图 5-27　一些空穴材料的结构式

(a) R-取代 PTh; (b) PPy; (c) PANI; (d) PPV; (e) PEDOT; (f) spiro-OMeTAD

　　通常固态电解质应当符合几个基本的要求：第一，高的离子电导率或者空穴传输速率，以保证染料分子的再生速率；第二，稳定性好，在高温下以及光照下保持稳定性，不会发生降解等反应；第三，对可见光不吸收，确保染料分子对光的利用率；第四，电解质与 TiO$_2$/染料之间的接触性较好，有利于电子的快速传输过程。然而，虽然固体电解质的稳定性较好，但是电池效率较低。目前阻碍固体电解质在太阳能电池中广泛使用的两大问题是电解质较低的电导率以及较差的渗透作用，分别导致电解质中离子的扩散速率慢以及 TiO$_2$/电解质界面传输阻抗较大，不利于染料分子的再生，降低电池的性能。例如，在基于聚氧化乙烯的固态电解质中，其电导率仅为 $10^{-8} \sim 10^{-4}$ S·cm^{-1}，比液体电解质小 $2 \sim 6$ 个数量级，严重限制了固态染料敏化太阳能电池的光电转换效率。为此，研究人员对固体电解质的研究主要集中在三个方面：加速离子的传输、改善电解质的渗透作用以及减小界面间的复合反应。

5.6.1　加速离子的传输

离子的扩散在固态聚合物电解质中起着至关重要的作用，金属离子往往会与聚合物链形成配位键，从而将 I$^-$裸露在外面。在电池的运行过程中，I$^-$主要是沿着高分子链进行传输，电导率较低。改善电导率的有效方式之一是在聚合物电解质中加入适当的无机物，如 SiO$_2$、TiO$_2$、碳材料以及导电聚合物等。无机纳米颗粒的加入会使聚合物吸附在纳米颗粒表面，减小聚合物的折叠堆积，有利于提高离子以及聚合物链段的移动性，提高电解质的电导率。研究表明，固体聚合物电解质中的离子传输属于 Grotthuss 传输机制，如电子跳跃以及离子互换。因此，聚合物电解质中较低的电导率主要是由于 I$^-$之间的距离太远，无法顺利地传输。为此，缩短 I$^-$之间的距离可以提高电解质的电导率。例如，2014 年 H. Han 等利用烷基咪唑碘盐（ImI）对 SiO$_2$ 纳米颗粒进行优化，通过静电作用力将 I$^-$吸附在纳米颗粒表面区域，促进 I$^-$之间的传输，如图 5-28 所示，相应的，电导率也从 0.13×10^{-4} S·cm^{-1} 增加至 1.07×10^{-4} S·cm^{-1}，电池效率从 2.74% 增加至 3.83%[61]。

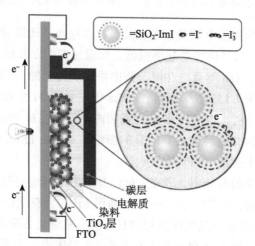

图 5-28　烷基咪唑碘盐功能化的 SiO$_2$ (SiO$_2$-ImI)凝胶电解质基染料
敏化太阳能电池示意图（彩图请见封底二维码）

导电材料的加入可以促进电子的传输过程，唐群委在 PEO 聚合物电解质中加入适当的聚苯胺，聚苯胺在电解质中可以很好地将染料分子产生的空穴传输到对电极部分，发生电子与空穴的复合过程。同时，聚苯胺对 I^-/I_3^- 具有很好的催化性，使得 PEO/PANI 电解质对 I_3^- 也同样具有一定的催化能力，可以减小离子的传输途径，促进染料分子的再生，其基本的电子传输机理如图 5-29 所示。通过优化电解质中聚苯胺的含量，电解质的电导率可以从 3.59 $\mu S \cdot cm^{-1}$ 增加至 67.73 $\mu S \cdot cm^{-1}$，电池的效率可以达到 6.1%[62]。

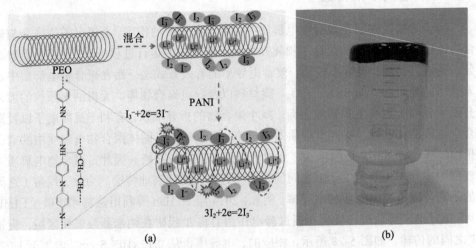

图 5-29　I^-/I_3^- 复合的 PEO/PANI 固态电解质的
合成示意图（a）和数码照片（b）（彩图请见封底二维码）

通过掺杂引入额外的电荷载流子也是一种加速离子传输常用的方法。例如，纯的 spiro-OMeTAD 空穴导体的电导率很低，而通过锂盐以及锑盐的掺杂可以将其电导率提高 100 倍[63]。Tan 等通过在聚苯胺中添加小分子的 LiI 以及 4-叔丁基吡啶，将电池的效率提升至 1.15%[64]。同时，J. Xia 等在 PEDOT 中加入不同的阴离子，包括 ClO_4^-、$CF_3SO_3^-$、BF_4^-、$TFSI^-$，研究发现阴离子的存在对 PEDOT 的电导率、电化学阻抗谱以及电池的光电性能具有明显的影响。其中，$TFSI^-$ 对电池的效率的提升最明显，使电池效率达到 2.85%[65]。

为了改善电解质的电导率，研究人员还开发出了其他类型的固体电解质，并表现出较为优异的性能，例如，Q. Meng 等利用 LiI 与含有配位基的有机小分子（如甲醇、乙醇、3-羟基丙腈）发生反应得到具有较高室温电导率的固体电解质。以 LiI 和 3-羟基丙腈为例，两者之间会发生反应生成 $Li(HPN)_2$，所有的 Li^+ 通过化学键与 N 和 O 原子形成一个阳离子骨架，而 I^- 则有序地分布在骨架之间，使该类电解质具有较高的电导率。

相对于固态聚合物电解质来说，离子液体聚合物电解质的电导率相对较高，将离子液体引入到聚合物的结构中，设计合成出悬挂有离子液体官能团的全固态电解质，也可以有效地提高电解质的电导率。

5.6.2　改善电解质的渗透能力

在染料敏化太阳能电池中，聚合物电解质通常无法顺利地渗入到光阳极的空隙中，造成非常差的界面接触。由 TiO_2 纳米颗粒组成的光阳极中空隙尺寸为 15～20 nm，而很多聚合物在溶液中会发生结晶、团聚等现象，以至于固态电解质中的聚合物尺寸大于光阳极中的孔隙结构。例如，相对分子质量为 100 万的 PEO 团聚体的尺寸为 100～120 nm，远大于空隙的尺寸，电解质无法顺利地与光阳极内部的 TiO_2 颗粒接触[66]。因此，通过原位聚合高分子聚合物或者原位化学气相沉积等技术在 TiO_2 纳米薄膜中直接沉积固体电解质是解决电解质与光阳极之间的界面问题的有效途径之一。但是，该方法往往会产生一系列的问题，不利于电池整体性能的提高，如残留的单体、在原位聚合过程中染料分子的降解或脱离、阻碍氧化还原反应等。同时，单体在原位聚合过程中会导致聚合物体积的收缩，也会降低染料分子的还原再生速率。

在聚合物电解质中，限制聚合物电解质的渗透能力的关键因素是聚合物的团聚。降低聚合物的分子量，获得团聚尺寸较小的液态低聚物，然后进一步固化是目前常用的方法。例如，低聚物聚乙二醇 PEG、聚丙二醇 PPG 的团聚尺寸大约在 3 nm 以下，根据溶剂的不同，其尺寸可以进一步降低。液态的低聚物可以很好地渗透到介孔的光阳极结构中，然后通过氢键、无机纳米颗粒或者聚合物将液态的低聚物固化，得到固态电解质。该方法不仅可以增加电解质的渗透能力，还可以增加电解质的电导率。例如，J. Kim 以及 M. Kang 研究团队分别利用 SiO_2 和聚合物作为凝固剂，将液态的 PEG 低聚物凝固，电池效率分别达到 4.50% 和 4.42%[67, 68]。

在固体聚合物电解质中引入纳米填充剂有利于增加电解质的渗透作用。P. Falaras 等在 2002 年制备了 PEO/TiO_2 复合聚合物电解质，TiO_2 纳米颗粒加入到 PEO 中，有利于抑制聚合物的结晶化，研究表明，其结晶度相比于纯 PEO 降低了约 14.8%，增加了电解质中的非晶相，因此提高了 I^-/I_3^- 在电解质中的流动性[69]。另外除了降低聚合物的结晶度，纳米颗粒与聚合物之间存在大量的自由空间，也为氧化还原电对提供了新的通道，增加了电解质的电导率，电池的效率提升至 4.19%。与 TiO_2 相比，其他无机纳米填充剂如 ZrO_2、ZnO、MoO_3、Al_2O_3、黏土等都可以改善固体聚合物电解质的渗透力。同时，通过优化填充剂的尺寸、形貌等特性有望进一步增加固态染料敏化太阳能电池的光电转化效率。

固体电解质的结晶现象不仅在聚合物电解质中存在，在无机空穴传输材料 CuI 以及 CuSCN 中尤为严重。虽然电导率可以达到 10^{-2} S·cm^{-1}，但是由于界面问题，电池效率较低。如何较好地抑制材料的结晶，增加电解质在 TiO_2 薄膜中的填充效果，改善电解质/光阳极之间的界面问题是无机空穴传输材料研究的重点。大尺寸的结晶不仅会造成孔隙填充性差，而且还会在电池内部形成气孔，导致气体以及溶剂存留在电解质内部，影响电池的光电转换效率以及稳定性。晶体生长抑制剂可以很好地抑制无机晶体的生长过程，减小晶体的尺寸，增加在 TiO_2 薄膜中的空隙填充率。1-甲基-3-乙基-咪唑鎓硫氰酸盐（MEIT）、三乙胺硫氰酸盐[$(C_2H_5)_3HSCN$，THT]等物质常被作为 CuI 的生长抑制剂，与后者相比，前者在制备过程中工艺复杂，成本较高，不利于电池的大规模制备。如图 5-30 所示，两者分别为不含有生长抑制剂的 CuI 薄膜以及含有生长抑制剂的 CuI 薄膜的扫面电镜图片。不含生长抑制剂的 CuI 晶粒尺寸明显较大，存在大量的孔隙结构，不利于电子的转移；相反，在晶粒生长抑制剂存在的情况下，CuI 的尺寸由原来的 10 μm 减小到 100 nm，在 TiO_2 薄膜中的填充效果得到改善。优良的接触促进了染料分子的再生过程，电池效率达到 3.75%[70]。

(a)   (b)

图 5-30   沉积于 TiO_2 薄膜上的 CuI 薄膜的扫描电镜图片
(a) CuI 的乙腈溶剂；(b) CuI 的 THT 溶剂

上述方式都是对固体电解质进行优化，除此之外，增加 TiO_2 薄膜的孔隙尺寸也是改善电解质渗透能力的一条有效途径。研究表明，一维的纳米线、纳米棒、纳米管、纳米纤维[71-74]以及其他结构组成的光阳极，其空隙的尺寸明显大于纳米颗粒组成的光阳极，从而电解质可以渗透到 TiO_2 的孔隙中，改善电解质与 TiO_2/染料之间的界面问题。2007 年，I. Flores 等以 TiO_2 纳米管为光阳极，将固态染料敏化太阳能电池的光电转化效率提升至 4.03%[74]。然而，以上这些有序的纳米结构在提高光阳极空隙结构的同时，也降低了电极的比表面积，造成染料分子吸附量的减小。因此，与第 3 章中所提到的光阳极结构相呼应，利用多级的 TiO_2 结构，在增加电极空隙尺寸的前提下，保持电极的比表面积，是增加固体染料敏化太阳能电池效率更加有效的方式。例如，以 9.1 nm 的 TiO_2 纳米颗粒组成的大尺寸 TiO_2 颗粒，其尺寸可以达到几个微米，电极中的空隙尺寸增大，有利于电解质的渗透，增加了电池效率[75]。

多级结构的引入往往还会增加光阳极对入射光的散射作用，提高对光的吸收，进一步增加电池的光电转换效率。目前，常见的大孔隙结构的 TiO_2 主要包括小尺寸与大尺寸 TiO_2 颗粒的混合结构、反蛋白石结构、空心球结构、模板法制备的含有空心结构的 TiO_2 薄膜以及三维结构的光阳极等，这些结构都非常有利于固体电解质的渗透作用，增加电池的性能。

5.6.3　减小界面间的复合反应

　　界面间的电子复合反应是另一个对固体太阳能电池效率影响较大的因素。在基于空穴传输材料的电池器件中，空穴材料的电导率对电池整体效率的影响较小，而材料的渗透能力以及界面间的接触问题是制约电池性能的关键。为此，很多种不同的方法被人们开发利用，以达到减小电子复合的目的。其中，金属盐的掺杂以及 TiO_2 表面的钝化是两种比较常用的方式。例如，用锂盐处理是一种非常有效的方式。研究表明，Li^+ 可以降低 TiO_2 的导带，促进光生电子向 TiO_2 导带的注入效率，减小电子的复合反应[76, 77]。将绝缘物质（如 Al_2O_3、ZrO_2、MgO 等）沉在 TiO_2 表面，形成一层非常薄的覆盖层，可以有效地限制 TiO_2 上的电子与电解质发生复合反应[78-80]。另外，有机小分子常作为钝化剂与染料分子一起吸附在 TiO_2 表面，如癸基膦酸（DPA）、胍类衍生物等，该类小分子的引入可以避免空穴传输材料与 TiO_2 之间的直接接触，可以起到很好的电子复合抑制作用。例如，2012 年 H. Sakamoto 等通过 NCS 基团对电极进行优化，有利于界面间的电子传输过程，以 CuI 作为空穴传输材料将电池效率提升至 7.4%[81]。

　　限制固体染料敏化太阳能电池的三个关键性因素就是电导率、渗透率以及界面复合。目前固态染料敏化太阳能电池的最高效率是基于无机 P 型半导体材料，达到了 10%，然而，该效率与液态染料敏化太阳能电池仍存在一定的差距，如何很好地解决这三个问题对电池性能的提高至关重要。

5.7　添加剂对电解质的影响

　　在优化染料敏化太阳能电池的过程中，除了改善电池的光阳极、敏化剂、对电极之外，在电解质中加入适当的添加剂也可以明显地改善电池的整体性能。添加剂对电池性能的影响机制是：特殊的阳离子或者化合物可以吸附在半导体的表面，从而改变半导体表面的物理化学性质，如半导体表面的电荷分布、导带位置的移动以及复合动力学等，最终影响电池的光伏参数以及整体的电池效率。

　　为了提高电池的开路电压，在电解质中最常加入的添加剂是含氮的杂环化合物，如特丁基吡啶（TBP）。1993 年，Grätzel 研究团队首次将特丁基吡啶引入到电解质中, 增加电池的开路电压[82]。特丁基吡啶以及吡啶的衍生物可以使电子的复合反应速率降低 1~2 个数量级, 并且将 TiO_2 导带上移, 增加电子在 TiO_2 导带上的寿命, 从而增加 TiO_2 费米能级与电解质氧化还原电势之间的能极差。目前大量的烷基吡啶以及烷氨基吡啶衍生物都被用来作为电解质的添加剂, 起到了与特丁基吡啶类似的作用。

吡啶类似物, 烷基苯并咪唑衍生物也常被作为电解质添加剂使用, 如 N-甲基苯并咪唑（NMBI）等。该类添加剂的效应与特丁基吡啶相似, 同样可以抑制电子的复合反应, 增加电池的开路电压。在含氮杂环化合物中, 还有氨基三唑、嘧啶、氨噻唑、吡唑、喹啉等一系列的物质都可以改善电解质的性能, 提高电池的整体效率[83-88]。

与含氮的化合物不同, Li^+ 与呱盐[$C(NH_2)_3{}^+$, G^+]离子对光阳极的效果有所不同。正如前面所述, Li^+ 可以降低 TiO_2 的导带位置, 提高光生电子的注入驱动力, 从而增加电池的电流密度, 其主要原因是 Li^+ 可以进入 TiO_2 的晶格结构中, 改变 TiO_2 的能级结构。而呱盐中最常用的添加剂为 GSCN, 该添加剂可以有效地减小电池内部的复合反应。研究表明, G^+ 在 TiO_2 表面会促进染料分子的吸附作用, 阻断电解质与 TiO_2 之间的直接接触, 从而阻断 TiO_2 导带上的电子向电解质转移, 从而提高电池的开路电压以及短路电流密度[89]。然而, Kopidakis 等通过对 G^+ 对电子复合反应影响的研究, 发现电池开路电压主要是由降低的复合反应以及 TiO_2 导带正移两者综合作用的结果, 而电池电流的增加是光生电子注入效率的增加以及较小的复合反应速率共同作用的结果[90, 91]。

通过上述介绍也可以发现, 单一的添加剂往往只能优化电池的某一参数, 无法同时兼顾其他, 为此在电解质中需要加入两种或者多种添加剂。虽然特丁基吡啶以及 Li 盐等添加剂对电池的作用机理相反, 但是目前实验室中常在电解质中同时加入两种添加剂, 希望可以通过优化两者的比例达到降低电池内部电子复合反应以及增加电池开路电压的目的。实验结果也同样表明, 当电解质中含有不同含量的 TBP 以及 Li^+ 时, 电池的光电转换效率明显不同, 而以 GSCN 和 NMBI 作为添加剂时, 两者表现出协同作用, 增加了电池的光伏性能。

5.8 电解质的发展前景

电解质除了对染料敏化太阳能电池的光电转换效率起到决定性的作用, 对电池的稳定也是不可忽视的。目前对电解质的研究较多地集中在氧化还原电对的开发以及准固态和固态电解质的制备, 并且形成了一定的理论体系。然而, 无论是液体电解质、准固态电解质还是固态电解质, 都存在一定的缺陷。液态电解质虽然具有较高的离子迁移率和电导率，但是其容易挥发，造成电池的稳定性下降；准固态以及固态电解质电导率较低，不利于提高电池的整体效率，但是可以通过电解质结构的优化、添加剂的改变，提高电解质的性能。以固态电解质为例，如何解决电解质在 TiO_2 薄膜中的渗透问题以及电导率问题将是提高固态染料敏化太阳能电池光电转换效率的关键。就作者而言，虽然固体电解质在很大程度上可以提高电池的稳定性，但是也不能完全解决电池的稳定性问题，如 CuI 以及 CuSCN 等空穴传输材料在电池运行过程中也会受到水以及氧气等外界物质的影响。

因此，为了进一步提高电池的稳定性以及增加电池的光电转换效率，寻求新型的氧化还原电对必不可少。同时也需要兼顾染料再生速率、电子复合、对电极对电解质的催化还原过程、质量传输问题以及对环境的污染性和稳定性等，全面提高电池的性能是未来电解质的发展方向。相信在全世界优秀科研人员的努力下，染料敏化太阳能电池必将迎来属于自己的春天。

参 考 文 献

[1] Liu Y, Hagfeldt A, Xiao X R, et al. Investigation of influence of redox species on the interfacial energetics of a dye-sensitized nanoporous TiO_2 solar cell. Sol. Energy Mater. Sol. Cells, 1998, 55: 267-281.

[2] Yella A, Lee H W, Tsao H N, et al. Porphyrin-sensitized solar cells with Cobalt (II/III)-based redox electrolyte exceed 12 percent efficiency. Science, 2011, 334: 629-634.

[3] Nusbaumer H, Moser J E, Zakeeruddin S M, et al. $Co^{II}(dbbip)_2^{2+}$ complex rivals tri-iodide/iodide redox mediator in dye-sensitized photovoltaic cells. J. Phys. Chem. B, 2001, 105: 10461-10464.

[4] Nusbaumer H, Zakeeruddin S M, Moser J E, et al. An alternative efficient redox couple for the dye-sensitized solar cell system. Chem. Eur. J., 2003, 9: 3756-3763.

[5] Cameron P J, Peter L M, Zakeeruddin S M, et al. Electrochemical studies of the Co(III)/Co(II)(dbbip)$_2$ redox couple as a mediator for dye-sensitized nanocrystalline solar cells. Coordin. Chem. Rev., 2004, 248: 1447-1453.

[6] Mathew S, Yella A, Gao P, et al. Dye-sensitized solar cells with 13% efficiency achieved through the molecular engineering of porphyrin sensitizers. Nat. Chem., 2014, 6: 242-247.

[7] Yum J H, Baranoff E, Kessler F, et al. A cobalt complex redox shuttle for dye-sensitized solar cells with high open-circuit potentials. Nat. Commun., 2012, 3: 631.

[8] Feldt S M, Lohse P W, Kessler F, et al. Regeneration and recombination kinetics in cobalt polypyridine based dye-sensitized solar cells, explained using Marcus theory. Phys. Chem. Chem. Phys., 2013, 15: 7087-7097.

[9] Nelson J J, Amick T J, Elliott C M. Mass transport of polypyridyl cobalt complexes in dye-sensitized solar cells with mesoporous TiO_2 photoanodes. J. Phys. Chem. C, 2008, 112: 18255-18263.

[10] Ning Z J, Fu Y, Tian H. Improvement of dye-sensitized solar cells: what we know and what we need to know. Energy Environ. Sci., 2010, 3: 1170-1181.

[11] Gregg B A, Pichot F, Ferrere S, et al. Interfacial recombination processes in dye-Sensitized solar cells and methods to passivate the interfaces. J. Phys. Chem. B, 2001, 105: 1422-1429.

[12] Daeneke T, Kwon T H, Holmes A B, et al. High-efficiency dye-sensitized solar cells with ferrocene-based electrolytes. Nat. Chem., 2011, 3: 211-215.

[13] Daeneke T, Mozer A J, Kwon T H, et al. Dye regeneration and charge recombination in dye-sensitized solar cells with ferrocene derivatives as redox mediators. Energy Environ. Sci., 2012, 5: 7090-7099.

[14] Caramori S, Husson J, Beley M, et al. Combination of cobalt and iron polypyridine complexes for improving the charge separation and collection in Ru(terpyridine)$_2$-sensitised solar cells. Chem. Eur. J., 2010, 16: 2611-2618.

[15] Hattori S, Wada Y, Yanagida S, et al. Blue copper model complexes with distorted tetragonal geometry acting as effective electron-transfer mediators in dye-sensitized solar cells. J. Am. Chem. Soc., 2005, 127: 9648-9654.

[16] Bai Y, Yu Q J, Cai N, et al. High-efficiency organic dye-sensitized mesoscopic solar cells with a copper redox shuttle. Chem. Commun., 2011, 47: 4376-4378.

[17] Hoffeditz W L, Katz M J, Deria P, et al. One electron changes everything. A multispecies copper redox shuttle for dye-sensitized solar cells. J. Phys. Chem. C, 2016, 120: 3731-3740.

[18] Magni M, Giannuzzi R, Colombo A, et al. Tetracoordinated bis-phenanthroline copper-complex couple as efficient redox mediators for dye solar cells. Inorg. Chem., 2016, 55: 5245-5253.

[19] Li T C, Spokoyny A M, She C, et al. Ni(Ⅲ)/(Ⅳ) bis(dicarbollide) as a fast, noncorrosive redox shuttle for dye-sensitized solar cells. J. Am. Chem. Soc., 2010, 132: 4580-4582

[20] Li T C, Fabregat-Santiago F, Farha O K, et al. SiO$_2$ aerogel templated, porous TiO$_2$ photoanodes for enhanced performance in dye-sensitized solar cells containing a Ni(Ⅲ)/(Ⅳ) bis(dicarbollide) shuttle. J. Phys. Chem. C, 2011, 115: 11257-11264.

[21] Apostolopoulou A, Vlasiou M, Tziouris P A, et al. Oxidovanadium (Ⅳ/Ⅴ) complexes as new redox mediators in dye sensitized solar cells: A combined experimental and theoretical study. Inorg. Chem., 2015, 54: 3979-3988.

[22] Perera I R, Gupta A, Xiang W, et al. Introducing manganese complexes as redox mediators for dye-sensitized solar cells. Phys. Chem. Chem. Phys., 2014, 16: 12021-12028.

[23] Tian H, Yu Z, Hagfeldt A, et al. Organic redox couples and organic counter electrode for efficient organic dye-sensitized solar cells. J. Am. Chem. Soc., 2011, 133: 9413-9422.

[24] Wang M, Chamberland N, Breau L, et al. An organic redox electrolyte to rival triiodide/iodide in dye-sensitized solar cells. Nat. Chem., 2010, 2: 385-389.

[25] Burschka J, Brault V, Ahmad S, et al. Influence of the counter electrode on the photovoltaic performance of dye-sensitized solar cells using a disulfide/thiolate redox electrolyte. Energy Environ. Sci., 2012, 5: 6089-6097.

[26] Wu M, Lin Y, Guo H, et al. Highly efficient Mo$_2$C nanotubes as a counter electrode catalyst for organic redox shuttles in dye-sensitized solar cells. Chem. Commun., 2014, 50: 7625-7627.

[27] Li D, Li H, Luo Y, et al. Non-corrosive, non-absorbing organic redox couple for dye-sensitized solar cells. Adv. Funct. Mater., 2010, 20: 3358-3365.

[28] Liu Y, Jennings J R, Parameswaran M, et al. An organic redox mediator for dye-sensitized

solar cells with near unity quantum efficiency. Energy Environ. Sci., 2011, 4: 564-571.

[29] Cheng M, Yang X, Li S, et al. Efficient dye-sensitized solar cells based on an iodine-free electrolyte using L-cysteine/L-cystine as a redox couple. Energy Environ. Sci., 2012, 5: 6290-6293.

[30] Wenger S, Bouit P A, Chen Q, et al. Efficient electron transfer and sensitizer regeneration in stable pi-extended tetrathiafulvalene-sensitized solar cells. J. Am. Chem. Soc., 2010, 132: 5164-5169.

[31] Nishida S, Morita Y, Fukui K, et al. Spin transfer and solvato-/thermochromism induced by intramolecular electron transfer in a purely organic open-shell system. Angew. Chem. Int. Ed., 2005, 44: 7277-7280.

[32] Olaya A J, Ge P, Gonthier J F, et al. Four-electron oxygen reduction by tetrathiafulvalene. J. Am. Chem. Soc., 2011, 133: 12115-12123.

[33] Zhang Z, Chen P, Murakami T N, et al. The 2, 2, 6, 6-tetramethyl-1-piperidinyloxy radical: an efficient, iodine-free redox mediator for dye-sensitized solar cells. Adv. Funct. Mater., 2008, 18: 341-346.

[34] Kato F, Hayashi N, Murakami T, et al. Nitroxide radicals for highly efficient redox mediation in dye-sensitized solar cells. Chem. Lett., 2010, 39: 464, 465.

[35] Wang Z S, Sayama K, Sugihara H. Efficient Eosin Y dye-sensitized solar cell containing Br^-/Br_3^- electrolyte. J. Phys. Chem. B, 2005, 109: 22449-22455.

[36] Teng C, Yang X, Yuan C, et al. Two novel carbazole dyes for dye-sensitized solar cells with open-circuit voltages up to 1V based on Br^-/Br_3^- electrolytes. Org. Lett., 2009, 11: 5542-5545.

[37] Bagheri O, Dehghani H, Afrooz M. Pyridine derivatives: new efficient additives in bromide/tribromide electrolyte for dye sensitized solar cells. RSC Adv., 2015, 5: 86191-86198.

[38] Wang P, Zakeeruddin S M, Moser J E, et al. A solvent-free, $SeCN^-/(SeCN)_3^-$ based ionic liquid electrolyte for high-efficiency dye-sensitized nanocrystalline solar cells. J. Am. Chem. Soc., 2004, 126: 7164, 7165.

[39] Li L, Yang X, Zhao J, et al. Efficient organic dye sensitized solar cells based on modified sulfide/polysulfide electrolyte. L. Sun, J. Mater. Chem., 2011, 21: 5573-5575.

[40] Yu Z, Gorlov M, Nissfolk J, et al. Investigation of iodine concentration effects in electrolytes for dye-sensitized solar cells. J. Phys. Chem. C, 2010, 114: 10612-10620.

[41] Bai Y, Cao Y, Zhang J, et al. High-performance dye-sensitized solar cells based on solvent-free electrolytes produced from eutectic melts. Nat. Mater., 2008, 7: 626-630.

[42] Matsumoto H, Matsuda T, Tsuda T, et al. The application of room temperature molten salt with low viscosity to the electrolyte for dye-sensitized solar cell. Chem. Lett., 2001, 30: 26-27.

[43] Wang P, Zakeeruddin S M, Humphry-Baker R, et al. Chem. Mater., 2004, 16: 2694-2696.

[44] Wang P, Zakeeruddin S M, Moser J E, et al. A solvent-free, $SeCN^-/(SeCN)_3^-$ based ionic liquid electrolyte for high-Efficiency dye-sensitized nanocrystalline solar cells. J. Am. Chem. Soc., 2004, 126: 7164, 7165.

[45] Kuang D, Wang P, Ito S, et al. Stable mesoscopic dye-sensitized solar cells based on tetracyanoborate ionic liquid electrolyte. J. Am. Chem. Soc., 2006, 128: 7732, 7733.

[46] Wu J, Hao S, Lan Z, et al. A thermoplastic gel electrolyte for stable quasi-solid-state dye-sensitized solar cells. Adv. Funct. Mater., 2007, 17: 2645-2652.

[47] Wang P, Zakeeruddin S M, Moser J E, et al. A stable quasi-solid-state dye-sensitized solar cell with an amphiphilic ruthenium sensitizer and polymer gel electrolyte. Nat. Mater., 2003, 2: 402-407.

[48] Huo Z, Dai S, Zhang C, et al. Low molecular mass organogelator based gel electrolyte with effective charge transport property for long-term stable quasi-solid-state dye-sensitized solar cells. J. Phys. Chem. B, 2008, 112: 12927-12933.

[49] Tao L, Huo Z, Dai S, et al. Stable quasi-solid-state dye-sensitized solar cells using novel low molecular mass organogelators and room-temperature molten salts. J. Phys. Chem. C, 2014, 118(30): 16718.

[50] Neo C Y, Gopalan N K, Ouyang J. Graphene oxide/multi-walled carbon nanotube nanocomposites as the gelator of gel electrolytes for quasi-solid state dye-sensitized solar cell. J. Mater. Chem. A, 2014, 2: 9226-9235.

[51] Chen H W, Chiang Y D, Kung C W, et al. Highly efficient plastic-based quasi-solid-state dye-sensitized solar cells with light-harvesting mesoporous silica nanoparticles gel-electrolyte. J. Power Sources, 2014, 245: 411-417.

[52] Yuan S, Tang Q, He B, et al. Efficient quasi-solid-state dye-sensitized solar cells employing polyaniline and polypyrrole incorporated microporous conducting gel electrolytes. J. Power Sources, 2014, 254: 98-105.

[53] Yuan S, Tang Q, Hu B, et al. Efficient quasi-solid-state dye-sensitized solar cells from graphene incorporated conducting gel electrolytes. J. Mater. Chem. A, 2014, 2: 2814-2821.

[54] Yuan S, Tang Q, He B, et al. Conducting gel electrolytes with microporous structures for efficient quasi-solid-state dye-sensitized solar cells. J. Power Sources, 2015, 273: 1148-1155.

[55] Yuan S, Tang Q, He B, et al. Multifunctional graphene incorporated conducting gel electrolytes in enhancing photovoltaic performances of quasi-solid-state dyesensitized solar cells. J. Power Sources, 2014, 260: 225-232.

[56] Wang P, Zakeeruddin S M, Exnar I, et al. High efficiency dye-sensitized nanocrystalline solar cells based on ionic liquid polymer gel electrolyte. Chem. Commun., 2002, 21: 2972-2973.

[57] Kubo W, Kitamura T, Hanabusa K, et al. Quasi-solid-state dye-sensitized solar cells using room temperature molten salts and a low molecular weight gelator. Chem. Commun., 2002, 4: 374-375.

[58] Zhang Y, Zhao J, Sun B, et al. Performance enhancement for quasi-solid-state dye-sensitized solar cells by using acid-oxidized carbon nanotube-based gel electrolytes. Electrochim. Acta, 2012, 61: 185-190.

[59] Wang M, Yin X, Xiao X R, et al. A new ionic liquid based quasi-solid state electrolyte for dye-sensitized solar cells. J. Photoch. Photobio. A., 2008, 194: 20-26.

[60] Chen X, Li Q, Zhao J, et al. Ionic liquid-tethered nanoparticle/poly(ionic liquid) electrolytes for quasi-solid-state dye-sensitized solar cells. J. Power Sources, 2012, 207: 216-221.

[61] Hua M, Sun J, Rong Y, et al. Enhancement of monobasal solid-state dye-sensitized solar

cells with polymer electrolyte assembling imidazolium iodide-functionalized silica nanoparticles. J. Power Sources, 2014, 248: 283-288.

[62] Duan Y, Tang Q, Chen Y, et al. Solid-state dye-sensitized solar cells from poly(ethylene oxide)/polyaniline electrolytes with catalytic and hole-transporting characteristics. J. Mater. Chem. A, 2015, 3: 5368-5374.

[63] Snaith H J, Grätzel M. Enhanced charge mobility in a molecular hole transporter via addition of redox inactive ionic dopant: Implication to dye-sensitized solar cells. Appl. Phys. Lett., 2006, 89: 262114-262114-3.

[64] Tan S, Zhai J, Meng Q, et al. Influence of small molecules in conducting polyaniline on the photovoltaic properties of solid-state dye-sensitized solar cells. J. Phys. Chem. B, 2004, 108: 18693-18697.

[65] Xia J, Masaki N, Lira-Cantu M, et al. Influence of doped anions on poly (3, 4-ethylenedioxythiophene) as hole conductors for iodine-free solid-state dye-sensitized solar cells. J. Am. Chem. Soc., 2008, 130: 1258-1263.

[66] Kang M S, Kim J H, Won J, et al. Oligomer approaches for solid-state dye-sensitized solar cells employing polymer electrolytes. J. Phys. Chem. C, 2007, 111: 5222-5228.

[67] Kim J H, Kang M S, Kim Y J, et al. Dye-sensitized nanocrystalline solar cells based on composite polymer electrolytes containing fumed silica nanoparticles. Chem. Commun., 2004, 14: 1662, 1663

[68] Kang M S, Kim J H, Kim Y J, et al. Dye-sensitized solar cells based on composite solid polymer electrolytes. Chem. Commun., 2005, 7: 889-891.

[69] Stergiopoulos T, Arabatzis I M, Katsaros G, et al. Binary polyethylene oxide/titania solid-state redox electrolyte for highly efficient nanocrystalline TiO$_2$ photoelectrochemical cells. Nano Lett., 2002, 2: 1259-1261.

[70] Kumara G R A, Kaneko S, Okuya M, et al. Fabrication of dye-sensitized solar cells using triethylamine hydrothiocyanate as a CuI crystal growth inhibitor. Langmuir, 2002, 18: 10493-10495.

[71] Law M, Greene L E, Johnson J C, et al. Nanowire dye-sensitized solar cells. Nat. Mater., 2005, 4: 455-459.

[72] Song M Y, Ahn Y R, Jo S M, et al. TiO$_2$ single-crystalline nanorod electrode for quasi-solid-state dye sensitized solar cells. Appl. Phys. Lett., 2005, 87: 113113-113113-3.

[73] Song M Y, Kim D K, Ihn K J, et al. Electrospun TiO$_2$ electrodes for dye-sensitized solar cells. Nanotechnology, 2004, 15: 1861-1865.

[74] Flores I C, Freitas J N d, Longo C, et al. Dye-sensitized solar cells based on TiO$_2$ nanotubes and a solid-state electrolyte. J. Photochem. Photobiol. A, 2007, 189: 153-160.

[75] Kim Y J, Lee M H, Kim H J, et al. Formation of highly efficient dye-sensitized solar cells by hierarchical pore generation with nanoporous TiO$_2$ spheres. Adv. Mater., 2009, 21: 3668-3673.

[76] Enright B, Fitzmaurice D. Spectroscopic determination of electron and hole effective masses in a nanocrystalline semiconductor film. J. Phys. Chem., 1996, 100: 1027-1035.

[77] Liu Y, Hagfeldt A, Xiao X R, et al. Investigation of influence of redox species on the interfacial energetics of a dye-sensitized nanoporous TiO$_2$ solar cell. Sol. Energy Mater. Sol. Cells, 1998, 55: 267-281.

[78] Noma Y, Kado T, Ogata D, et al. Surface state passivation effect for nanoporous TiO$_2$ electrode evaluated by thermally stimulated current and application to all-solid state dye-sensitized solar cells. Jpn. J. Appl. Phys., 2008, 47: 505-508.

[79] Li T C, Góes M S, Fabregat-Santiago F, et al. Surface passivation of nanoporous TiO$_2$ via atomic layer deposition of ZrO$_2$ for solid-state dye-sensitized solar cell applications. J. Phys. Chem. C, 2009, 113: 18385-18390.

[80] Snaith H J, Ducati C. SnO$_2$-based dye-sensitized hybrid solar cells exhibiting near unity absorbed photon-to-electron conversion efficiency. Nano Lett., 2010, 10: 1259-1265.

[81] Sakamoto H, Igarashi S, Uchida M, et al. Highly efficient all solid state dye-sensitized solar cells by the specific interaction of CuI with NCS groups Ⅱ. Enhancement of the photovoltaic characteristics. Org. electron., 2012, 13: 514-518.

[82] Nazeeruddin M K, Kay A, Rodicio I, et al. Conversion of light to electricity by cis-X2bis (2, 2'-bipyridyl-4, 4'-dicarboxylate) ruthenium(Ⅱ) charge-transfer sensitizers (X = Cl$^-$, Br$^-$, I$^-$, CN$^-$, and SCN$^-$) on nanocrystalline titanium dioxide electrodes. J. Am. Chem. Soc., 1993, 115: 6382-6390.

[83] Kusama H, Arakawa H. Influence of aminotriazole additives in electrolytic solution on dye-sensitized solar cell performance. J. Photochem. Photobiol. A, 2004, 164: 103-110.

[84] Kusama H, Arakawa H. Influence of pyrimidine additives in electrolytic solution on dye-sensitized solar cell performance. J. Photochem. Photobiol. A, 2003, 160: 171-179.

[85] Kusama H, Arakawa H. Influence of aminothiazole additives in I$^-$/I$_3^-$ redox electrolyte solution on Ru(Ⅱ)-dye-sensitized nanocrystalline TiO$_2$ solar cell performance. Sol. Energy Mater. Sol. Cells, 2004, 82: 457-465.

[86] Kusama H, Arakawa H. Influence of pyrazole derivatives in I$^-$/I$_3^-$ redox electrolyte solution on Ru(Ⅱ)-dye-sensitized TiO$_2$ solar cell performance. Sol. Energy Mater. Sol. Cells, 2005, 85: 333-344.

[87] Kusama H, Arakawa H. Influence of quinoline derivatives in I$^-$/I$_3^-$ redox electrolyte solution on the performance of Ru(Ⅱ)-dye-sensitized nanocrystalline TiO$_2$ solar cell. J. Photochem. Photobiol. A, 2004, 165: 157-163.

[88] Kusama H, Kurashige M, Arakawa H. Influence of nitrogen-containing heterocyclic additives in I$^-$/I$_3^-$ redox electrolytic solution on the performance of Ru-dye-sensitized nanocrystalline TiO$_2$ solar cell. J. Photochem. Photobiol. A, 2005, 169: 169-176.

[89] Grätzel M. Conversion of sunlight to electric power by nanocrystalline dye-sensitized solar cells. J. Photochem. Photobiol. A, 2004, 164: 3-14.

[90] Kopidakis N, Neale N R, Frank A J. Effect of an adsorbent on recombination and band-edge movement in dye-sensitized TiO$_2$ solar cells: evidence for surface passivation. J. Phys. Chem. B, 2006, 110: 12485-12489.

[91] Zhang C N, Huang Y, Huo Z P, et al. Photoelectrochemical effects of guanidinium thiocyanate on dye-sensitized solar cell performance and stability. J. Phys. Chem. C, 2009, 113: 21779-21783.

第6章　染料敏化太阳能电池的创新性设计

作为新型的能源设备，太阳能电池除了大面积集成供电之外，往往也需要在一些较为特殊的场合或者设备中作为电源使用。为此，一些便于携带，具有柔性、可弯曲、耐冲击的染料敏化太阳能电池器件应运而生。除此之外，开发新型结构的太阳能电池，解决传统电池结构对关键材料以及应用范围的限制，也是染料敏化太阳能电池的研发重点。在电池器件的发展过程中，研究人员开发了各种各样的电池结构，使染料敏化太阳能电池的发展呈现百花齐放的态势。

目前染料敏化太阳能电池根据运行机理以及结构的不同，可以分为 P 型、平面柔性、纤维状、可拉伸、凹槽、圆筒等染料敏化太阳能电池以及多功能染料敏化太阳能电池等，这为电池在各种条件下的使用奠定了理论基础。

6.1　P 型染料敏化太阳能电池

在常规的电池结构中，染料分子吸收光子，处于基态的电子发生跃迁至 LUMO 能级，从而产生电子–空穴对，而光生电子经过宽禁带的 N 型半导体（常见的半导体主要包括 TiO_2、ZnO 等）传输到 FTO 导电玻璃，经过外电路到达对电极，在对电极的催化作用下实现电子的转移，从而进一步实现染料分子的再生。在这一过程，主要是通过电子的传输实现的，也称之为 N 型染料敏化太阳能电池。而 P 型染料敏化太阳能电池与上述的电荷转移过程不同，宽禁带半导体主要是通过传输空穴，实现电子空穴对的分离。

P 型染料敏化太阳能电池与 N 型染料敏化太阳能电池相比，电池结构基本一致，唯一的区别在于将染料负载的光阳极转变为染料负载的光阴极。基本的电荷转移过程如图 6-1 所示，染料分子受光激发后，空穴由染料分子的 HOMO 能级注入 P 型半导体的价带（染料分子转变为还原态）；与此同时，电解质中的氧化态离子与还原态的染料分子发生反应，实现染料的再生，而电解质中的还原态离子则在对电极表面失去电子，发生氧化作用，电子经过外电路达到光阴极，与空穴发生复合，完成一个循环过程。电池的开路电压取决于半导体的价带与电解质氧化还原电位的能级差。

P 型染料敏化太阳能电池的效率非常低，通常在 1%以下。2015 年，S. Powar 等

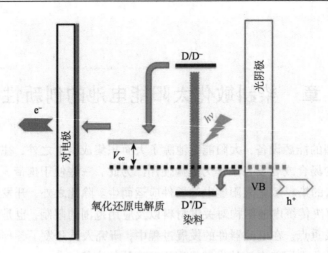

图 6-1　P 型染料敏化太阳能电池的电子传输过程（彩图请见封底二维码）

利用 P 型半导体 NiO 将电池效率提升至 1.4%，是目前 P 型染料敏化太阳能电池的最高效率[1]。限制 P 型染料敏化太阳能电池光电转换效率的主要原因是 P 型半导体与染料分子之间的能级匹配不理想。同时，NiO 作为最常用的 P 型半导体，仍然存在很多的缺陷：首先，NiO 的价带为–5.1 ~ –5.2 eV（相对于真空能级），该能级与电解质氧化还原电位的能级差非常小，造成电池的理论开路电压较低；其次，在光照条件下，NiO 电极由于金属 d-d 转变，对可见光存在一定的吸收，阻碍了染料分子对可见光的利用率，不利于提高电池的电流密度，在性能最优的基于 NiO 半导体的 P 型染料敏化太阳能电池中，染料对可见光的吸收率仅为 60%，可见光损失严重；最后，NiO 半导体材料的载流子迁移率较低，为 10^{-8} ~ 10^{-7} $cm^2 \cdot s^{-1}$，与 N 型半导体 TiO_2 等材料相比，小 2 ~ 3 个数量级[2]。

为了改善电池的效率，研究人员也开发了多种 P 型半导体材料代替 NiO 作为染料分子的载体，主要包括 CuO 以及基于铜的 ABO_2 型三元化合物等，如 $CuGaO_2$、$CuAlO_2$、$CuCrO_2$ 等[3-5]。该类半导体材料具有非常优异的光学透明度以及较高的电导率，并且价带位置比 NiO 更低，有利于提高电池的开路电压。研究表明，基于 ABO_2 型半导体的 P 型染料敏化太阳能电池的开路电压要比 NiO 电池高 50 ~ 150 mV[6]。由于 P 型半导体的价带位置较低，为了保证有效的电荷分离，往往需要染料分子的 HOMO 能级具有更低的位置，因此，在 N 型电池中常用的染料分子并不适用于 P 型染料敏化太阳能电池。到目前为止，在 P 型电池中常用的染料主要包括香豆素系列、NK 系列、NKX 系列、P1 系列、供体–受体系列、钌络合物、近红外吸收染料以及苝二酰亚氨基染料。其中，香豆素系列中的 Coumarin 343 染料分子由于受电极薄膜和电解质的影响较小，常作为 P 型染料敏化太阳能电池中的标准染料。

虽然目前基于 P 型结构的电池效率较低，但是该类型的染料敏化太阳能电池可以与 N 型染料敏化太阳能电池组合在一起实现串联结构，电池的理论电压由 N 型半导体的导带与 P 型半导体的价带的能级差决定，可以大幅度地提高电池的开路电压，有望打破单结染料敏化太阳能电池的效率极限[7]，这也是吸引大批科研人员从事 P 型染料敏化太阳能电池研究的原因之一。2010 年，A. Nattestad 等构建了串联的 P-N 型染料敏化太阳能电池，电池的开路电压可以达到 1.08 V，明显高于单纯的 N 型染料敏化太阳能电池以及 P 型染料敏化太阳能电池，如图 6-2 所示。同时，在 P-N 串联结构中避免了较为昂贵的 Pt 对电极材料，降低了电池成本，并且可以利用两种不同的染料分子，拓宽了电池对太阳能光谱的利用率，提高了电池的整体效率，理论效率可以由单结电池的 33% 增加至 43%[8]。

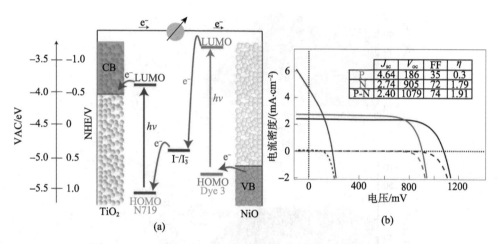

图 6-2　P-N 串联型染料敏化太阳能电池的电子传输过程以及
N 型、P 型、P-N 型电池三者的 J-V 曲线和参数（彩图请见封底二维码）

在 P-N 串联电池结构中，吸附在阳极表面的染料分子以及阴极的染料分子，往往会吸收同一波段的光，造成吸收光谱的重合，不利于电池性能的提高。最为理想的状态是两种染料分子可以吸收不同波长的光，实现对光谱吸收的互补。为此，2015 年 C. J. Wood 等通过合成新型的染料分子 P1、GS1、CAD3，与吸附在 TiO_2 表面的染料分子 D35 相互补充，电池对太阳光的吸收范围扩展至 700 nm，有效地提高了电池的效率，分别获得 1.1%、1.3%、1.7% 的光电转换效率[9]。图 6-3 为基于 P1、GS1、CAD3 和 D35 染料分子电池器件的互补吸收光谱图。

目前由于 P 型染料敏化太阳能电池的填充因子、开路电压以及短路电流都相对较低，P-N 串联结构的染料敏化太阳能电池的光电转换效率仍无法与单独的 N 型染料敏化太阳能电池相比，主要是前者染料分子缺少适当的催化剂，还原再生速率

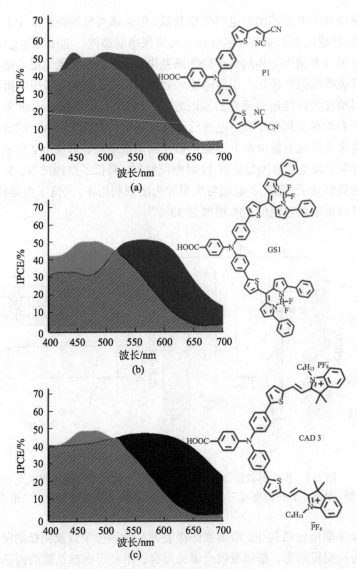

图 6-3 基于 P1、GS1、CAD3 和 D35 染料分子电池器件的互补吸收光谱图
（彩图请见封底二维码）

较慢。另外，对于 P 型染料敏化太阳能电池的研究大多数集中在新型染料分子的开发以及 P 型半导体的制备，从而提高电池对光的吸收，促进电子的迁移速率，缺少对 P 型电池中的电子转移机理以及电池内部复合反应等过程的深入研究，在未来的研究工作中应当建立有效的理论体系指导开发高效的 P 型电池。实现电子在染料分子与电解质之间的快速转移是提高 P-N 串联结构电池效率的关键。

6.2　平面柔性染料敏化太阳能电池

在传统的染料敏化太阳能电池结构中，作为电极材料基底的透明导电玻璃起到至关重要的作用。然而，透明导电玻璃在很大程度上增加了电池的重量，并且增加了电池的刚性，在运输过程中容易导致电池碎裂，造成不必要的损失。为了解决以上染料敏化太阳能电池中存在的问题，一些低重量、低成本、柔性的基底，如塑料薄膜和薄金属片常被用来代替导电玻璃，以构建新型的柔性染料敏化太阳能电池。图 6-4 为柔性染料敏化太阳能电池。

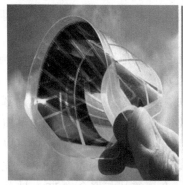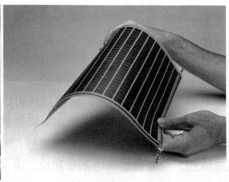

图 6-4　柔性染料敏化太阳能电池（彩图请见封底二维码）

柔性染料敏化太阳能电池具有很多的优势，如易携带、易运输、质量轻、耐冲击以及可弯曲等，同时还可以促进染料敏化太阳能电池的"卷对卷"生产，实现大规模制备。对于染料敏化太阳能电池来说，必须满足光阳极或者对电极基底具有透明性，以满足太阳光的透过，实现染料分子的激发。目前通常使用的透明塑料薄膜为聚苯二甲酸乙二醇酯（polyethylene terephthalate，PET）和聚萘二甲酸乙二醇酯（polyethylene naphthalate，PEN）。在 PET 或 PEN 基底表面通过物理或化学手段涂覆一层导电层 ITO，就可以作为染料敏化太阳能电池光阳极或对电极的柔性导电基底。经过测试表明，聚合物/ITO 的表面电阻为 $10 \sim 15\ \Omega \cdot m^{-2}$，与 FTO 导电玻璃的表面电阻 $7 \sim 15\ \Omega \cdot m^{-2}$ 相近。柔性的聚合物/ITO 导电基底在可见光区内具有很好的透过性，有利于提高柔性染料敏化太阳能电池的光电转换效率。

但是两种聚合物基底却存在一定的缺陷以及一些未解决的问题。第一，ITO 是一种非常易碎的材料，对聚合物基底的拉伸、压缩以及弯曲等形变非常敏感。当 ITO 在聚合物基底上的厚度较大时，ITO 薄膜非常容易在外力的作用下发生破裂，产生裂痕，降低电导率[10]。第二，尽管聚合物/ITO 导电基底的电导率较高，但是却无法保证 ITO 在电解质中的稳定性，电解质中添加剂的不同会对 ITO 的稳定性产生非常大的影响[11,12]。第三，温度的限制，也是柔性染料敏化太阳能电池面临的最大问题。两种聚合物基底在高温下容易发生变形，因此基于该基底的光阳极或对电极的处理温度必须控制在 150℃ 以下。而性能优异的 TiO_2 纳米薄膜通常需要在 450℃ 下进行烧结，改善 TiO_2 颗粒之间以及颗粒与基底之间的化学和物理接触，实现 TiO_2 向锐钛矿晶相进行转变，增加电子的传输速率。因此，以柔性聚合物导电材料作为基底使用时，需要寻求新的材料、新的工艺、新的技术来满足 TiO_2 薄膜的性能要求。目前常用压力法、膜转移法、电化学沉积法、微波法等低温技术制备 TiO_2 薄膜。第四，聚合物基底对氧气以及水蒸气的透过率比玻璃基底高 6 个数量级，为 $1 \sim 10$ $g·m^{-2}·$天$^{-1}$，严重影响电池的稳定性[13,14]，因此实验过程中常用溅射法、气相化学沉积法、原子层沉积法以及多层膜法在柔性基底表面获得致密层，阻碍氧气和水蒸气的渗透。

与聚合物塑料基底相比，金属箔作为电极的基底是另一种常见的方式与途径。金属箔片具有耐高温、高电导率的优点，可以承受 450℃ 以上的高温处理，避免了聚合物基底对温度的敏感性。同时金属还可以隔绝氧气以及水分向电池内部进行扩散，有利于提高电池的稳定性。然而，染料敏化太阳能电池中常用的电解质中含有大量的碘元素，对一般的金属都有腐蚀性，因而只有少数金属或者合金可以作为电极基底来使用。与聚合物导电基底相比，金属箔片仍存在不足与缺陷，首先，在染料敏化太阳能电池的大规模集成组装过程中，金属箔片与聚合物/ITO 导电基底不同，前者需要对金属片进行切片处理，以实现单个电池的集成组装；后者往往只需要在聚合物基底上进行适当的刻蚀，将表面的 ITO 分隔成多个小面积的部分。其次，当金属箔片基底作为光阳极使用时，电极对光不具有透过性，在电池运行过程中，光需要从对电极背面入射，需要经过对电极的反射以及电解质的吸收后才能到达染料敏化层，削弱了染料分子对入射光的利用率，会降低电池的整体光电转化效率[15,16]。

在所有的金属箔片当中，金属钛以及不锈钢是目前稳定性最好，在柔性染料敏化太阳能电池中应用最广的两种金属基底。高纯的钛箔片（> 99%）具有较高机械强度，能负重，比重小，耐高、低温，耐腐蚀性等优点，在使用过程中，钛片表面会形成一层氧化层，抑制电解质对电极的腐蚀。然而，与不锈钢相比，钛片的价格较高。为了降低电极的成本，同时改善光从对电极一侧入射的缺陷，由非常细的金属线组成的金属网也常被作为电极基底，大量的空隙结构可以为入射光提供通道，实现电池的正面照射，增加染料分子对光的利用率[17]。

无论是聚合物/ITO 还是金属箔片，都可以作为光阳极或对电极的基底材料，下面将从光阳极和对电极入手，分别介绍柔性染料敏化太阳能电池的发展近况。

6.2.1 柔性光阳极

与 FTO 导电玻璃支撑的 TiO_2 薄膜相比，基于聚合物基底的柔性光阳极面临非常大的挑战：如何在低温下制备性能优异的 TiO_2 薄膜。在低温条件下制备的 TiO_2 薄膜存在以下问题：第一，未经高温处理的 TiO_2，结晶性差，同时有些 TiO_2 无法完成晶相转变过程，电子迁移率较低；第二，传统方法制备的 TiO_2 薄膜，存在大量的有机黏结剂，在低温下无法除去，影响光阳极的导电性，无法形成多孔膜，从而影响电极的比表面积；第三，TiO_2 薄膜与柔性导电基底黏着力差；第四，TiO_2 颗粒与颗粒之间接触不紧密。以上的问题都使柔性染料敏化太阳能电池的光电转换效率较低。为了解决以上的问题，研究人员寻求开发了多种低温下制备 TiO_2 薄膜的方式，如低温烧结法[18]、水热法[19]、紫外照射法[20]、电泳沉积法[21]、化学气相沉积法[22]、微波加热法[23]、激光煅烧[24]、溅射法[25]等，并获得了较好的效果。

利用低温烧结法制备光阳极材料是一种非常简单的方式，但是由于电极的处理温度较低，不利于电子的快速传输，电池效率通常较低[26,27]。为此，人们常将低温烧结法与其他方法联用，J. Wu 研究团队以 P25、蒸馏水和无水乙醇为原料制备 TiO_2 薄膜，经过 100℃ 低温烧结和紫外光照射处理后，电池的效率达到 3.4%。研究发现，由于烧结温度较低，无法完成 TiO_2 的晶相转变，因此，在实验过程中往往以 P25 作为 TiO_2 薄膜的原料，避免其他方式制备 TiO_2 所需的晶相转变过程。同时，紫外光的照射处理可以除去 TiO_2 薄膜里的有机物[28]。

作为柔性染料敏化太阳能电池的基底材料，抗弯曲能力是柔性光阳极的基本条件之一。J. Lin 等通过冷等静压的方式在 PEN/ITO 基底上制备了双层的 TiO_2 薄膜，当在 TiO_2 表面施加 200 MPa 的压力时，电极表面的裂纹明显减少，如图 6-5 所示，有利于 TiO_2 颗粒与颗粒之间的连接，增加电子的传输速率[29]，获得 5.6% 的光电转换效率。另外，该方法制备的双层 TiO_2 结构通过多次弯曲之后，仍能保持很好的电池效率，表明电池具有很好的机械耐久性。为了增加光阳极的抗弯曲能力，在 TiO_2 薄膜中加入适当的高分子聚合物是非常有效的方式。Y. Li 等通过静电纺丝技术制备了 TiO_2/PVDF 复合光阳极，在弯曲作用下，PVDF 可以起到缓冲作用，减小 TiO_2 薄膜中的应力，将 TiO_2 颗粒连接在一起，抑制薄膜出现裂缝，可以有效地增加电池的抗弯曲稳定性[30]。

除了在聚合物基底上沉积宽禁带半导体材料，在不锈钢或者钛片上同样具有较好的性能。2006 年，S. Ito 等通过在钛箔片上沉积 TiO_2 纳米晶颗粒作为光阳极，以 Pt/ITO/PEN 作为对电极，采用背面照射的方式，获得了 7.2% 的光电转换效率，电池基本的组成结构如图 6-6 所示[31]。尤其需要指出的是，在钛箔片基底上可以简单地组装 TiO_2 纳米管阵列结构，该结构中含有大量的空隙结构，在外力的弯曲作用下，不容易发生类似颗粒薄膜中出现的开裂现象，有利于电池效率的提高。

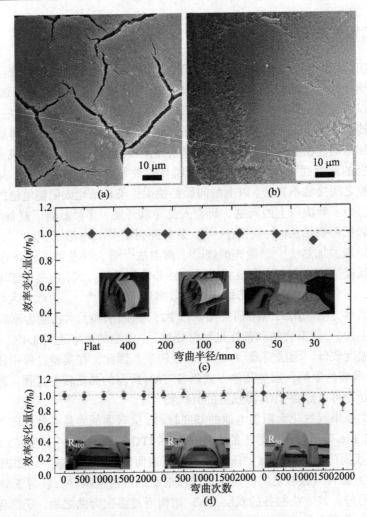

图 6-5　基于 PEN/ITO 基底的 TiO$_2$ 薄膜在施加冷等静压前（a）后（b）的形貌结构图和弯曲半径（c）以及弯曲次数（d）对电池光电转换效率的影响

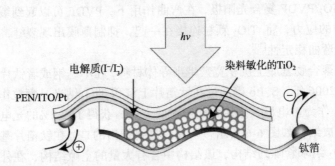

图 6-6　基于钛箔片的柔性染料敏化太阳能电池的组成结构图

在传统的染料敏化太阳能电池中，光阳极通常是由两层尺寸分别为 500 nm 和 20 nm 的 TiO_2 颗粒组成，尺寸较大的颗粒主要起散射作用，增加染料对光的吸收。然而，在背面照射时，该层 TiO_2 则不利于染料对光的吸收。正如前面所述，以金属片作为柔性基底，入射光必须从背面进行照射，会减少到达染料分子的入射光。用 SiO_2 颗粒替换大尺寸的 TiO_2 可以在一定程度上解决该问题，Lee 等利用该方法将柔性电池效率提升至 6.76%，主要原因是 SiO_2 具有一定的半透明性，同时在背面照射时可以更好地增加散射作用，从而提高电池的性能[32]。

6.2.2　柔性对电极

柔性对电极与光阳极类似，同样可以在聚合物导电塑料基底以及不锈钢基底上进行组装。除此之外，聚酯、聚乙烯以及聚苯乙烯等聚合物薄膜基板也可以作为对电极的基底材料。目前柔性对电极中，常用的材料仍然是铂电极材料，主要的制备过程是在柔性基底上溅射一层纳米铂膜。通过调节铂材料的溅射时间，可以使 Pt/ITO/PEN 对电极的透过率达到70%以上，表面电阻为 $10.35\ \Omega \cdot cm^{-2}$，满足作为对电极的基本要求，这也为电池从对电极一侧照射提供了光学基础[33]。Yamaguchi 等利用 Pt/ITO/PEN 对电极将柔性染料敏化太阳能电池的光电转换效率提升至 8.1%[34]。另外，柔性铂对电极的制备方法还有电化学沉积、化学还原法、旋涂法等。如图 6-7 所示，N. Fu 等通过电化学沉积技术在 ITO/PEN 基底上沉积了铂纳米颗粒，从扫描电镜图中可以看出电极表面的团聚态较少，透过率可以达到75%[35]。

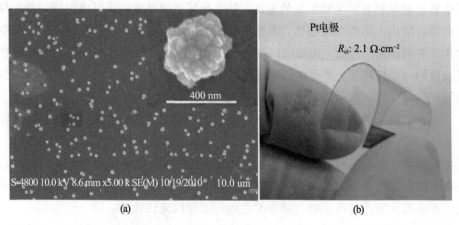

图 6-7　Pt/ITO/PEN 电极表面的扫描电镜图以及光学照片（彩图请见封底二维码）

另外，还有其他很多种催化材料都已经被应用于柔性对电极中，包括碳材料[36]、导电高分子聚合物[37]、过渡金属化合物[38]等。根据不同的催化剂以及导电基底，柔性对电极的制备方法往往不同，但大多数都是追求低温、简单的制备方法。同时，在柔性对电极的制备过程中，往往可以在纯聚合物基底上进行对电极材料的组装，其中，在聚合物基底上沉积一层碳材料代替传统的 ITO 表现出较为优异的导电性能。例如，S. G. Hashmi 等在纯 PET 表面涂覆了一层单壁碳纳米管（SWCNT），形成 SWCNT/PET 导电基底，代替 ITO/PET，之后在其表面沉积一层聚 3,4-亚乙二氧基噻吩作为催化剂，界面电荷传输阻抗可以达到 $0.4\ \Omega\cdot cm^{-2}$，优于 ITO/PET 导电基底，将其作为对电极组装成电池，获得 7.0%的光电转换效率[39]。

　　同样的，对电极材料也可以沉积在金属基底上。与 ITO 相比，金属具有更好的导电性，促进电子的转移过程，减小界面传输阻抗。例如，Yamaguchi 等通过溅射的方式在钛片上沉积铂纳米颗粒，将其作为对电极使柔性染料敏化太阳能电池的认证效率达到 7.6%[34]。在钛片基底上还可以直接沉积碳化物、氮化物等过渡金属化合物催化剂。其中，有序的 TiN 纳米管阵列表现出较为优异的电化学性能，首先通过阳极氧化法在钛片基底上制备 TiO_2 纳米管，然后经过氮化作用将其转变为 TiN 纳米管，可以将电池的效率提升至 7.73%[40]。

　　目前几乎所有适用于传统染料敏化太阳能电池中的对电极材料都可以应用在柔性对电极中，并表现出较为优异的催化性能。综上所述，全柔性的染料敏化太阳能电池可以通过组装不同的柔性电极获得不同类型的柔性染料敏化太阳能电池，主要可以分为基于聚合物基底的光阳极/基于聚合物基底的对电极组成的电池、基于聚合物基底的光阳极/基于金属基底的对电极组成的电池、基于金属基底的光阳极/基于聚合物基底的对电极组成的电池、基于金属网格基底的柔性电池四大类。与传统的染料敏化太阳能电池相比，柔性电池的应用范围更加广泛，特别是在一些曲面结构的表面应用。然而，柔性染料敏化太阳能电池的整体效率较低，主要原因是电极表面的导电性较差，严重阻碍界面间的电荷传输，并且在弯曲过程中电极表面容易形成裂纹，进一步阻碍了电子的传输。

　　为了解决上述问题，在以后的研究过程中应当探索新的方式，提高非高温烧结制备的 TiO_2 纳米晶薄膜的电子传输能力，降低暗反应；同时应当寻求高透明、高催化性的柔性对电极材料，以满足基于金属板光阳极的电池结构。同时，作者认为，在未来的有柔性电池结构中，可以将柔性玻璃引入到柔性染料敏化太阳能电池中，进一步提高太阳光的透过率，增加柔性电池器件的光伏性能。

6.3　纤维状染料敏化太阳能电池

随着传统工业的快速发展以及对新型电子器件持续增长的要求，电池的应用也趋于复杂化，人们越来越希望电池器件可以在衣食住行等方面发挥独特的作用。同时，光电子设备也逐渐从大型设备向微型、轻便、易携带以及智能化方向发展。近年来，可穿戴以及易携带的电子设备已经在人们的生活中起着不可代替的作用，如手表、手机等。为了加深电子设备在实际生活中的使用，满足个人的生活需求，将柔性器件（如传感器、集成电路、接收器、照明设备、电力系统）引入到衣服、背包以及其他物品中，将成为下一代新型电子器件的发展趋势。其中，柔性的电力驱动系统可以有效地实现能量的转化与储存，达到自动产生电能驱动设备的目的。在所有的柔性电子设备中，一维的纤维或者线型结构具有非常特殊的地位。将电池在纤维状基底上进行组装，同时利用适当的工艺将其编织成可以穿戴的衣服等物件，能够有效地促进电池在人们生活中的应用。近年来，基于纤维状结构的电池已经涵盖了多种类型的太阳能电池，包括有机太阳能电池、染料敏化太阳能电池以及钙钛矿太阳能电池等。为此，在本小节中将着重介绍目前柔性染料敏化太阳能电池的研究进展以及发展前景，希望可以促进染料敏化太阳能电池的实用化进程并拓宽电池的应用范围。

纤维状染料敏化太阳能电池的主要结构是在导电纤维基底上沉积 TiO_2 并经过染料敏化作为光阳级，然后利用适当的方式将对电极与纤维状光阳极组装在一起，利用透明的塑料套管将其密封，然后注入电解质形成纤维结构的电池器件。目前常用的导电纤维基底主要包括金属基底（以钛纤维、不锈钢纤维为主）、碳纤维，同时还包括一些复合纤维材料，如在柔性的聚合物纤维、光学纤维基底上通过缠绕导电材料形成的导电纤维等。导电基底作为整个电池器件的骨架，起着非常重要的作用。纤维的机械强度、导电性以及比表面积是衡量导电纤维基底的基本参数，同时，纤维的长径比决定了纤维状电池的柔性。因此，具有高电导率以及较大的长径比是导电纤维基底的基本要求。此外，纤维基底的成本以及重量应当尽可能小，以满足穿戴的基本要求。

纤维状染料敏化太阳能电池早在 21 世纪初就已经开始进行研究，目前根据电池中光阳极与对电极的结构可以将纤维状染料敏化太阳能电池分为四类，分别为相互缠绕式纤维电池结构、单一螺旋缠绕式纤维电池结构、单纤维电池结构以及排列式纤维电池结构。2008 年，D. Zou 等以两根相互缠绕的金属纤维作为对电极以及光阳极的基底，然后组装成染料敏化太阳能电池，电池的基本结构如图 6-8（a）所示，由于电池结构为相互缠绕式，光很容易到达光阳极部分，这也为不透明的金属材料应用到电池中提供了新的思路。在电池结构中，由于两根金属纤维之间具有毛细作用，使电解质很容易在对电极与光阳极的界面之间存留，并保持一定的时间。然而，不幸的是，电池内部的电子复合较为严重，电池效率较低[41]。通常，为了避免光阳极与对电极之间的直接接触，在电池内部形成短路，研究人员往往在对电极表面涂覆一层聚合物，达到阻断两者的目的。之后，该研究团队通过改善电池的结构，将铂纤维以螺旋的方式缠绕在 Ti/TiO₂ 纤维光阳极表面，并用密封管将其密封，然后向密封管中注入氧化还原电解质，可以明显改善电池的性能[42]，如图 6-8（b）所示。

目前纤维状染料敏化太阳能电池的主要结构以上述两种方式为主。除此之外，对于单纤维电池结构以及排列式纤维电池结构的研究也较为广泛。例如，S. Zhang 等在钛线基底上通过阳极氧化法制备了 TiO₂ 纳米管结构，经过敏化之后，在其表面沉积一层非常薄的透明的碳纳米管薄膜，起到对电极的作用，如图 6-8（c）所示。经过测试发现，单纤维电池结构的效率可以达到 1.6%，与双纤维结构相比，电池的稳定性以及柔性都有所提升，当电池弯曲 90° 时，电池效率没有明显的衰减[43]。除此之外，可以将纤维结构的对电极与光阳极进行交替排列，电解质在其间隙内填充，2012 年，Y. Fu 等以 Ti/TiO₂/染料光阳极、Pt/不锈钢对电极组成排列式纤维状染料敏化太阳能电池，如图 6-8（d）所示，电池效率可以达到 2.95%[44]。

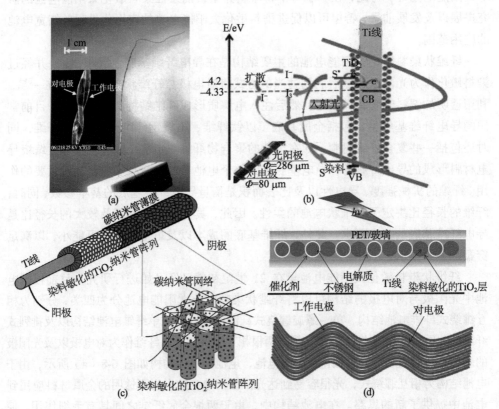

图 6-8   相互缠绕式（a）、单一螺旋缠绕式（b）、单纤维（c）以及排列式（d）
纤维电池结构（彩图请见封底二维码）

纤维状染料敏化太阳能电池之所以受到人们的广泛关注，除具有极好的柔性，可以编织成穿戴的设备器件之外，另一个重要原因是该电池结构可以实现电池的全方位照射，增加电池的光电性能。与平面结构的染料敏化太阳能电池相比，平面结构只能从一面接受入射光，当光从其他方向照射时，由于对电极不透光等原因使电池无法进行光吸收；而纤维状结构由于具有很好的对称性以及均匀性，从 360°的每一个角度照射都具有相同的效果。另外通过适当的结构优化，可以提高电池的性能。如图 6-9 所示，将纤维结构电池器件放在一个具有反光性的凹槽中，将周围的入射光反射到电池器件中，从而达到全方位照射的目的，增加染料分子对光的吸收。同时，凹槽反射器的结构对电池的性能也有非常大的影响，不同的凹槽直径对入射光的反射角度不同，致使电池器件对光的吸收能力不同，电池效率会有所差别[42]。同时，当纤维状电池结构组成具有平面结构的二维结构时（如布料，衣服），电池还可以实现编织电池的双面照射，这也是纤维状电池的优点之一。

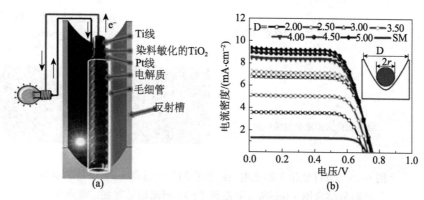

图 6-9　纤维状电池与凹槽反射器的组装结构以及凹槽直径对电池效率的影响
（彩图请见封底二维码）

　　纤维状染料敏化太阳能电池的最大优势在于可以编织成具有一定形状的物件，可以将染料敏化太阳能电池更好地应用到人们的日常生活中。2014 年，H. Peng 研究团队将光阳极以及对电极分别编织成约为 80 目的网格结构，然后利用 PET 以及沙林膜通过密封将两者组装成具有编织物结构的染料敏化太阳能电池，并表现出非常好的形变性以及兼容性，基本组装过程如图 6-10 所示[45]。光阳极是通过阳极氧化法在钛纤维表面形成一层纳米管阵列，对电极是碳纤维编织物，电池在光照下可以达到 3.67%的光电转换效率，并且在弯曲情况下电池仍能保持基本不变的光伏性能，表明电池具有很好的形变性。在实验过程中，研究人员发现该编织结构的染料敏化太阳能电池很容易与多种柔性基底整合在一起，图 6-10（b）表示电池编织物嵌入到常规的布料当中，呈现出较为优异的兼容性。纤维状电池以及电池编织物在实用过程中，与其他的电池结构一样，单一电池的输出电流以及电压并不能满足使用的要求，通常需要对电池进行串并联的电路设计，达到器件对电流以及电压的最低要求。该研究团队利用 5 个电池器件进行串联，可以驱动二极管发光，具有非常好的使用价值，加速了染料敏化太阳能电池在人们生活中的实际应用。

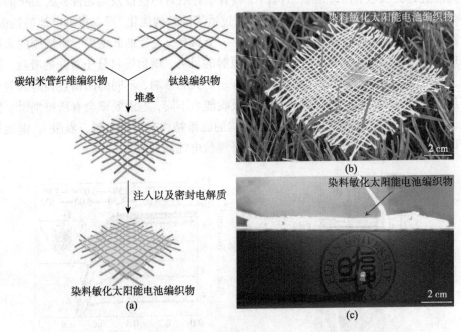

图 6-10　染料敏化太阳能电池编织物的组装过程（a）以及电池与
布料的结合图（b）和发电效果（c）（彩图请见封底二维码）

6.4　可拉伸染料敏化太阳能电池

无论是柔性电池器件、纤维状电池器件，还是编织状的结构器件，虽然具有一定的柔性和弯曲性能，但是电池器件仍没有压缩能力，在拉伸以及压缩过程中会造成电池结构的破坏，因此，开发新型的具有可拉伸性能的电池器件尤为重要。然而，目前关于可拉伸电池的研究较少，主要集中在通过对材料基底的处理，使原来不具有伸缩性的材料转变为具有可拉伸性能的材料，进而组装成可拉伸染料敏化太阳能电池。

由于可拉伸结构具有非常优异的性能，吸引了众多研究人员的广泛研究，并应用到很多的储能器件当中，如电容器等。以有机太阳能电池为例，可拉伸结构的构建过程主要如图 6-11 所示。首先，将钛线在纤维或者棒状基底上进行缠绕处理，然后将基底抽去，得到具有弹性的弹簧状结构；接下来通过阳极氧化法等方式在钛线表面形成一层 TiO_2 结构，之后在其表面依次沉积一层活性层（如 P3HT : PCBM），

空穴传输层（PEDOT：PSS 等），将一根具有弹性的纤维（如橡胶）插入制备好的
Ti/TiO$_2$/P3HT：PCBM/PEDOT：PSS 弹簧空隙当中作为电池器件的骨架；最后，在
器件表面沉积一层透明的导电层,如透明的碳纳米管等。图6-11(b)为 Ti/TiO$_2$/P3HT：
PCBM/PEDOT：PSS/MWCNT 可拉伸有机物太阳能电池的扫面电镜图,可以看出碳
纳米管均匀地沉积在电池结构的表面,有利于收集电子并将其传输至外电路,电池
效率可以达到 1.23%。通过该方式组装的电池结构具有很好的拉伸性能,如图 6-11
（c）所示,弹簧结构以及橡胶纤维作为骨架是电池具有可拉伸性能的根本原因[46]。

　　可拉伸太阳能电池同样具有纤维状太阳能电池的基本特性以及优点,将电池制
成可穿戴器件也是可拉伸太阳能电池的特色之一。如图 6-11 （d）所示,该类电池
可以很好地与衣服等编制物结合在一起,在不影响电池性能以及衣服外观的前提
下,作为电源设备应用在人们的衣食住行中。经过测试发现,编织后的电池结构经

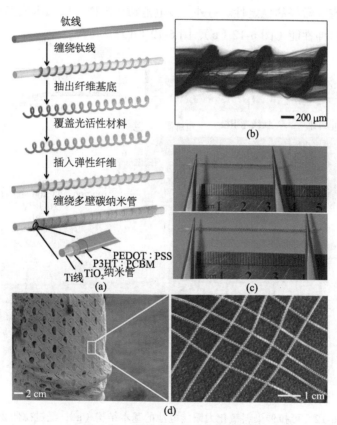

图 6-11　可拉伸有机太阳能电池
（a）可拉伸有机太阳能电池的构建过程；（b）Ti/TiO$_2$/P$_3$HT：PCBM/PEDOT：PSS/ MWCNT
可拉伸有机物太阳能电池的扫面电镜图；（c）可拉伸电池的拉伸性能；
（d）可拉伸电池的编织物与衣服相结合

过 1000 次弯曲、50 次的拉伸之后，电池效率仍能保持原始效率的 90%，具有很好的稳定性能。

与有机太阳能电池结构相似，可拉伸染料敏化太阳能电池同样是由可拉伸的弹性基底以及弹簧状的钛线作为光阳极，为电池的可拉伸性能提供结构基础。2014年，H. Peng 研究团队制备了可拉伸染料敏化太阳能电池，电池基本结构为：Ti/TiO$_2$ 纳米管/染料/电解质/多壁碳纳米管/橡胶纤维，如图 6-12（a）所示[47]。与上述有机物太阳能电池相比，电池的对电极与光阳极同样是由弹性材料组成，在外加拉力的作用下，电池具有较为优异的可拉伸性。经过 20 次拉伸之后，与未拉伸前的电池效率 7.13% 相比，电池的效率基本不变。在拉伸过程中，部分 TiO$_2$ 纳米管会发生脱落，导致电池的短路电流密度减小，而电解质往多壁碳纳米管薄膜中的渗透则会增加电池的填充因子，减小电解质与对电极之间的界面传输阻抗，两者相互作用，使电池性能具有非常好的稳定性。另外，该电池结构同样可以编织成多种形状，并且保持原有的拉伸性能（图 6-12（c）、图 6-12（d））。

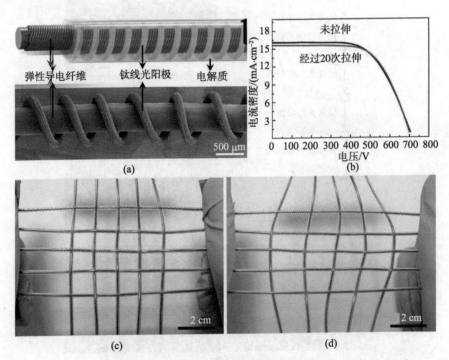

图 6-12　可拉伸染料敏化太阳能电池的基本结构（a）；经过拉伸 20 次前后的电池效率图（b）；电池编织物的拉伸效果（c）、（d）

不同应用领域所用到的电池结构往往不同，根据人们对电池器件的要求不同，不同结构的电池器件相继被开发出来。从整体结构来看，可拉伸染料敏化太阳能电池同样属于纤维状电池结构。简单来说，可拉伸结构是在纤维结构电池的基础上发展起来的，只是将原来的纤维结构通过适当的方式将其转变为具有特定形状的可拉伸结构。相信在未来的发展中，可拉伸电池的结构绝对不会仅局限于纤维结构，会逐渐拓展到平面结构电池中。相应的，对材料基底的要求将会提高，需要材料基底不仅具有可拉伸性，同时还要具有非常高的导电性能，并且在拉伸过程中对材料表面的导电性影响较小，这也是平面结构难以实现可拉伸的根本原因之一。总的来说，纤维状太阳能电池以及可拉伸太阳能电池的开发使电池的应用更加接近人们的日常生活，并为实现自身供能提供了基础。在后续的研究中，研究人员应当尽可能开发其他创造性的电池结构，尽可能地拓宽电池的使用领域。

6.5　凹槽型染料敏化太阳能电池

正如前面所述，柔性染料敏化太阳能电池中由于常用 ITO/PEN 或 ITO/PET 作为导电基底，导致光阳极的制备往往需要较低的温度，不利于获得性能优异的光阳极，导致电池性能较低。虽然研究人员探索了很多低温制备 TiO_2 薄膜的方式，但是 TiO_2 薄膜与导电基底之间的黏附性也是限制电池性能的关键因素之一。目前较为理想的光阳极是在钛片上进行组装，此时入射光必须从电池的背面——对电极一面进行照射，而常用的铂对电极由于具有一定反射能力，增加了光的损失；其次，电解液在电池中的挥发与泄露也是限制柔性染料敏化太阳能电池性能的另一个重要因素。

基于以上的问题，本研究团队开发了一种凹槽式染料敏化太阳能电池，电池的组装过程如图 6-13 所示。首先利用氢氟酸对钛箔片进行刻蚀，在钛片基底上形成

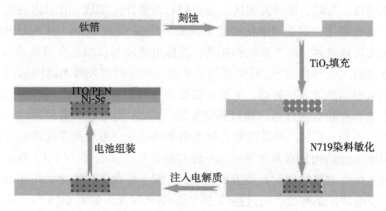

图 6-13　凹槽式染料敏化太阳能电池的组装过程（彩图请见封底二维码）

具有一定深度的凹槽，然后将溶胶–凝胶法制备的 TiO_2 纳米颗粒填充在凹槽中，通过染料敏化之后，与透明的 Ni-Se/ITO/PEN 对电极组装成柔性染料敏化太阳能电池。与传统结构的染料敏化太阳能电池相比，光阳极为凹槽式结构，可以有效地将电解质溶液留在凹槽中，减缓了电解质的挥发与泄露，同时简化了密封过程，具有较好的实用价值。另外，为了进一步提高电池的性能，该团队同样制备了透明的硒化镍（Ni-Se）对电极，通过优化对电极的组成，可以将对电极的透过率提升到 90%，明显优于铂对电极的透过性，从而提高染料分子对光的吸收，电池效率最高获得 7.35%，与基于 FTO 导电玻璃的染料敏化太阳能电池相近[48]。

凹槽结构可以很好地将电解质保留住，为实现电池的长期稳定性提供了一种新的方式，该类电池结构目前仍处于初级阶段。如何实现入射光从正面照射，将是提高电池效率的关键。

6.6　圆筒式染料敏化太阳能电池

目前平面结构染料敏化太阳能电池的光电转换效率可以达到 14%，然而由于平面结构对入射光的角度要求较高，在不同角度照射时电池效率会有明显的差别。一般来说，电池效率在中午的时候达到最高，在下午以及晚上时电池的效率往往较低。为了在不牺牲电池性能的前提下实现多方位的照射，圆筒式染料敏化太阳能电池结构也被研究人员开发出来。

2016 年，本研究团队开发设计了一种新型的圆筒形染料敏化太阳能电池，电池结构如图 6-14（a）所示。通过阳极氧化法在钛线表面制备了 TiO_2 纳米管阵列结构，扫描电镜图如图 6-14（b）、图 6-14（c）所示，N719 染料分子作为敏化剂。在电池结构中，由于 TiO_2/Ti 作为光阳极材料，处于圆筒的中心位置，因此对电极同样应当具有透明性。为此，该研究团队以透明的石英管作为基底，在其内表面依次沉积 ITO 层、具有催化性的透明硒化物层（CoSe、NiSe 以及 FeSe）作为对电极组装成染料敏化太阳能电池。与平面结构相比，液体电解质可以填充在圆筒结构中，有利于提高电池的光电转换效率，同时避免了平面结构中的挥发与泄露问题。除此之外，当入射光从不同的方向照射时，电池可以获得相同的电池效率，与纤维状染料敏化太阳能电池具有相似的优点。通过测试发现，CoSe 对电极具有最好的催化性，电池效率可以达到 6.63%，并且随着入射光角度的改变，电池效率保持非常高的一致性，表明该电池结构具有非常好的均一性与对称性，如图 6-14（d）所示。最后，利用醋酸乙烯酯共聚物密封石英管的两端，有利于简化染料敏化太阳能电池的密封工艺，减缓电解质的挥发，通过连续 30 天的测试发现，如图 6-15（e）所示，电池的光电转换效率基本没有改变，具有很好的稳定性能[49]。

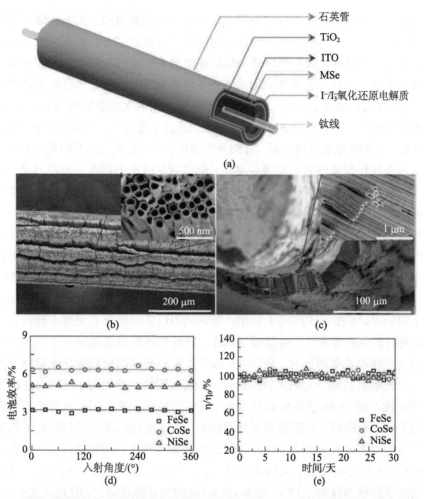

图 6-14　圆筒式染料敏化太阳能电池的结构示意图（a），TiO₂ 纳米管阵列扫描电镜图（b）、
（c），电池效率随着太阳光入射角度的变化（d），电池效率的稳定性（e）

6.7　多功能染料敏化太阳能电池

染料敏化太阳能电池除了传统的结构之外，很多具有多种功能的电池结构相继被研究人员开发出来，并在特定领域获得独特的应用。目前关于染料敏化太阳能电池结构的研究，主要集中在降低电池的成本、增加电池的柔性、拓宽电池的应用领域等方面。虽然染料敏化太阳能电池的光电转换效率较低，但是多功能染料敏化太阳能电池已经在很多领域表现出非常好的应用前景。首先，染料敏化太阳能电池与光解水系统结合，在制氢方面表现出非常优越的潜力；其次，染料敏化太阳能电池

与石墨烯等材料相结合，组成在雨天可以发电的太阳能电池，是太阳能电池发展的重要进步；再次，染料敏化太阳能电池与锂离子电池相结合，提高电池的整体输出功率；最后，染料敏化太阳能电池与摩擦生电纳米发电机相结合，有效地利用了光能以及机械能，提高了能量的利用率。将多种能量同时吸收，尽可能地从自然界中获取能量，将自然界中的热能、机械能以及未被利用的太阳能转变为可利用的电能、氢能等新型能源，是多功能染料敏化太阳能电池的主要目的。下面以四个典型的多功能染料敏化太阳能电池结构为例，详细介绍如何尽可能地从自然界中获取能量。

　　虽然光催化制氢已经研究了很多年，但是制氢效率仍存在一定的不足，主要是由于光阳极材料的限制。目前 WO_3、Fe_2O_3 等半导体材料由于具有合适的带隙，在水溶液中的稳定性较高，是光催化、电解水制氢系统中常用的光阳极材料。然而，由于该类物质的导带位置较低，在不施加偏压的情况下不能有效地还原 H_2O 释放氢气；同时 WO_3、Fe_2O_3 的带隙分别为 2.6 eV、2.0 eV，在全太阳能光谱中吸收的太阳能十分有限。因此，研究人员设想通过利用染料敏化太阳能电池作为电源设备，与光解水系统相结合，为后者施加电压，可以在整体上提高对光谱的利用率，增加光解水的效率。早在 2010 年，J. Brillet 等就试图以染料敏化太阳能电池作为驱动设备，实现高效的光解水[50]。在实验过程中，该研究团队系统地研究了三种不同的组装结构对光解水效率的影响。图 6-15（a）表示在串联的染料敏化太阳能电池前方构建一个光解水系统，太阳光首先通过 Fe_2O_3 光阳极，将光谱中 620 nm 以下的太阳光谱吸收，而 Fe_2O_3 无法吸收的 800 nm 以下的太阳光谱则被染料敏化太阳能电池中的染料分子吸收，从而提高对光谱的利用率。实验中两个染料敏化太阳能电池串联可以提供 1.42 V 的驱动电压，是 Fe_2O_3 光解水最为基本的条件之一。然而，由于 Fe_2O_3 光阳极存在较强的光吸收以及反射，导致电池的光生电流较低，整体的光解水制氢系统效率仅为 1.16%。图 6-15（b）结构为并排结构，太阳光依次通过 Fe_2O_3 光阳极、染料敏化的电池器件 Ⅰ、染料敏化的电池器件 Ⅱ，可以更加有效地利用入射光，使制氢效率达到 1.36%。图 6-15（c）表示染料敏化太阳能电池置于 Fe_2O_3

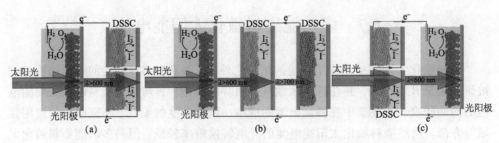

图 6-15　三种染料敏化太阳能电池与 Fe_2O_3 光阳极组装的制氢系统
（彩图请见封底二维码）

光解水电池的正前方，然而由于染料敏化太阳能电池对紫外区的吸收，造成 Fe_2O_3 无法吸收，催化水的分解，限制了光解水制氢系统的整体效率。三种结构中虽然以第二种结构的制氢效率最高，但整体的制氢效率仍然较低。扩宽器件对光的吸收，尤其是近红外以及远红外的光，可以进一步提高电池器件的效率。

　　类似的，2011 年，J. K. Kim 等利用一块染料敏化太阳能电池作为电源为光解水系统提供电压。实验表明在该系统中 WO_3 光阳极的光解水制氢电池达到饱和，电流的偏压阀值降低了 0.6 V[51]，因此单块电池即可驱动其水解过程的进行。该器件结构如图 6-16 所示，WO_3 光阳极通过一个双面导电的 FTO 玻璃与染料敏化太阳能电池的铂对电极相连。通过对 WO_3 结构的优化，使该电极具有非常优异的光学透明性，也为构筑该类结构提供了有利条件，在没有任何助力下即可实现光解水，具有非常大的应用前景。

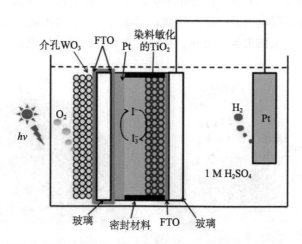

图 6-16　染料敏化太阳能电池与 WO_3 组装的制氢系统（彩图请见封底二维码）

　　目前，已开发的太阳能电池都需要在太阳光的照射下实现能量转换，但在夜晚、阴、雨、雾等暗环境下无法发电。中国气象数据显示，我国平均日照时间约为 3000 小时/年（占总时间的 34.2%），这意味着电池 65.8%的时间因在暗环境而不能发电。因此，发展"全天候"太阳能电池技术，将自然界中的其他能量转变为电能具有重要的科学意义和重大的应用前景。

　　石墨烯是一种碳原子呈蜂窝状排列组合成的二维晶体，与它具备的许多其他优势相比，石墨烯以其卓越的导电性最为闻名，其表面富含大量离域电子（即自由移动的电子），在遇水的情况下，石墨烯的电子可吸引正电荷离子，即我们熟知的路易斯酸碱电子理论，这一属性也可用于去除溶液中的铅离子和有机染料。以 NaCl 溶液为例，当盐溶液在石墨烯表面进行铺展的过程中，Na^+ 会吸附在石墨烯表面，形成一层带有正电的电荷层，相应的，在静电作用下溶液中会聚集一层 Cl⁻，从而在石墨烯与盐溶液的界面处形成电容[52]。雨水并不是毫无杂质的纯净水，含有能分离成正负离子的盐分，其中正电荷离子主要为钠离子、钙离子与氨基盐。为了巧妙利用这些化学成分，本研究团队选用了能够吸引正离子的石墨烯薄膜，在雨水与石墨烯的接触点上，这些正离子会被吸附到石墨烯表面，这层带正电的离子层会与石墨烯的负电子作用结合，形成一个电子与正电荷离子组成的双层结构，能起到和电容器一样储备电能的效果，双层间的势能差足以产生电压和电流。基于该理论，本研究团队在染料敏化太阳能电池电极非导电面热压一层石墨烯薄膜，由此形成光-雨双激发的柔性染料敏化太阳能电池，在 AM1.5 模拟太阳光照射下，电池的光电转换效率可以达到 6.53%，在模拟雨水与石墨烯表面接触时，可以产生微安级的电流信号和数百个微伏的电压信号，从而实现电池在雨天也可以发电的设想。该电池器件的基本结构如图 6-17 所示，石墨烯薄膜涂覆在染料敏化太阳能电池的表面，在光照的情况下，并不影响电池的原有性质；当在雨天时，雨水滴在石墨烯表面，形成电容，可以产生一定的电流与电压，实现电池器件的持续发电。

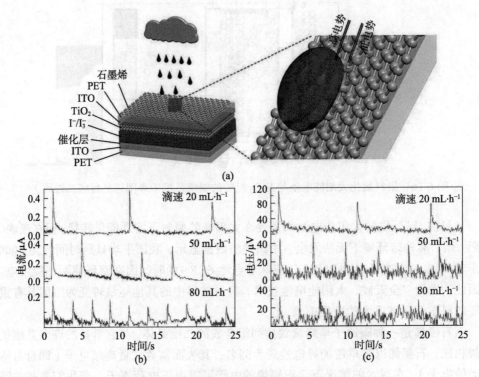

图 6-17　可在雨天发电的太阳能电池

（a）染料敏化太阳能电池与石墨烯组成雨天发电的电池结构以及石墨烯与离子的作用过程；（b）滴速与输出电流之间的关系；（c）滴速与输出电压之间的关系

硅太阳能电池、燃料电池、染料敏化太阳能电池等能源收集设备具有高效率、易制备等优点，常与储能设备结合使用。硅太阳能电池与锂离子电池作为两个独立的部分应用在一个动力系统中，已经在实际的生产过程中实现了硅太阳能电池的发电与锂离子电池的储能相结合。然而，独立的系统存在体积大、质量重等缺点，开发新能源与储能设备的组合器件是目前的研究方向之一。

目前，已经实现染料敏化太阳能电池与锂离子电池相结合，使器件同时具有发电与储能的功能。由于钛片具有较高的导电性，并且可以在正反两面进行物理或化学处理，从而组装不同的电化学器件。科研人员通过对钛片进行电化学处理，在正反两面均获得 TiO_2 纳米管阵列。其中一面 TiO_2 纳米管作为染料敏化太阳能电池的光阳极，另一面 TiO_2 纳米管作为锂离子电池的负极，基本结构如图 6-18 所示。在光照情况下，光生电子通过 TiO_2 纳米管的导带传输到钛片，然后传输到锂离子电池的负极，并发生如下反应：

$$TiO_2 + xLi^+ + xe^- \rightarrow Li_xTiO_2$$

同时，在锂离子电池的正极发生反应，释放电子，流向染料敏化太阳能电池的铂对电极，完成一个循环过程。

$$LiCoO_2 \rightarrow Li_{1-x}CoO_2 + xLi^+ + xe^-$$

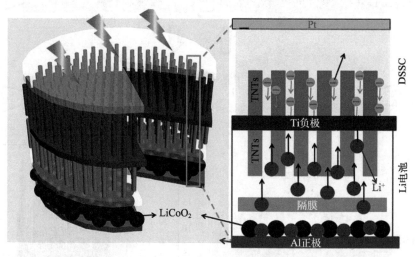

图 6-18　染料敏化太阳能电池与锂离子电池结合示意图（彩图请见封底二维码）

将染料敏化太阳能电池进行串联组装，可以使整个器件的输出电压达到 3 V，锂离子电池的放电容量达到 38.89 μA·h，整体器件的转换与储存效率为 0.82%，该电力驱动系统可以很好地应用在移动电子设备中[53]。

除此之外，基于压电效应和摩擦生电效应，利用纳米发电机可以有效地将振动、转动和机械能转换成电能，是目前研究的热点。纳米发电机是基于规则的氧化锌纳米线在纳米范围内将机械能转化成电能，是世界上最小的发电机。利用氧化锌纳米阵列与适当的材料（如聚二甲基硅氧烷）可以在机械作用力下通过摩擦作用形成电势差，从而形成电流。近期，多种杂化电池设备逐渐进入人们的视线，例如，将纳米发电机与太阳能电池组合，达到同时利用机械能与太阳能的目的。摩擦生电纳米发电机过程如图 6-19（a）所示，在外部压力的作用下，两层薄膜物质相互接触，通过摩擦作用分别在两种薄膜中产生正电荷与负电荷，当撤销外力之后，两个电极分离，从而产生电势差，在该电势差的驱动下，电子将从底部向顶部发生转移，形成电流，直到电荷薄膜恢复到原来的形状并达到电荷平衡；之后，当外力再次施加到纳米发电机薄膜上时，相反的电势差将会驱动电子从顶部向底部进行转移，产生与复原过程方向相反的电流。该类结构的纳米发电机可以在瞬时达到数十伏的电压值，其中，与染料敏化太阳能电池的组合结构如图 6-19（b）所示，在染料敏化太

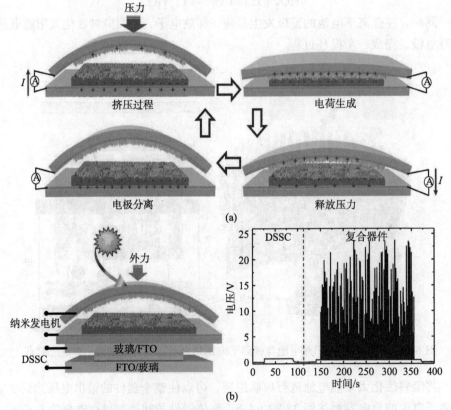

图 6-19　纳米发电机与染料敏化太阳能电池的复合器件
（a）纳米发电机的发电过程；（b）纳米发电机与染料敏化太阳能电池的组合
结构示意图以及相应器件的输出电压

阳能电池的一侧组装纳米发电机,可以使器件在外力驱动的作用下同时将太阳能与机械能转变为电能,具有非常好的应用前景。科研人员预测,这一发明可以整合纳米器件,实现真正意义上的纳米系统,它可以收集机械能,比如人体运动、肌肉收缩等所产生的能量;收集震动能,比如声波和超声波产生的能量;收集流体能量,比如体液流动、血液流动和动脉收缩产生的能量,并将这些能量转化为电能提供给纳米器件。纳米发电机所产生的电能足够供给纳米器件或系统,从而让纳米器件或纳米机器人实现能量自供。同时,将纳米发电机与太阳能电池器件复合之后,极大地扩宽了能量的利用,相信在不久的未来,电子设备将是多种发电设备的组合结构,实现多种能量的共同利用,在理论上提高器件的发电效率。

　　构建多功能染料敏化太阳能电池的基本思路是在染料敏化太阳能电池的传统结构上进行其他纳米器件的组装。众所周知,能量在自然界中以各种形式存在,并且含量巨大,如果能将这些能量进一步转化为可以利用的能源,是解决目前能源问题的有效方式之一。除了上述的一些典型结构,研究人员同样设想如何将环境中的热能转变为电能。热能在自然界中无处不在,就算是在夜晚也会存在大量的红外线,并以热能的形式向环境中进行输送,可以说热能是人们经常可望不可即的能量。虽然科研人员对热电转变进行了大量的研究,但是其效率仍然较低。若能实现热电材料在室温下完成高效的能量转变,除了将会对目前的能源结构产生巨大的影响之外,同时也会对太阳能电池的发展产生不可忽视的推动作用。在光照情况下,电池器件的温度会升高,影响电池的性能,若是在太阳能电池的结构中引入热电转变功能,除了可以减缓温度对电池发电效率的影响,使电池持续以最优的性能输出电能,还可以将未被利用的能源转变为电能,提高太阳能的利用率。

参 考 文 献

[1] Powar S, Daeneke T, Ma M T, et al. Highly efficient p-type dye-sensitized solar cells based on tris (1, 2-diaminoethane) cobalt (Ⅱ)/(Ⅲ) electrolytes. Angew. Chem. Int. Ed., 2013, 52: 602-605.

[2] Mori S, Fukuda S, Sumikura S, et al. Charge-transfer processes in dye-sensitized NiO solar cells. J. Phys. Chem. C, 2008, 112: 16134-16139.

[3] Xu Z, Xiong D, Wang H, et al. Remarkable photocurrent of p-type dye-sensitized solar cell achieved by size controlled CuGaO$_2$ nanoplates. J. Mater. Chem. A, 2014, 2: 2968-2976.

[4] Xiong D, Xu Z, Zeng X, et al. Hydrothermal synthesis of ultrasmall CuCrO$_2$ nanocrystal alternatives to NiO nanoparticles in efficient p-type dye-sensitized solar cells. J. Mater. Chem., 2012, 22: 24760-24768.

[5] Ahmed J, Blakely C K, Prakash J, et al. Scalable synthesis of delafossite CuAlO$_2$ nanoparticles for p-type dye-sensitized solar cells applications. J. Alloy. Compd., 2014, 591: 275-279.

[6] Nattestad A, Zhang X, Bach U, et al. Dye-sensitized CuAlO$_2$ photocathodes for tandem

solar cell applications. J. Photonics Energy, 2011, 1: 011103.

[7] Nattestad A, Mozer A J, Fischer M K R, et al. Highly efficient photocathodes for dye-sensitized tandem solar cells. Nat. Mater., 2010, 9: 31-35.

[8] Lefebvre J F, Sun X Z, Calladine J A, et al. Promoting charge-separation in p-type dye-sensitized solar cells using bodipy. Chem. Commun., 2014, 50: 5258-5260.

[9] Wood C J, Summers G H, Gibson E A. Increased photocurrent in a tandem dye-sensitized solar cell by modifications in push-pull dye-design. Chem. Commun., 2015, 51: 3915-3918.

[10] Zardetto V, Brown T M, Reale A, et al. Substrates for flexible electronics: A practical investigation on the electrical, film flexibility, optical, temperature, and solvent resistance properties. J. Polym. Sci., Part B: Polym. Phys., 2011, 49: 638-648.

[11] Ikegami M, Suzuki J, Teshima K, et al. Improvement in durability of flexible plastic dye-sensitized solar cell modules. Sol. Energy Mater. Sol. Cells, 2009, 93: 836-839.

[12] Lee K M, Chiu W H, Lu M D, et al. Improvement on the long-term stability of flexible plastic dye-sensitized solar cells. J. Power Sources, 2011, 196: 8897-8903.

[13] Carcia P F, McLean R S, Reilly M H, et al. Ca test of Al_2O_3 gas diffusion barriers grown by atomic layer deposition on polymers. Appl. Phys. Lett., 2006, 89: 031915.

[14] Dennler G, Lungenschmied C, Neugebauer H, et al. A new encapsulation solution for flexible organic solar cells. Thin Solid Films, 2006, 511(14): 349-353.

[15] Onozawa-Komatsuzaki N, Sayama K, Konishi Y, et al. Flexible dye-sensitized solar cells with high thermal resistance clay films as substrates. Electrochemistry, 2011, 79: 801-803.

[16] Huang Y T, Zhan Y Y, Cherng S J, et al. Surface metallization of polyimide as a photoanode substrate for rear-illuminated dye-sensitized solar cells. J. Electrochem. Soc., 2013, 160: H581-H586.

[17] Li H, Zhao Q, Dong H, et al. Highly-flexible, low-cost, all stainless steel mesh-based dye-sensitized solar cells. Nanoscale, 2014, 6: 13203-13212.

[18] Fan K, Peng T, Chen J, et al. A simple preparation method for quasi-solid-state flexible dye-sensitized solar cells by using sea urchin-like anatase TiO_2 microspheres. J. Power Sources, 2013, 222: 38-44.

[19] Zhang D, Yoshida T, Furuta K, et al. Hydrothermal preparation of porous nano-crystalline TiO_2 electrodes for flexible solar cells. J. Photochem. Photobiol. A: Chem., 2004, 164: 159-166.

[20] Zhang D, Yoshida T, Oekermann T, et al. Room-temperature synthesis of porous nanoparticulate TiO_2 films for flexible dye-sensitized solar cells. Adv. Funct. Mater., 2006, 16: 1228-1234.

[21] Chen L C, Ting J M, Lee Y L, et al. A binder-free process for making all-plastic substrate flexible dye-sensitized solar cells having a gel electrolyte. J. Mater. Chem., 2012, 22: 5596-5601.

[22] Murakami T N, Kijitori Y, Kawashima N, et al. Low temperature preparation of mesoporous TiO_2 films for efficient dye-sensitized photoelectrode by chemical vapor deposition combined with UV light irradiation. J. Photochem. Photobio. A: Chem., 2004, 164: 187-191.

[23] Hart J N, Menzies D, Cheng Y B, et al. A comparison of microwave and conventional heat treatments of nanocrystalline TiO_2. Sol. Energy Mater. Sol. Cells, 2007, 91: 6-16.

[24] Ming L, Yang H, Zhang W, et al. Selective laser sintering of TiO_2 nanoparticle film on

plastic conductive substrate for highly efficient flexible dye-sensitized solar cell application. J. Mater. Chem. A, 2014, 2: 4566-4573.

[25] Chen X, Tang Q, Zhao Z, et al. One-step growth of well-aligned TiO_2 nanorod arrays for flexible dye-sensitized solar cells. Chem. Commun., 2015, 51: 1945-1948.

[26] Pichot F, Pitts J R, Gregg B A. Low-temperature sintering of TiO_2 colloids: Application to flexible dye-sensitized solar cells. Langmuir, 2000, 16: 5626-5630.

[27] Miyoshi K, Numao M, Ikegami M, et al. Effect of thin TiO_2 buffer layer on the performance of plastic-based dye-sensitized solar cells using indoline dye. Electrochemistry, 2008, 76: 158-160.

[28] 肖尧明, 吴季怀, 李清华, 等, 柔性染料敏化太阳能电池光阳极的制备及其应用. 科学通报, 2009, 54: 2425-2430.

[29] Lin J, Peng Y, Pascoe A R, et al. A Bi-layer TiO_2 photoanode for highly durable, flexible dye-sensitized solar cells. J. Mater. Chem. A, 2015, 3: 4679-4686.

[30] Li Y, Lee D K, Kim J Y, et al. Highly durable and flexible dye-sensitized solar cells fabricated on plastic substrates: PVDF-nanofiber-reinforced TiO_2 photoelectrodes. Energy Environ. Sci., 2012, 5: 8950-8957.

[31] Ito S, Ha N C, Rothenberger G, et al. High-efficiency (7.2%) flexible dye-sensitized solar cells with Ti-metal substrate for nanocrystalline-TiO_2 photoanode. Chem. Commun., 2006, 38: 4004-4006.

[32] Lee K M, Chiu W H, Suryanarayanan V, et al. Enhanced efficiency of bifacial and back-illuminated Ti foil based flexible dye-sensitized solar cells by decoration of mesoporous SiO_2 layer on TiO_2 anode. J. Power Sources, 2013, 232: 1-6.

[33] Lin L Y, Lee C P, Vittal R, et al. Selective conditions for the fabrication of a flexible dye-sensitized solar cell with Ti/TiO_2 photoanode. J. Power Sources, 2010, 195: 4344-4349.

[34] Yamaguchi T, Tobe N, Matsumoto D, et al. Highly efficient plastic-substrate dye-sensitized solar cells with validated conversion efficiency of 7.6%. Sol. Energy Mater. Sol. Cells, 2010, 94: 812-816.

[35] Fu N, Xiao X, Zhou X, et al. Electrodeposition of platinum on plastic substrates as counter electrodes for flexible dye-sensitized solar cells. J. Phys. Chem. C, 2012, 116: 2850-2857.

[36] Miettunen K, Toivola M, Hashmi G, et al. A carbon gel catalyst layer for the roll-to-roll production of dye solar cells. Carbon, 2011, 49: 528-532.

[37] Burschka J, Brault V, Ahmad S, et al. Influence of the counter electrode on the photovoltaic performance of dye-sensitized solar cells using a disulfide/thiolate redox electrolyte. Energy Environ. Sci., 2012, 5: 6089-6097.

[38] Wang M, Anghel A M, Marsan B, et al. CoS supersedes Pt as efficient electrocatalyst for triiodide reduction in dye-sensitized solar cells. J. Am. Chem. Soc., 2009, 131: 15976, 15977.

[39] Hashmi S G, Moehl T, Halme J, et al. A durable SWCNT/PET polymer foil based metal free counter electrode for flexible dye-sensitized solar cells. J. Mater. Chem. A, 2014, 2: 19609-19615.

[40] Jiang Q, Li G, Gao X. Highly ordered TiN nanotube arrays as counter electrodes for dye-sensitized solar cells. Chem. Commun., 2009, 44: 6720-6722.

[41] Fan X, Chu Z, Wang F, et al. Wire-shaped flexible dye-sensitized solar cells. Adv. Mater., 2008, 20: 592-595.

[42] Fu Y, Lv Z, Hou S, et al. Conjunction of fiber solar cells with groovy micro-reflectors as highly efficient energy harvesters. Energy Environ. Sci., 2011, 4: 3379-3383.

[43] Zhang S, Ji C, Bian Z, et al. Single-wire dye-sensitized solar cells wrapped by carbon nanotube film electrodes. Nano Lett., 2011, 11: 3383-3387.

[44] Fu Y, Lv Z, Hou S, et al. TCO-free, flexible, and bifacial dye-sensitized solar cell based on low-cost metal wires. Adv. Energy Mater., 2012, 2: 37-41.

[45] Pan S, Yang Z, Chen P, et al. Wearable solar cells by stacking textile electrodes. Angew. Chem. Int. Ed., 2014, 53: 6110-6114.

[46] Zhang Z, Yang Z, Deng J, et al. Stretchable polymer solar cell fibers. Small, 2015, 11: 675-680.

[47] Yang Z, Deng J, Sun X, et al. Stretchable, wearable dye-sensitized solar cells. Adv. Mater., 2014, 26: 2643-2647.

[48] Wang X, Tang Q, He B, et al. 7.35% efficiency rear-irradiated flexible dye-sensitized solar cells by sealing liquid electrolyte in a groove. Chem. Commun., 2015, 51: 491-494.

[49] Tang Q, Zhang L, He B, et al. Cylindrical dye-sensitized solar cells with high efficiency and stability over time and incident angle. Chem. Commun., 2016, 52: 3528-3531.

[50] Brillet J, Cornuz M, Formal F L, et al. Examining architectures of photoanode - photovoltaic tandem cells for solar water splitting. J. Mater. Res., 2010, 25: 17-24.

[51] Kim J K, Shin K, Cho S M, et al. Synthesis of transparent mesoporous tungsten trioxide films with enhanced photoelectrochemical response: application to unassisted solar water splitting. Energy Environ. Sci., 2011, 4: 1465-1470.

[52] Tang Q, Wang X, Yang P, et al. A solar cell that is triggered by sun and rain. Angew. Chem. Int. Ed., 2016, 55: 5243-5246.

[53] Guo W, Xue X, Wang S, et al. An integrated power pack of dye-sensitized solar cell and Li battery based on double-sided TiO_2 nanotube arrays. Nano Lett., 2012, 12: 2520-2523.

第 7 章　量子点敏化太阳能电池

半导体量子点（quantum dots）作为一种新型的敏化剂吸光材料应用在敏化太阳能电池中，取代钌络合物有机染料，在一定程度上拓展了敏化太阳能电池的范畴。目前已经逐渐形成独立的科学体系，称为量子点敏化太阳能电池（quantum dot-sensitized solar cell，QDSSC），对于太阳能电池的发展起到了促进作用。在纳米技术不断发展进步的时代，半导体受到了广泛的关注，相对于有机染料，半导体量子点具有吸光系数大、多重激子激发、禁带宽度可调，并且可以实现全光谱的吸收，实现全色敏化的特点，弥补了染料敏化太阳能电池中染料对光吸收的缺陷。通过计算，量子点敏化太阳能电池的理论效率可以突破 Shockley-Queisser 的效率极限，具有广阔的应用空间。

7.1　量子点概述

纳米科技是 20 世纪 80 年代初迅速发展起来的新的、非常重要的、将对人类的生存和发展产生显著影响（将改变几乎每一种人造物件的特性）的科技领域。纳米材料是在纳米科技的基础上发展起来的一类小尺寸的材料，通常按照材料在三维方向上的尺寸可以将纳米材料分为纳米线（一维纳米材料）、纳米薄膜（二维纳米材料）以及纳米块体（三维纳米材料）。

当材料的尺寸在 3 个维度上与电子的德布罗意波的波长或电子的平均自由程相当或更小时，电子或载流子在 3 个方向受到约束，不能自由运动，即电子在 3 个方向的能量都已量子化，称之为量子点，常见的量子点主要是由 Ⅱ-Ⅵ 族（如 CdS、CdSe、CdTe 等）或 Ⅲ-Ⅴ 族（InP、InAs、GaAs 等）元素组成的纳米颗粒。量子点的粒径一般介于 1～10 nm，由于电子和空穴被量子限域，连续的能带结构变成具有分子特性的分立能级结构，受激后可以发射荧光，量子效应显著。目前量子点已经在太阳能电池、发光器件、光学生物标记等领域得到广泛的应用。

7.1.1　量子效应

量子效应是指当颗粒尺寸进入纳米量级时，尺寸限域将引起诸多不同于宏观材料的物理与化学性质，包括尺寸效应、量子限域效应、宏观量子隧道效应和表面效应。

尺寸效应是指当纳米粒子的尺寸减小到周期性的边界条件被破坏,原来电子能级由准连续变为离散能级的现象,形成一系列分立的能级结构,而导致材料的声、光、电、磁、热力学特性的变化,也叫体积效应。同时,随着颗粒的逐渐减小,材料的禁带宽度会逐渐增加,吸收光谱与发射光谱发生蓝移,尺寸越小,蓝移现象越严重。例如,金属费米能级附近的电子能级由准连续变为离散能级的现象;半导体微粒存在不连续的最高被占据分子轨道和最低未被占据分子轨道能隙变宽的现象。在量子点中,材料的有效禁带宽度 $E_g(R)$ 可以通过公式进行计算[1]:

$$E_g(R) = E_g(\infty) + \frac{h^2\pi^2}{2R^2}\left(\frac{1}{m_e^*} + \frac{1}{m_h^*}\right) - \frac{1.8e^2}{\varepsilon_r R}$$

式中, $E_g(\infty)$ 表示块体材料的禁带宽度; R 表示材料粒子的半径;h 表示普朗克常量; m_e^* 和 m_h^* 分别表示电子和空穴的有效质量; ε_r 表示相对介电常数; e 表示电子的电荷量。

当 R 足够小时, $1/R^2$ 项起决定的作用,使材料的禁带宽度随 R 的减小而增加。因此,通过控制量子点的形状、结构和尺寸,就可以简单地调节量子点的能隙宽度、激子束缚能的大小以及激子的能量蓝移等电子状态。因此,当量子点作为敏化剂应用在太阳能电池中,可以通过调节半导体材料的尺寸实现材料对全光谱的吸收,这是量子点作为敏化剂的重要优势之一。

量子限域效应是指由于量子点的尺寸与电子的德布罗意波的波长、相干波长以及激子的玻尔半径相比拟,电子被局限在一定的纳米空间之内,传输受到限制,电子平均自由程很短,电子的局域性和相干性增强。在限域效应的作用下,量子点容易产生激子,产生激子吸收带。随着粒径的减小,激子带的吸收系数增加,出现激子强吸收。由于量子限域效应,激子的最低能量向高能方向移动即蓝移。

按照电子传输的经典观点,当电子被限制在纳米尺度范围内运动时,电子传输过程中需要克服一定的能级势垒,即当粒子的能量小于能级势垒时,粒子穿过势垒的概率为零;而当粒子的能量大于能级势垒的能量时,这一概率为 1。然而随着材料尺寸的减小,当微观粒子的总能量小于势垒高度时,该粒子仍能穿越这一势垒,纳米粒子的这种能力称为隧道效应,图 7-1 为经典物理与量子物理的主要差别。其主要原因是:电子除具有粒子性还具有波动性,电子仍有一定的概率穿透表面势垒的阻挡。例如,在制造半导体集成电路时,当电路的尺寸接近电子波长时,电子就通过隧道效应而溢出器件,使器件无法正常工作,因此在微电子器件中电路的极限尺寸大概在 0.25 μm 以上。

表面效应是指纳米粒子表面和界面原子数与总原子数之比随粒径的变小而急剧增大后引起的性质上的变化。纳米粒子中含有大量的晶界与表面原子,会产生各种原子的缺陷以及相当大的比表面积和原子活性。由于大量的原子存在于晶界,局

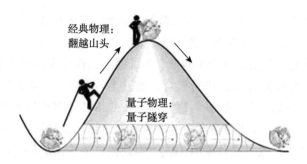

图 7-1　经典物理与量子物理的主要差别

部的原子结构不同于大块晶体材料，必将使纳米材料的自由能增加，使纳米材料处于不稳定的状态。例如，表面效应的存在导致纳米材料具有很高的扩散速率。同时表面缺陷导致陷阱电子或空穴，它们反过来会影响量子点的发光性质，引起非线性光学效应。

7.1.2　量子点的应用

半导体量子点材料由于具有极好的吸光性能，因此其应用涉及各个学科与领域，包括光学、生物学、化学、物理学等。

在 20 世纪 70 年代发展起来的半导体光催化技术是一门新兴的环保技术，目前已形成了一套完整的理论体系。光催化，一种在室温下通过光的照射，半导体自身不起变化，却可以促进化学反应的物质，是利用自然界存在的光能转换成为化学反应所需的能量，来产生催化作用，使周围的氧气以及水分子激发成极具氧化力的自由负离子，几乎可分解所有对人体和环境有害的有机物质及部分无机物，不仅能加速反应，亦能运用自然界的定律，不造成资源浪费与附加污染。半导体光催化剂大多是 N 型半导体材料（如 TiO_2，ZnO，CdS，WO_3，当前以 TiO_2 使用最广泛），都具有区别于金属或绝缘物质的能带结构。由于半导体的光吸收阈值与带隙符合关系式：

$$K = \frac{1240}{E_g(\text{eV})}$$

因此常用的宽带隙半导体的吸收波长阈值大都在紫外区域。当光子能量高于半导体吸收阈值的光照射半导体时，半导体价带上的电子发生带间跃迁，即从价带跃迁到导带，从而产生光生电子（e^-）和空穴（h^+）。此时吸附在纳米颗粒表面的溶解氧俘获电子形成超氧负离子，而空穴将吸附在催化剂表面的氢氧根离子和水氧化成氢氧自由基。而超氧负离子和氢氧自由基具有很强的氧化性，能将绝大多数的有机物氧化至最终产物二氧化碳和水，甚至对一些无机物也能彻底分解。半导体催化剂的应用范围非常广泛，主要包括光催化降解有机物、光催化杀菌、光催化空气净化、光转化二氧化碳、光解水制氢等。然而单纯的 TiO_2 的禁带宽度为 3.2 eV，只能吸收波长较短的紫外光，对光的利用率较低，为了提高光催化剂的催化能力，往往将一种窄禁带的量子点材料与 TiO_2 进行复合，增强光的吸收，提高催化剂的催化效率。以 TiO_2/CdS 复合材料为例，如图 7-2（b）所示，CdS 由于禁带宽度较小，为 2.5 eV，可以吸收的光谱更宽，在光照情况下，CdS 吸收光能，激发电子，由于 CdS 的导带在 TiO_2 的导带之上，电子可以流向 TiO_2，提高复合半导体的催化能力。

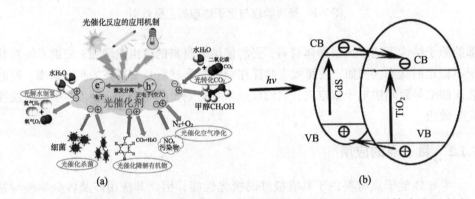

图 7-2　光催化剂的应用范围（a）以及 TiO_2/CdS 复合半导体的光生电子转移过程（b）
（彩图请见封底二维码）

　　另外，利用量子点激发电子与空穴的复合作用，可以实现光致发光或者电致发光。光致发光，指量子点材料在光的激发下，电子从价带跃迁至导带并在价带留下空穴，电子和空穴在各自的导带和价带中通过弛豫达到各自未被占据的最低激发态（在本征半导体中即导带底和价带顶），成为准平衡态，准平衡态下的电子和空穴再通过复合，以光的形式释放能量，形成不同波长的光。而电致发光则与光致发光相反，其基本原理是在外加电场的情况下，电子与空穴在材料内部发生运动，发生复合，从而以光的形式释放出能量，电致发光的材料通常为无机半导体量子点以及有机发光材料，基本过程如图 7-3 所示。无论是光致发光或者是电致发光，半导体量子点的表面缺陷态越少，发光强度越高。目前常用一些有机分子对量子点进行表面修饰，以达到减小量子点表面缺陷的目的，实现高效的发光强度，常被用在生物药物的检测过程中。2014 年，诺贝尔物理学奖授予了蓝色氮化镓电致发光二极管的研发人员，蓝光的释放对于多色和白色电致发光二极管的研制是至关重要的。电致发光对于目前的显示器等仪器设备非常重要，与目前的显示屏相比，基于量子点发光二极管（QLED）显示屏在提高了亮度和画面鲜艳度的同时，还减少了能耗。

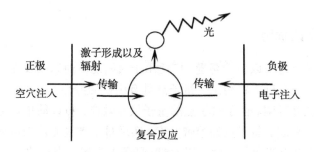

图 7-3　半导体材料的电致发光机理

在染料敏化太阳能电池中，由于有机染料在制备过程需要一些特殊的制备工艺，过程复杂，增加了电池的生产成本，往往占据了整个器件的大部分成本，因此寻求新型的敏化剂材料受到科研人员的广泛关注。量子点敏化太阳能电池正是利用量子点的量子效应，使得量子点敏化太阳能电池具有独特的光伏特性，在很大程度上具有优于染料敏化太阳能电池的优势，但是由于量子点的物理化学性质较为复杂，电池器件的效率往往较低，不能与染料敏化太阳能电池相媲美。作为敏化太阳能电池的吸光材料，通常需要量子点半导体具有较窄的禁带宽度，更宽的光响应谱。自从量子点敏化太阳能电池研究开始，科研人员付出了大量的努力，随着新型高效的量子点材料的开发利用，以及对电池运行机制的进一步认识，已逐渐将器件效率从最初的 1%左右提升至目前的 11%以上。图 7-4 表示了在过去的 12 年当中，关于量子点敏化太阳能电池的学术论文呈现出爆炸性的增长趋势，表明量子点敏化太阳能电池作为敏化太阳能电池的分支具有非常优异的性能以及优点，吸引了越来越多的科研工作者投入到量子点敏化太阳能电池的研究当中。

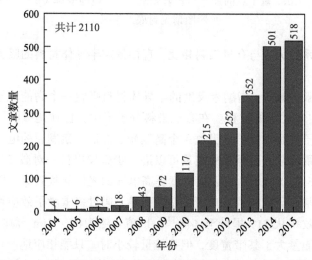

图 7-4　关于量子点敏化太阳能电池的学术论文的增长趋势

7.1.3　量子点的优势

　　半导体量子点之所以备受喜爱，广泛用于太阳能电池以及发光二极管等器件当中，主要原因是与有机染料相比，量子点具有优良的特性。

　　（1）禁带宽度可调。由于量子点的量子尺寸效应，可以简单地通过改变量子点的组分以及尺寸来改变量子点的禁带宽度，实现量子点吸光范围从可见光到红外光的调节，从而实现全光谱的吸收。以 CdTe 量子点为例，当它的粒径从 2.5 nm 生长到 4.0 nm 时，它们的发射波长可以从 510 nm 红移到 660 nm。不同尺寸的量子点对于量子点敏化太阳能电池的光电转换效率起到了非常大的影响，Gao 等在 2014 年探究了不同尺寸的 CdSe 量子点敏化太阳能电池的光电转换效率，表明了电池的效率严重依赖于量子点的尺寸，如图 7-5 所示，并获得了 3.7% 的光电转换效率[2]。

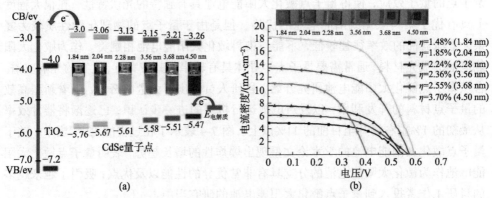

图 7-5　CdSe 量子点的尺寸与发射光谱（a）、电池效率（b）之间的关系
（彩图请见封底二维码）

　　（2）吸光系数大。与有机染料相比，直接带隙半导体材料的吸光系数可以达到约 10^4 cm^{-1}。

　　（3）多重激子效应。指纳米尺度的半导体材料吸收一个高能光子而产生多个激子（即电子–空穴对）的过程。在有机染料分子当中，往往是吸收一个光子，相应地产生一个激子，而当量子点吸收一个高能光子之后，激发后的电子会在一定程度上将多余的能量释放，而释放的能量可以进一步激发出另一对激子，进而产生多个激子，如图 7-6（a）所示，可以大幅度提高电池的光电转换效率，因此多重激子效应具有巨大的基础研究价值和广泛的应用价值。通过多重激子效应可以将单结太阳能电池的理论效率从 31% 提升至 44%[3]。以硫化铅为例，Kim 等在 2008 年发现，当入射光子的能量大于禁带宽度，但是能量较小时，只能相应地产生一个激子；当入射光子的能量是硫化铅量子点禁带宽度的 2 倍以上时，一个光子可以产生多个激子，而且随着入射能量的增强，产生的激子数量也呈线性增加[4]，如图 7-6（b）所示。美国国家可再生能源实验室（NREL）在玻璃基板上依次沉积作为透明电极的 ITO 层、40～60 nm 厚的 ZnO 层、50～250 nm 厚的 PbSe 量子点层及 Au 电极制成太阳能电池，从电极上取出的电子数与被吸收光子数之比称为外量子效率，实验发现可以达到（114±1）%，这对于开发高性能的"第三代"太阳能电池是非常重要的一步[5]。

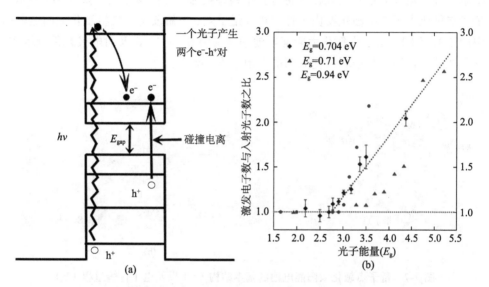

图 7-6　多重激子效应示意图（a）以及 PbSe 量子点光生电子数
与入射光子能量之间的关系（b）

（4）化学稳定性好。窄禁带半导体量子点材料通常是无机物，在太阳光的照射下非常稳定。

（5）制备工艺简单，原材料丰富，成本低。在制备太阳能电池的过程中，可以将量子点通过溶液的方式沉积在 TiO₂ 纳米晶薄膜上，例如，传统的连续离子层吸附与反应（successive ionic layer-by-layer adsorption and reaction，SILAR）、化学浴沉积（chemical bath deposition，CBD）、旋涂、电化学沉积以及电泳沉积等方式。这些沉积技术都适用于大规模生产，有利于太阳能电池的商业化生产。

（6）更加容易组装太阳能电池器件。量子点的能级可调使得在组装太阳能电池时，可以更容易地实现电子给体和受体的匹配。

基于以上的优势，通过将多种量子点材料组合在一起完全可以将目前太阳能电池中无法利用的紫外光以及红外光转换为电能，具有非常广阔的开发空间。在本章中，将着重介绍近年来量子点敏化太阳能电池的发展情况。

7.2　量子点敏化太阳能电池与染料敏化
太阳能电池的区别

　　量子点敏化太阳能电池与传统的染料敏化太阳能电池的基本结构和工作原理基本一致，最大的不同之处在于将有机染料替换为半导体量子点。如图 7-7 所示，量子点敏化太阳能电池主要由工作电极、量子点、电解质（与染料敏化太阳能电池中的 I^-/I_3^- 不同，量子点敏化太阳能电池中通常为 S^{2-}/S_n^{2-}）以及对电极几部分组成。其主要的工作原理与染料敏化太阳能电池基本一致[6]。

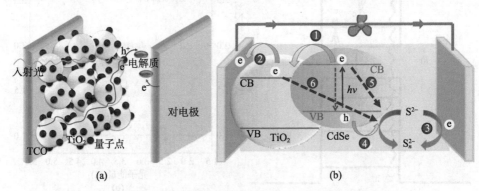

图 7-7　量子点敏化太阳能电池的基本结构（a）以及电子传输过程（b）

（彩图请见封底二维码）

　　（1）在光照情况下，吸附在半导体 TiO_2 表面上的量子点吸收光能，电子从量子点的价带激发到导带，生成电子–空穴对，如反应 1；

$$TiO_2/QD + hv \longrightarrow TiO_2/QD (electron + hole)$$
$$\longrightarrow TiO_2 (electron) + QD (hole) \qquad (1)$$

　　（2）由于量子点的导带高于 TiO_2 的导带，导致光生电子流向 TiO_2 的导带，然后在透明的导电玻璃上汇集（反应 2），经过外电路流向对电极；

$$TiO_2 (electron) + TCO \longrightarrow TiO_2 + TCO (electron) \qquad (2)$$

　　（3）在对电极的催化作用下，电子与电解质中 S_n^{2-} 发生还原反应；

$$S_n^{2-} + 2TCO (electron) \longrightarrow S^{2-} + S_{n-1}^{2-} \qquad (3)$$

　　（4）而氧化态的量子点则被电解质中 S^{2-} 还原再生，实现一个完整的过程；

$$S^{2-} + 2QD (hole) + S_{n-1}^{2-} \longrightarrow S_n^{2-} + QD \qquad (4)$$

　　然而，电子在转移过程中同样存在大量的界面传输，造成电子的损耗，在量子点敏化太阳能电池中主要存在如下两种复合反应：第一，光生电子直接与电解质发生作用；第二，流向 TiO_2 导带上的电子并没有在导电玻璃上汇集，而是反向流动，与电解质发生复合反应，如反应（5）和（6）；

$$2QD\ (electron) + S_n^{2-} \rightarrow S^{2-} + S_{n-1}^{2-} + QD \qquad (5)$$

$$2TiO_2\ (electron) + S_n^{2-} \rightarrow S^{2-} + S_{n-1}^{2-} + TiO_2 \qquad (6)$$

量子点敏化太阳能电池虽然在很大程度上与染料敏化太阳能电池相似，包括电池中的光吸收、光生载流子的生成、电子–空穴对的分离、电子的传输等过程，在这些过程中只是由不同的物质来代替。但是它们之间还是存在很大的差异，除了敏化剂的不同之外，还有很多适用于染料敏化太阳能电池中的材料与理论并不一定适用于量子点敏化太阳能电池。

首先，电解质不同。由于量子点大多为硫化物以及硒化物等窄禁带半导体，在染料敏化太阳能电池中常用的有机相 I^-/I_3^- 氧化还原电解质往往会与这类量子点发生反应，对量子点敏化剂造成致命的破坏，因此量子点敏化太阳能电池中常用水相的 S^{2-}/S_n^{2-} 多硫化物作为电解质。

其次，对电极不同。染料敏化太阳能电池中常用的铂电极会与多硫电解质发生反应，硫会在铂电极表面发生化学吸附，使铂的催化性能严重降低，这一现象称为硫中毒[7]。为了更好地催化多硫化物的氧化还原反应，量子点敏化太阳能电池中通常会避开铂电极的使用，而是寻求催化性较好、稳定性好的硫化物，目前常用的对电极材料为 Cu_2S 电极。

最后，复合反应更加复杂严重。由于量子点是以多层吸附的方式在半导体工作电极的表面吸附，而有机染料为单分子层吸附。多层的量子点吸附必将导致量子点与 TiO_2 半导体之间存在大量的表面态，外加量子点自身大量的表面缺陷态，使激发电子更容易被这些缺陷态捕获，大大增加了光生电子与电解质之间的复合反应以及量子点自身的电子复合。由于量子点的禁带宽度较小，可以吸收更宽的光谱范围，以及量子点的多激子效应，理论上其电流密度应该远大于染料敏化太阳能电池，但是由于光生电子复合反应的增加，使量子点敏化太阳能电池的光电流密度较低。

研究表明，通过优化半导体、量子点的表面缺陷，可以明显改善电池的性能，具体的优化方法将在下节做详细的介绍。总之，作为敏化太阳能电池的一项分支，量子点敏化太阳能电池在很多方面都与染料敏化太阳能电池存在共性，但是由于量子点敏化剂与有机染料的结构存在本质上的差异，却又不能相提并论。在量子点敏化太阳能电池中，对光阳极、量子点、电解质以及对电极的要求更加严格，需要在各方面进行优化改进，最大限度地提高电池的性能。

7.3　量子点敏化太阳能电池的关键材料

早在 20 世纪 80 年代，科学家就提出了关于量子点敏化宽禁带半导体的概念。

但是由于材料的限制以及缺乏相应理论的指导，量子点敏化太阳能电池的光电转换效率较低。随着科技的发展，高效的量子点半导体、高催化性的对电极以及与量子点匹配的氧化还原电解质被相继开发出来，电池效率也逐渐从最初的 1%提升到了目前的 11%，已经快逼近目前染料敏化太阳能电池的效率记录 14%[8]。表 7-1 列出了近年来基于不同的关键材料（宽禁带半导体、量子点、电解质以及对电极）的量子点敏化太阳能电池所获得的光电转换效率。

表 7-1　基于不同的关键材料的量子点敏化太阳能电池所获得的光电转换效率

量子点敏化剂	宽禁带半导体材料	对电极	效率	参考文献
CdS	TiO$_2$ 微球	Pt	2.63	[9]
CdS	ZnO/TiO$_2$ 纳米片	CuS	1.95	[10]
CdS	ZnO 纳米锥阵列	Pt	1.60	[11]
CdSe	多孔 TiO$_2$	Pt	2.23	[12]
PdS	TiO$_2$	PbS	2.67	[13]
CdTe	TiO$_2$	Pt	0.19	[14]
Cu$_{1.7}$S	TiO$_2$	Au	0.90	[15]
In$_2$S$_3$	TiO$_2$	Pt	1.30	[16]
InAs	TiO$_2$	Pt	0.30	[17]
Ag$_2$Se	TiO$_2$	Pt	1.76	[18]
PbS	TiO$_2$ 纳米管阵列	Pt	3.41	[19]
CuInS$_2$	TiO$_2$	Cu$_2$S/RGO	2.51	[20]
CuInSe$_2$	TiO$_2$	Cu$_2$S	4.30	[21]
CuInS$_2$/In$_2$S$_3$	介孔 TiO$_2$	Cu$_2$S	1.62	[22]
CuInS$_2$/CdS	TiO$_2$ 纳米管	Pt	7.30	[23]
CdS/CdSe	石墨烯/TiO$_2$	PbS	2.80	[24]
CdS/CdSe	ZnO 纳米棒-纳米片	Cu$_2$S	3.28	[25]
CdS/CdSe	TiO$_2$	Cu$_2$S	4.05	[26]
CdS/CdSe	ZnO	Cu$_2$S	4.46	[27]
CdS/CdSe	ZnO 纳米花	CuS	1.30	[28]
CdS/CdSe	TiO$_2$ 球	Pt	4.81	[29]
CdTe/CdS	TiO$_2$	Cu$_2$S	2.44	[30]
CdSe/ZnSe/ZnS	TiO$_2$	Pt	3.46	[31]
CdS/CdSe/CdS/ZnS	TiO$_2$	Cu$_2$S	5.47	[32]
Cu$_2$S/CuInS$_2$/ZnSe	TiO$_2$	Pt	2.52	[33]
核壳 PbS/CdS	介孔 TiO$_2$	Cu$_x$S	1.28	[34]
核壳 CdSe$_x$Te$_{1-x}$/CdS	介孔 TiO$_2$	Cu$_2$S	5.04	[35]
核壳 CdS/CdSe	TiO$_2$	Cu$_2$S	5.32	[36]
核壳 CuInS$_2$/ZnS	介孔 TiO$_2$	Cu$_2$S	7.04	[37]

量子点敏化剂	宽禁带半导体材料	对电极	效率	参考文献
核壳 CdTe/CdSe	介孔 TiO$_2$	Cu$_2$S	6.76	[38]
核壳 ZnTe/CdSe	TiO$_2$	Cu$_2$S	7.17	[39]
CdSe$_x$Te$_{1-x}$	TiO$_2$	Cu$_2$S	6.36	[40]
CdS$_x$Se$_{1-x}$/Mn–CdS	TiO$_2$ 纳米管阵列	CuS	3.26	[41]
Co–CdS/CdSe/ZnS	TiO$_2$	Cu$_2$S	3.16	[42]
Mn–CdS/CdSe	TiO$_2$	Cu$_2$S/GO	5.40	[43]
CdSe 纳米棒	TiO$_2$	PbS	2.70	[44]
ZnSe/CdSe/ZnSe	ZnO	Pt	6.20	[45]
钙钛矿	TiO$_2$	Pt	6.50	[46]
核壳 CdSeTe/CdS	TiO$_2$	Cu$_2$S	9.48	[47]
Zn-Cu-In-Se	TiO$_2$	MC/Ti	11.6	[8]

为了进一步提高电池的性能，必须从根本上认识电池内部电子的转移过程以及复合机理，通过设计合成电池中的宽禁带半导体、量子点、电解质以及对电极来解决电子复合问题。下面将对电池的各个关键部分就近年来的发展做一个详细的论述。

7.3.1　量子点敏化剂

电池的光电转换效率首先取决于电池对光的吸收，而光的吸收则主要是由量子点完成的。为了提高电池的光伏性能，很多科研人员都将精力集中在新型高效的量子点敏化剂的选择以及合成开发上。通过以上的讨论可以发现，作为一个优良的敏化剂，需要具有以下条件：

（1）适当的禁带宽度。众所周知，量子点禁带宽度越小，可以吸收的光谱越宽，甚至可以延伸至红外区，在光照条件下会吸收更多的光子产生更大的电流，但是相应电池的开路电压较小；相反，宽禁带半导体量子点会导致较大的开路电压以及较小的电流值。考虑到上述问题，通常选择一个适中的禁带宽度，此值在 1.1 ~ 1.4 eV，以获取最大的光电转换效率[48]。例如，对于单结的 PbS 量子点太阳能电池来说，尺寸约在 3.5 nm 时，禁带宽度约为 1.1 eV，具有最优的性能。

（2）能级匹配。在量子点敏化太阳能电池中，激发电子的注入以及转移过程是通过能级差完成的，因此需要量子点的能级与宽禁带半导体的能级匹配，即：量子点的导带与价带高于宽禁带半导体的导带与价带，同时氧化还原电解质的氧化还原电位高于量子点的价带。

（3）光稳定性好。作为吸光材料，量子点在电池中起到决定性的作用，因此在光下的稳定性是衡量量子点性能的重要因素。

综合考虑上述的三个条件，目前已有多种半导体量子点被用作敏化剂，如 CdS、CdSe、CuInS$_2$、PbS、InP、InAs、Bi$_2$S$_3$、Ag$_2$S、Ag$_2$Se、CdTe、ZnSe、Si、石墨烯以及钙钛矿量子点。表 7-2 中列出了几种常见半导体材料的导带、价带的位置以及禁带宽度。

表 7-2 常见半导体材料的导带、价带的位置以及禁带宽度

材料	E_{VB}/eV	E_{CB}/eV	E_g/eV
TiO$_2$	−7.3	−4.1	3.2
ZnO	−7.6	−4.2	3.4
CdS	−6.1	−3.7	2.4
CdSe	−6.0	−4.1	2.1
CdTe	−5.2	−3.7	1.5
PbS	−5.11	−4.74	0.37
ZnS	−7.1	−3.5	3.6
CuInS$_2$	−5.6	−4.1	1.5
In$_2$S$_3$	−5.7	−3.7	2.0
Ag$_2$S	−5.4	−4.5	0.9
InP	−5.3	−3.95	1.35
InAs	−5.3	−4.94	0.36
石墨烯量子点	−6.1	−3.6	2.5

1. 光吸收

由于镉类化合物是研究最早、应用最广的量子点材料，包括 CdS、CdSe、CdTe 以及三元的 CdSe$_x$Te$_{1-x}$ 等。但是单一的 CdSe 或者 CdS 量子点敏化太阳能电池的光电转换效率并不高，约在 4%，主要原因是单一量子点的吸收光谱受到限制。为了提高电池的效率，常用多种量子点进行共敏化，实现复合量子点对光吸收的互补，拓宽光响应谱，已取得了非常好的研究成果。例如，中国科学院物理研究所孟庆波研究团队利用 CdS 以及 CdSe 两种量子点实现共敏化，电池的光电转换效率达到 4.92%[49]；华东理工大学钟新华教授利用油相法合成了核壳结构的 CdS/CdSe 量子点，并将其作为敏化剂成功应用在量子点敏化太阳能电池中，电池效率得到明显提升，达到了 5.32%[36]。另外，共敏化体系还包括 CdS/PbS、CuInS$_2$/CdS、CuInS$_2$/In$_2$S$_3$、CdSe/CdTe、CdSe/GO 等，电池的光电转换效率都有所提升。可以看出，提高电池的性能，可以通过优化量子点敏化剂来实现。

在复合量子点中，主要包括两种常用的结构：第一，平面的梯形结构，即在一种量子点的表面沉积另一种能级匹配的量子点；第二，核壳结构，在一种量子点的

表面包覆另一种量子点。通常情况下，平面结构的复合只是将不同的量子点组合在一起，实现吸光程度的增加，提高光生电流密度，从而提高电池的性能。而核壳结构的量子点由于具有复杂的结构，往往会出现一些独特的性能，电池的性能也会明显提高，例如，核壳结构会明显减小电池内部的电子复合现象，增加电池的开路电压等。

核壳结构的量子点主要分为 Type-Ⅰ型（图 7-8（a））以及 Type-Ⅱ型（图 7-8（b））两种。其中 Type-Ⅰ型结构主要是由导带能级较高、价带能级较低的核以及导带能级较低、价带能级较高的壳组成，此类结构的量子点可以明显增加电池的电流密度，以 CdS/CdSe 核壳结构为例，当 CdS 作为核时，光生电子与空穴会由于能级的关系分别在 CdSe 的导带和价带聚集，增加了电子的注入效率，减小了 CdS 量子点光生电子的复合反应。目前，钟新华课题组对于核壳结构量子点的研究较为深入，并取得了较为优异的成果，利用 Type-Ⅰ型量子点将量子点敏化太阳能电池的光电转换效率提升到了 5.32%[36]。

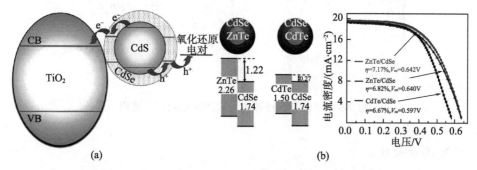

图 7-8　Type-Ⅰ型（a）以及 Type-Ⅱ型（b）的核壳结构
量子点敏化剂以及相应的电池效率（彩图请见封底二维码）

与 Type-Ⅰ型相比，Type-Ⅱ型核壳结构的量子点在能级结构上有所区别，主要在于核的价带要高于壳的价带。通常认为，当核的价带较高时，不利于电子的传输过程，实则不然，以 CdTe/CdSe 核壳结构为例，在光照条件下，CdSe 以及 CdTe 吸收光能，激发电子，CdTe 导带上的电子由于能级的差异向 CdSe 的导带转移，而空穴的传输与 Type-Ⅰ型不同，并没有向壳的价带转移，相反壳的空穴会由于能级的不同向 CdTe 转移。研究人员通过合成此类结构的量子点，如 CdTe/CdSe、ZnTe/CdSe 核壳结构，将其作为敏化剂应用在量子点敏化太阳能电池中，电池的效率明显增加，分别达到了 7.17% 和 6.67%[38,39]。研究发现，Type-Ⅱ型核壳结构的量子点作为敏化剂不仅可以提高电池的光电流，而且还可以大幅增加电池的开路电压。主要原因是：随着空穴在量子点中的聚集，抑制了电子与空穴的直接接触，减小了复合反应，这是电流提高的原因；另外，空穴在量子点内核中存在一定时间会导致在量子点表面形成一层类似于正电荷的电荷层，产生偶极子场，称之为光诱导偶极效应（photo–induced dipole (PID) effect），诱导 TiO_2 半导体的费米能级上移，从而提高开路电压[50]。同样的效应在 ZnSe/CdS 核壳结构中也可以发现，如图 7-9 所示，在光照条件下由于空穴无法传输出去而在 ZnSe 核中积累空穴，这些空穴与 TiO_2 之间形成光诱导偶极子，该偶极子场可以将 TiO_2 的能带提高 100 mV，导致电池开路电压的提高。

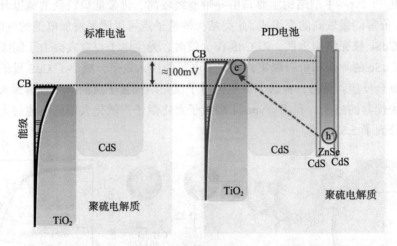

图 7-9　光诱导偶极效应（彩图请见封底二维码）

2. 界面处理

正如前面所提及的，由于量子点与 TiO_2 之间以及量子点本身存在大量的界面和表面缺陷态，直接将量子点敏化的光阳极组成电池，效果并不理想。因此，除了共敏化增强光吸收之外，抑制量子点激发电子的复合反应也是提高电池性能的重要方式，尤其是降低量子点/电解质界面的电子损失。如何抑制电子的损失是当前提高电池效率的关键，也是当前量子点敏化太阳能电池迫切需要解决的问题。

量子点的表面钝化可以明显提高电池性能。通常，量子点的钝化过程主要是利用钝化剂对量子点敏化的 TiO_2 薄膜进行后处理，在量子点表面形成一层非常薄的吸附层，阻碍电子与电解之间的复合。目前，常用的钝化剂主要分为无机钝化剂以及有机钝化剂，无机钝化剂主要有 ZnS、SiO_2、卤族原子[32, 51-53]；有机钝化剂主要有二甲胺、乙二胺、乙二硫醇、巯基丙酸等[54]。2010 年，Barea 等通过对 CdSe 量子点敏化太阳能电池进行分子偶极子以及 ZnS 表面处理的研究，表明通过处理之后，电池的效率可以获得 60 倍的提升空间[55]。对于 ZnS 以及 SiO_2 来说，从它们的价带位置上来看，钝化剂的存在可以阻止电子与电解质之间的电子传输，具体过程如图 7-10 所示。

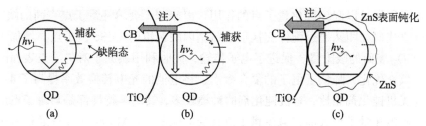

图 7-10　光生电子的传播过程

（a）量子点中光生电子与表面缺陷态之间的复合过程；（b）量子点与 TiO$_2$ 之间
的电子传输过程；（c）ZnS 钝化后的量子点与 TiO$_2$ 之间的电子传输

　　钟新华课题组利用 ZnS/SiO$_2$ 复合钝化层来抑制电子的复合反应，并将电池光电
转换效率提高到了 8.21%，使原来电池的光电转换效率提高了 20%，在量子点的钝
化研究方面是一个非常大的进步[56]，相应的钝化过程以及电池效率如图 7-11 所示。

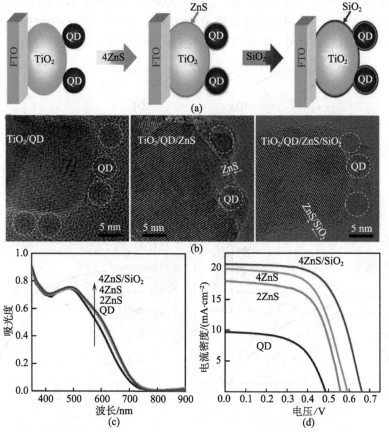

图 7-11　ZnS/SiO$_2$ 对量子点的钝化过程（a）以及相应的透射电镜图片（b）；
量子点经过钝化后的吸收图谱（c）和相应的电池效率（d）（彩图请见封底二维码）

卤族原子同样可以起到钝化量子点的作用，卤族原子会填补量子点表面的缺陷态，近期孙立成研究团队通过配体交换形成巯基丙酸包覆的 CdSe 量子点，增加了量子点在 TiO$_2$ 表面的吸附量，促进了电子传输，同时利用碘原子对量子点表面的缺陷进行了填充优化，降低了电子的复合概率，将电池的光电转换效率提高了 41%[57]。

与无机钝化剂相比，有机钝化剂的种类较多，其基本特性都是与量子点形成配位键，吸附在量子点表面，减少量子点自身的缺陷，I. Mora-Seró 等通过系统地研究各种有机钝化剂对太阳能电池性能的影响，发现当钝化剂中含有氨基和巯基时，电池的光电转换效率可以得到明显的提升，比如二甲胺（DMA）、乙二胺（ETDA）、乙二硫醇（EDT）以及十六烷基三甲基氯化铵（HTAC）；相反，当钝化剂中含有羧基时，电池的性能会受到严重的影响，如巯基乙酸（TGA）、甲酸（TA）以及四正丁基碘化铵（TBAI），几种主要的钝化剂的分子式如图 7-12 所示[54]。研究表明，量子点敏化太阳能电池光电性能的不同是由两类物质的酸度系数（pKa）不同引起的。含有氨基和巯基的二甲胺、乙二胺、乙二硫醇具有较大 pKa 值，酸度较小，而酸度较大的巯基乙酸和甲酸可能会导致量子点的腐蚀，降低量子点自身的吸光性能，从而降低电池的性能；另外，氨基可以减小量子点在光照下的非辐射复合，增加发光

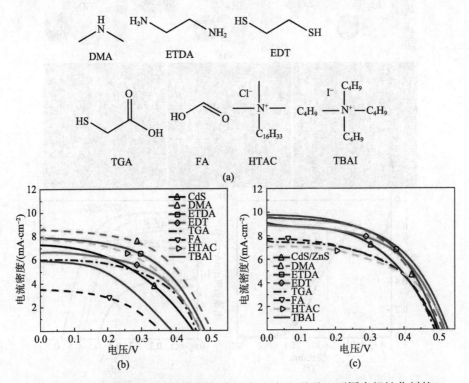

图 7-12　几种常见的有机钝化剂的分子式（a）以及基于不同有机钝化剂的
量子点敏化太阳能电池的效率未经 ZnS 钝化（b）、经过 ZnS 钝化（c）

效率，从而增加电池的光生电流，这也是含有氨基的钝化剂可以提高电池性能的原因之一。

　　除了优化量子点的结构，降低量子点的表面缺陷态，还有一些其他的方法可以实现电池效率的增加，比如对量子点进行光活性过渡金属离子的掺杂，可以扩宽量子点的光吸收范围，增加量子点到 TiO_2 的电子注入效率，并且可以优化量子点的电学以及光物理性能。例如，Santra 等成功将 Mn^{2+} 掺杂到 CdS 量子点中，在 CdS 禁带中引入了中间能级而增加光响应，相应电池获得了 5.42%的光电转换效率[43]。如图 7-13 所示，Mn^{2+} 的 d-d 跃迁（$^4T_1$–$^6A_1$）能级处于 CdS 量子点导带与价带之间，当处于价带上的电子吸收光子发生跃迁到达导带之后，对于未掺杂 CdS 的量子点来说，通常会由于表面缺陷，在光生电子回迁过程中即发生复合反应，被缺陷捕获，影响电池的效率；而对于掺杂 CdS 来说，引入的过渡金属原子能级位于 CdS 能级之间，此时电子在回迁过程中需要先通过掺杂原子的能级，并在其能级上存留一定的时间，延长电子的寿命，进而增加电子通过掺杂原子的能级流向 TiO_2 导带的概率，促进电子的传输过程，抑制电子的复合反应，提高电池的光电性能。

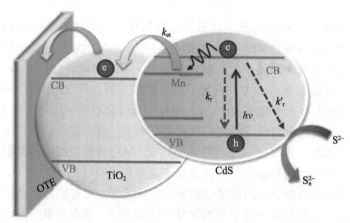

图 7-13　Mn^{2+}对 CdS 量子点能级以及电子传输过程的影响（彩图请见封底二维码）

3. 量子点敏化方法

　　对于量子点敏化太阳能电池来说，量子点在 TiO_2 表面上的敏化过程与电池的性能密切相关。不同的敏化方法需要不同的制备技术，也就会造成量子点的物理化学性质不同，包括量子点的尺寸、表面缺陷以及量子点与 TiO_2 表面之间的电子传输过程等。

　　随着技术的进步，人们逐渐开发了多种量子点敏化 TiO_2 的方法，总结起来主要包括常用的三种方法：连续离子层吸附与反应法、化学浴沉积法、小分子连接剂法，另外还有滴涂法、电化学沉积、电泳沉积、化学气相沉积等，如图 7-14 所示。

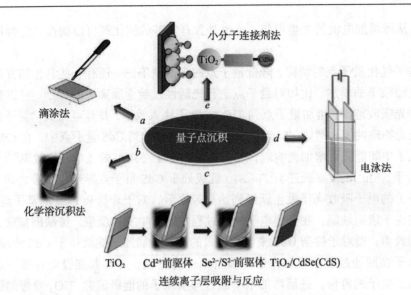

小分子连接剂法

滴涂法

量子点沉积

化学浴沉积法

电泳法

TiO₂   Cd²⁺前驱体   Se²⁻/S²⁻前驱体   TiO₂/CdSe(CdS)

连续离子层吸附与反应

图 7-14   量子点在 TiO₂ 表面的敏化方法（彩图请见封底二维码）

（1）连续离子层吸附与反应法操作比较简单，主要的制备过程如下：首先将 TiO₂ 宽禁带半导体薄膜在 450～500℃ 煅烧，完成 TiO₂ 半导体的晶相转变；然后将电极依次浸泡在含有不同离子的前驱体溶液中，不同的离子会在 TiO₂ 表面发生反应原位生成目标量子点。以 CdSe 量子点的沉积为例，将 TiO₂ 薄膜依次浸入含有 Cd²⁺ 的水溶液和含有 Se²⁻ 的溶液中，在 TiO₂ 表面就会形成一层均匀的 CdSe 量子点薄膜，并且电池的效率与连续浸泡的次数紧密相关。通常器件的效率随着浸泡次数的增加而逐渐增加，主要原因是前期量子点在 TiO₂ 表面上的吸附量较少，没有完全占据有效的空间，此时量子点的含量越多越有利于吸收更多的光子，提高电池的光电转换效率；而当量子点的含量达到一定程度之后，电池的效率会随着浸泡次数的增加而减小，主要是由于量子点的含量已达到饱和，过多的量子点会增加量子点之间的界面，增加电子复合的概率，另外量子点之间容易发生团聚，严重影响电池的性能。需要注意的是，在利用 Se²⁻ 溶液制备 CdSe 量子点时，Se²⁻ 的前驱体溶液通常利用 SeO₂ 与 NaBH₄ 反应获得相应的 Se²⁻，其具体的反应式如下：

$$SeO_2 + 2NaBH_4 + 6C_2H_5OH = Se^{2-} + 2Na^+ + 2B(OC_2H_5)_3 + 5H_2 + 2H_2O$$

当 NaBH₄ 逐渐加入到 SeO₂ 的乙醇溶液中，溶液的颜色会逐渐从深红色向透明的颜色进行转变。Lee 等在 2009 年利用连续离子层吸附与反应的方法制备了 CdSe 以及 CdTe 量子点敏化太阳能电池，并且获得超过 4% 的光电转换效率，同时利用空穴材料代替传统的水相多硫化物电解质，获得了 1.6% 的效率[58]。由于连续离子层吸附与反应的方法容易造成 TiO₂ 孔隙的阻塞以及分散不均匀等问题，在此基础上，Liu 等在 2014 年通过电场的方法首先在 TiO₂ 薄膜上施加一个连续改变的电场，将溶液

中的 Cd^{2+} 成功吸附在 TiO_2 表面，然后再将此电极浸入 Na_2SeSO_3 溶液中，实现 CdSe 量子点的敏化过程[59]，如图 7-15 所示，称此方法为电压诱导离子层吸附与反应 （potential-induced ionic layer adsorption and reaction，PILAR）。实验表明，相对于传统的连续离子层吸附与反应法制备的量子点，通过该方法制备的 CdSe 量子点在 TiO_2 表面的含量更高，分布更均匀，获得了较优越的电池效率。

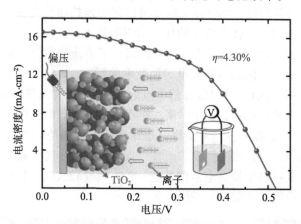

图 7-15　电压诱导离子层吸附与反应法沉积 CdSe 量子点示意图
以及电池的效率图（彩图请见封底二维码）

（2）连续离子层吸附与反应法是一种在 TiO_2 薄膜表面直接沉积量子点的方法，由于量子点与 TiO_2 颗粒直接接触，所以直接沉积具备独特的优势，如有利于电子传输，制备方法简单，生产成本较低，以及量子点在 TiO_2 表面的覆盖率高等。除了连续离子层吸附与反应法之外，化学浴沉积是另一种在 TiO_2 薄膜表面直接沉积量子点的方法，具体的操作过程包括：将制备好的半导体薄膜浸泡在含有各种前驱体离子的混合溶液中，在一定的温度下保持一定的时间，使量子点均匀地沉积在 TiO_2 表面上。相对于连续离子层吸附与反应法，化学浴沉积在沉积量子点过程中方法简单，不需要繁琐的步骤，但是需要非常严格地控制前驱体溶液的离子浓度、反应离子的释放速率、反应温度以及反应时间，过大的浓度、离子释放速率、反应温度以及过长的反应时间会导致形成的半导体量子点尺寸过大，并且容易产生团聚现象。以 CdSe 的化学浴沉积为例，由于 Cd^{2+} 与 Se^{2-} 之间的反应速率非常快，若是直接将离子混合后加热，会导致两种离子之间发生快速的化学反应生成沉淀。为此，往往需要延缓 Se 元素的释放速率，从而减小量子点的尺寸，使其均匀地分散在 TiO_2 表面。主要的方式是利用 Se 粉与 Na_2SO_3 通过回流的方式制备 Na_2SeSO_3，代替 Se^{2-}，其反应方程式如下：

$$Se + Na_2SO_3 \xrightleftharpoons{80\sim100\text{°C}} Na_2SeSO_3$$

在反应过程中 Se 元素会逐渐释放，有利于 CdSe 量子点的生成。

　　然而，在利用 Na₂SeSO₃ 溶液通过化学浴沉积的方式沉积 CdSe 量子点时，由于 Na₂SeSO₃ 溶液浓度的增加往往产生一些 Se 以及 SeO₂ 等沉淀物，不利于精确控制 Cd：Se 的原子比。为此，在原来化学浴沉积法的基础上，Zhu 等发展了微波辅助的化学浴沉积技术[60]。这种方式可以缩短沉积时间，精确控制量子点的尺寸，减小分布区间，提高量子点在 TiO₂ 表面的浸润性，改善量子点与 TiO₂ 之间的界面接触性能，从而提高电池的性能。同时此方法还可以精确地控制反应参数，不需要其他制备方法复杂的工艺过程，优于传统的化学浴沉积技术。

　　2012 年，I. Mora-Seró 研究团队详细地研究了不同光阳极形貌以及量子点沉积方式对于量子点敏化太阳能电池光电转换效率的影响，对比了连续离子层吸附与反应法和化学浴沉积法沉积 CdS/CdSe 量子点的区别[61]。研究发现，电池的效率受 TiO₂ 的形貌以及沉积方式的制约，就化学浴法沉积方式而言，电池的开路电压随着电极比表面积的增加而逐渐减小，主要原因是比表面积增加使电池的复合反应逐渐增强，影响了电池的性能；就沉积方式而言，TiO₂ 尺寸较小时，利用连续离子层吸附与反应的沉积方式有利于提高电池的性能，TiO₂ 尺寸较大时，利用化学浴沉积法有利于提高电池的性能，如图 7-16 所示。

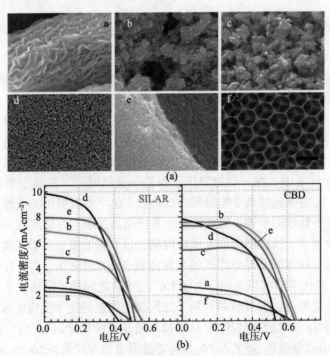

图 7-16　TiO₂ 形貌结构与量子点沉积方式对电池性能的影响

（a）不同 TiO₂ 的形貌结构；（b）连续离子层吸附与反应法和化学浴沉积法沉积 CdS/CdSe 量子点与 TiO₂ 纳米颗粒对电池性能的影响；a. 空心纤维；b. 尺寸为 20～450 nm 颗粒；c. 尺寸为 250 nm 颗粒；d. 尺寸为 20 nm 颗粒；e. 空心纤维/20 nm 颗粒复合结构；f. 反蛋白石结构

（3）目前在量子点敏化半导体的方法当中，利用双功能有机小分子辅助沉积的方式也是一种常见的沉积技术。此种方法具有不同于上述两种方式的优点，前者往往是直接在 TiO$_2$ 表面形成一层量子点，很难控制量子点的尺寸以及量子点的形貌等性质；而后者主要是将预先制备的量子点溶于一定的溶剂当中，然后利用有机分子将量子点与 TiO$_2$ 连接在一起，实现量子点在 TiO$_2$ 多孔薄膜上的沉积，最大的优点就是可以在前期通过实验条件的改变调节量子点的形貌以及尺寸。通常量子点的制备方法是首先将反应前驱体溶于一定的有机配体中，比如三辛基氧化磷（TOP）、油酸、油胺，然后将配制好的前驱体溶液按一定的比例溶于有机溶剂当中，如十八烯、石蜡等，在惰性气体的保护下加热到一定的温度，即可得到目标量子点。利用这种油相的方法不仅可以制备性质优异的量子点材料，而且还可以实现量子点核壳结构以及多元合金量子点的制备，对开发新型的量子点材料非常重要。钟新华课题组利用这种敏化方式制备了多种新型高效的量子点敏化剂，并将其应用在量子点敏化太阳能电池当中，取得了一系列非常优异的成果，比如 CuInS$_2$、CdSe$_x$Te$_{1-x}$、Zn-Cu-In-Se 以及 CdTe/CdSe 核壳结构等，并且目前量子点敏化太阳能电池的最好效率也是基于 Zn-Cu-In-Se 量子点，由此可以看出量子点的性能以及制备方式对电池的性能至关重要。

利用油相溶剂制备量子点的方法目前已经比较成熟，但是这种方法制备的量子点表面含有大量的长烷基链有机物（如油胺等），当直接将其作为量子点敏化剂沉积在 TiO$_2$ 表面时，由于长烷基链阻碍电子的传输过程，使电池效率非常低。为了提高电池性能，通常需要将长烷基链的有机配体转换成小分子，提高电子传输能力。我们知道，TiO$_2$ 与羧基（—COOH）之间具有很强的键合作用，而巯基（—SH）则与量子点中的金属原子（如镉原子）存在着较强的作用。因此常选择带有巯基与羧基的双官能团的有机小分子将 TiO$_2$ 与量子点连接在一起。常用的双官能团有机小分子主要包括巯基丙酸（MPA）、巯基乙酸（TGA）以及半胱氨酸（cysteine）[62]等，具体的分子式如图 7-17 所示。

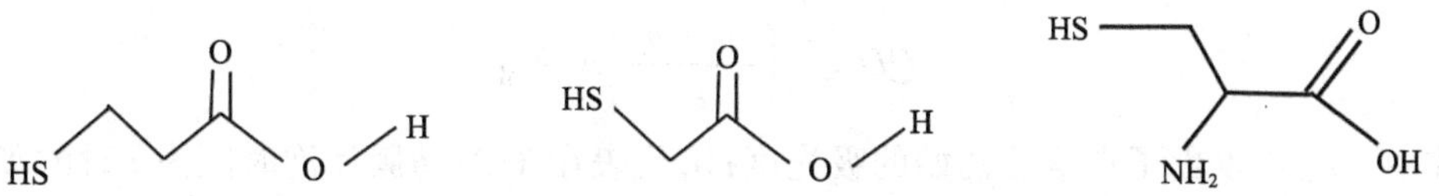

图 7-17　MPA、TGA、cysteine 的分子式

利用双功能有机小分子辅助沉积技术在 TiO$_2$ 表面进行量子点的吸附沉积主要有两种方式。第一，首先对 TiO$_2$ 进行表面处理，将 TiO$_2$ 薄膜浸泡在含有双官能团的有机小分子溶液中，在 TiO$_2$ 表面吸附一层连接分子，然后将处理好的电极浸泡

在含有被长烷基链包覆的量子点溶液中，自发地形成配体交换，图 7-18（a）表示了这一过程的主要机理。第二种方式与第一种有所不同，首先处理的并不是半导体膜，而是量子点敏化剂，在长烷基链包覆的量子点有机溶液中，加入一定量的小分子有机物，小分子有机物与量子点之间的作用关系更加强烈，使量子点表面的长烷基链分子被小分子配体代替，形成水溶性的量子点。此时再将半导体薄膜浸泡在水溶性量子点溶液中，即可完成吸附沉积，如图 7-18（b）[63]所示。

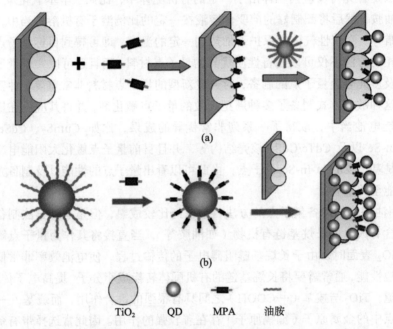

图 7-18　双功能有机小分子辅助沉积量子点的示意图（彩图请见封底二维码）

与直接沉积的方法相比，小分子辅助沉积的方式在 TiO$_2$ 表面的吸附更加牢固，量子点在 TiO$_2$ 表面的吸附量利用紫外可见光谱通过下面的公式进行计算：

$$QD_{ads} = \left(\frac{A_0 - A_t}{\varepsilon l} \right) N_A V_{sol}$$

式中，A_0 代表量子点溶液初始的吸光度；A_t 代表在 TiO$_2$ 薄膜浸泡时间为 t 时的吸光度；ε 代表量子点溶液的摩尔吸光率；l 代表光学测试时含有量子点溶液的光学池的厚度；N_A 代表阿伏伽德罗常量；V_{sol} 代表量子点溶液的体积。

同时，量子点溶液在 TiO$_2$ 表面的吸附过程可以通过朗格缪尔等温线来进行理解，表明吸附和解吸附之间存在一定的平衡关系，可以看成是单分子层的吸附过程与团聚过程两个方面，如图 7-19 所示[64]。

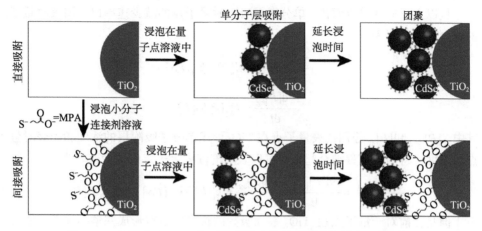

图 7-19　量子点在 TiO_2 表面的吸附过程（彩图请见封底二维码）

如果将量子点在 TiO_2 表面看成是单分子层吸附，由于量子点的吸附与解吸附之间存在一定的平衡关系：

$$[P]+[S]\xrightarrow{k_1}[PS]$$

$$[PS]\xrightarrow{k_{-1}}[P]+[S]$$

其中，P 代表溶液中的量子点；S 代表 TiO_2 表面吸附量子点的有效活性点；PS 代表已吸附在 TiO_2 表面上的量子点。由以上两个反应式，可以得到量子点的吸附平衡常数为

$$K_{ad}=\frac{k_1}{k_{-1}}$$

通过大量的实验证明，量子点在 TiO_2 表面的覆盖率较小，对于 TiO_2 表面的有效活性吸附点利用率不足 10%，因此在吸附过程中，TiO_2 表面的吸附点对于吸附过程影响不大，可以忽略不计。因此，对于吸附过程可以简化为

$$[P]\xrightarrow{k_1'}[PS]$$

当 TiO_2 表面被量子点吸附之后，量子点会继续在已吸附的量子点表面发生吸附，形成团聚现象，此过程中量子点的吸附反应如下：

$$[P_nS]+[P]\xrightarrow{k_{ag}}[P_{n+1}S]$$

式中，P_nS 代表已经吸附一个或者多个量子点的 TiO_2 吸附点，$P_{n+1}S$ 代表此吸附点进一步吸附另一个量子点。需要注意的是，在这一过程中将量子点的团聚速率看成是一个常数。

　　从以上反应式可以看出，单分子层吸附时量子点的减少速率以及团聚时量子点的减少速率分别为

$$\frac{-\mathrm{d}[P]_{\mathrm{lang}}}{\mathrm{d}t} = k_1'[P] - k_{-1}[PS]$$

$$\frac{-\mathrm{d}[P]_{\mathrm{ag}}}{\mathrm{d}t} = k_{\mathrm{ag}}[P_nS][P]$$

其中，$[P]_{\mathrm{lang}}$ 和 $[P]_{\mathrm{ag}}$ 分别代表量子点在 TiO_2 形成单分子吸附层的浓度和团聚时量子点的浓度。将两种过程结合起来，可以表明溶液中量子点的减少速率为

$$\frac{-\mathrm{d}[P]_{\mathrm{total}}}{\mathrm{d}t} = \frac{-\mathrm{d}[P]_{\mathrm{lang}}}{\mathrm{d}t} + \frac{-\mathrm{d}[P]_{\mathrm{ag}}}{\mathrm{d}t} = k_1'[P] - k_{-1}[PS] + k_{\mathrm{ag}}[P_nS][P]$$

　　但是目前对于量子点在 TiO_2 表面吸附的机理并没有形成完整的体系，需要进一步对其吸附过程进行详细的研究。

　　（4）除了以上介绍的三种最为常见的沉积量子点的方法之外，还有电泳法、电化学沉积法、气相沉积法、原子层沉积等。中山大学匡代彬课题组利用电化学沉积的方法在 TiO_2 表面原位沉积了 CdS、CdSe 以及 CdS/CdSe 量子点，得到 CdS/CdSe 量子点敏化的太阳能电池，利用电化学沉积的方式制备的量子点与 TiO_2 之间的电子传输迅速，电子收集效率较高，获得了 4.81% 的电池效率[29]。加拿大麦吉尔大学 I. Mora-Seró 研究团队在 2012 年利用电泳法沉积了 PdS 以及 PdSSe 量子点，并用 CdS 进行包覆，获得一层均匀高效的敏化层，电池效率达到 2.1%[65]。电泳法通常可以通过改变量子点的尺寸以及电泳时间来优化电池的性能，美国圣母大学 Kamat 课题组同样利用电泳法将尺寸为 2.6 nm 的 $CuInS_2$ 量子点沉积在介孔的 TiO_2 薄膜上，电泳的条件为 150 V·cm^{-1} 的交流电场，通过实验分析，$CuInS_2$ 量子点的激发电子注入速率常数为 5.75 × 10^{11} s^{-1}，获得 1.14% 的电池效率。然后进一步在 TiO_2/$CuInS_2$ 表面沉积一层 CdS 量子点，电池效率可以达到 3.91%[66]。美国斯坦福大学 Bent 利用原子层沉积成功制备了 CdS 量子，并用空穴传输材料代替液体的多硫化物电解质，电池效率虽然较低，约为 0.25%，但是原子层沉积技术避免了常规量子点制备规程中所需要的溶液，减小了副产物的生成，对于制备高纯度的量子点起到了一定的推进作用[67]。

　　另外，量子点在 TiO_2 表面上的敏化工艺还已将量子点与半导体混合，制成一种糊状物涂料，制造一种廉价的"太阳能电池涂料"（solar paint）。圣母大学 Kamat 研究组围绕 TiO_2 纳米粒子以及硫化镉或硒化镉，通过连续离子层吸附与反应法制备了新型的 TiO_2/CdS、TiO_2/CdSe 量子点涂料，直接在 FTO 表面进行涂覆，作为光阳极应用到量子点敏化光阳极，电池效率到达 1%[68]。

　　综上所述，量子点敏化太阳能电池的光电性能与敏化剂息息相关，而敏化剂的

性能又取决于量子点的尺寸、形貌、表面缺陷、能级结构、制备方法等。想要在目前量子点太阳能电池的基础上进一步提升，则需要合成新型高效的量子点，优化量子点与宽禁带半导体之间的界面，促进电子传输，减小电子的复合反应。

7.3.2　宽禁带半导体

与染料敏化太阳能电池相比，量子点敏化太阳能电池的电子传输过程与其非常相似，半导体都起到了负载敏化剂以及收集激发电子的目的。上面的讲述中已经提及影响量子点敏化太阳能电池的关键因素之一在于半导体导带上的激发电子与电解质之间的电子复合反应。因此，宽禁带半导体的性能包括半导体的结构、形貌等，对于电池的性能同样至关重要。

被用作量子点敏化太阳能电池光阳极的半导体材料很多，主要包括 TiO_2、ZnO 以及 SnO_2 等。对于几种常见的宽禁带半导体材料的物理化学性质详见第 3 章。

目前量子点敏化太阳能电池中对于光阳极的研究主要集中在半导体材料的形貌结构上。激发电子通过半导体的网络结构传输到导电玻璃，在这一过程中，电子的移动方向受到半导体形貌的限制较大，特殊形貌结构的半导体可以加速电子的传输过程，防止电子的反向移动，减小电子与电解之间的复合作用。为了达到这一目的，近年来，大量的研究工作都投入到开发新型结构的半导体材料当中，并且取得了优异的研究成果，本小节中将主要介绍半导体的形貌对量子点敏化太阳能电池性能的影响。

（1）纳米颗粒。TiO_2 作为一种性能优良的半导体材料，具有无毒无污染，化学稳定性强等优点，目前量子点敏化太阳能电池光阳极普遍采用纳米 TiO_2 多孔薄膜。纳米 TiO_2 多孔薄膜主要是由尺寸约为 20 nm 的 TiO_2 纳米颗粒组成，厚度约为 10 μm，经过高温煅烧获得多孔的透明薄膜，通常在此薄膜上还需要沉积一层约为 4 μm 厚的大颗粒 TiO_2（尺寸约为 400 nm）散射层，增加光的吸收。由于该类半导体薄膜中的纳米颗粒呈现相互堆积的结构，具有大量的比表面积，可以吸附较多的量子点，进而提高电池器件对光的吸收，提高电池的输出电流，增加光电转换效率。目前高效的量子点敏化太阳能电池基本上都是基于 TiO_2 纳米颗粒光阳极。然而，此类光阳极正是由于具有较大的比表面积，导致电极与电解质之间存在大量的界面，电子复合严重；其次，TiO_2 纳米颗粒之间孔隙尺寸较小，在沉积量子点过程中会导致量子点在孔隙处发生堆积，堵塞半导体的孔隙，不利于液体电解质的渗透和扩散作用，阻断了量子点与电解质之间的氧化还原作用，严重影响太阳能电池的光电性能。图 7-20 中显示了多孔 TiO_2 纳米薄膜光阳极的形貌结构，可以看出电极中含有大量的孔隙结构，这些孔隙结构有利于电解质的扩散以及量子点的沉积。

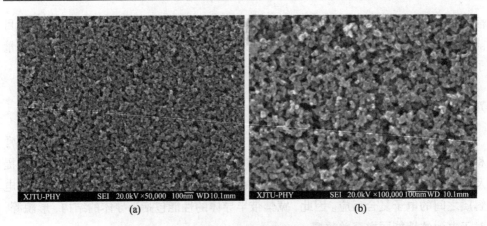

图 7-20　多孔 TiO_2 纳米薄膜光阳极的扫描电镜图

　　另一种常见的半导体材料为 ZnO。ZnO 的能级结构与 TiO_2 相似，禁带宽度为 3.37 eV，具有较大的激子束缚能，透明度高，也是一种适合作为量子点敏化太阳能电池光阳极的材料。但是，与 TiO_2 相比，ZnO 容易与酸性物质发生化学反应，化学稳定性较差，阻碍了 ZnO 在量子点敏化太阳能电池中的应用。基于单纯 ZnO 纳米颗粒的量子点敏化太阳能电池的效率通常较低，Ghoreishi 等利用 ZnO 纳米颗粒与氧化石墨烯制备成复合光阳极结构，并通过 CdS/CdSe 敏化之后，获得了 2.28% 的光电转换效率[69]。

　　（2）为了减小或者避免纳米颗粒之间的复合反应，近年来，人们采用各种形貌的纳米材料来代替传统的纳米薄膜，如纳米线阵列、纳米管、纳米片、纳米树状结构等。这些新颖的纳米结构可以提高电子在半导体中的传输速率，相对于传统的纳米颗粒，由于二维的电极材料将电子的运动限制在一维或者二维方向，有利于减小电子在半导体薄膜中的传输距离，抑制电子与电解质的复合反应，提高电池的开路电压。这一结论可以通过实验的方式从侧面进行表征说明，开路电压可以通过下面的公式进行计算：

$$V_{oc} = \frac{E_{Fn} - E_{redox}}{e} = \frac{k_B T}{e} \ln\left(\frac{n}{n_0}\right)$$

式中，E_{Fn} 表示半导体在光照下的费米能级；E_{redox} 表示氧化还原电解质的氧化还原电位；k_B 表示玻尔兹曼常量；T 表示温度；e 表示元电荷的电荷量；n 表示光照下半导体上的电子浓度；n_0 表示暗条件下半导体上的电子浓度。

　　一般，就同一种敏化剂以及光阳极而言，n 值越大，表明电子的复合反应受到限制，电池的开路电压就会增大。通过实验测试表明，半导体内部电子寿命与半导体的形貌息息相关，电子寿命可以利用电池开路电压的衰减测试进行说明，根据公式[70]：

$$\tau_e = -\frac{k_B T}{e}\left[\frac{dV_{oc}}{dt}\right]^{-1}$$

如图 7-21（a）所示，图中三条曲线分别代表了三种电极组成电池的开路电压衰减曲线（电极 1 为 $TiO_2/CdSe$，电极 2 为 $TiO_2/CdSe/ZnS$，电极 3 为煅烧后的 $TiO_2/CdSe/ZnS$）以及开路电压（V_{oc}）对时间（t）取导数获得的电池内部电子寿命与电压之间的关系图，如图 7-21（b）所示。从图中可以看到，电池器件在关闭光照之后，电池的开路电压逐渐减小，趋近于零，主要原因是电池内部激发的电子逐渐与电解质以及量子点发生复合反应，衰减速率越快，说明电池内部的复合反应越剧烈，电子的寿命越短。同时可以发现未经 ZnS 处理的 $TiO_2/CdSe$ 电极组成的器件开路电压迅速减小到零，相反，电极经过 ZnS 表面钝化并煅烧后组成电池的开路电压衰减速率明显减缓，从而证明了 ZnS 作为钝化剂对于电池性能的提高具有非常重要的作用[71]。同样，也可以利用该方法验证不同形貌的半导体对电池中电子寿命的影响，进而了解半导体形貌对电池性能的影响。

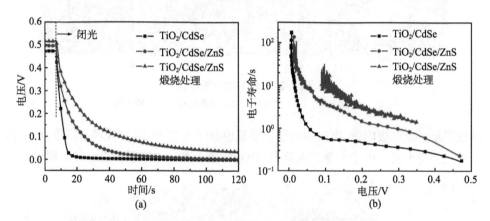

图 7-21　不同光阳极组成电池的开路电压衰减曲线（a）以及载流子寿命与电压之间的关系（b）

纳米线、纳米管等材料构成的光阳极往往具备较大的孔隙率以及更加连贯的孔道结构，更有利于量子点的沉积和电解质的扩散传输，获得更高的电池效率。目前常用的 TiO_2 结构主要包括纳米管[72]、纳米棒[73]、分级结构[74]、纳米树状结构[75]等，如图 7-22 所示，显示了各种 TiO_2 的形貌结构。

Chen 等通过水热法制备了三维的纳米树状结构的 TiO_2 单晶结构（图 7-22(d)），并采用 $CuInS_2$ 量子点作为敏化剂组装成电池，电池效率达到 1.26%，优于基于 TiO_2 纳米颗粒以及纳米棒阵列的电池结构。主要原因是实验中所用的三维 TiO_2 属于单晶结构，具有较高的电子迁移率，抑制了电子的复合反应；同时由于树状结构，

图 7-22　TiO₂ 的形貌结构

（a）纳米管；（b）纳米棒；（c）分级结构；（d）纳米树

增加了量子点的吸附量。电极中电子传输机理如图 7-23 所示，在光照情况下，CuInS₂ 量子点受光激发，电子由量子点流向 TiO₂ 薄膜，若以纳米颗粒为电极，则电子需

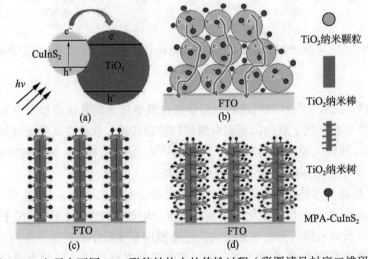

图 7-23　电子在不同 TiO₂ 形貌结构中的传输过程（彩图请见封底二维码）

要通过颗粒与颗粒间的界面，被 TiO$_2$ 晶界捕获的可能性较大，而纳米棒可以明显提高电子的传输速率。并且在文中指出，电池效率较低的主要原因是量子点材料的限制，通过选择或者优化量子点敏化剂，电池的效率会在原来基础上进一步提升[75]。

ZnO 在不同的制备条件下很容易在导电玻璃基底上形成各种不同的形貌，自 2003 年杨培东成功开发了一种制备 ZnO 纳米阵列的方法以来，大量不同形貌的 ZnO 相继被开发出来[76]，如图 7-24 所示，包括纳米线、纳米管、纳米森林结构、纳米锥形结构、纳米片、纳米花等[11,28,77]。Raj 等采用 CdSe/CdS/PbS 量子点共敏化 ZnO 纳米棒组装成电池之后，获得了 2.35%的光电转换效率[78]。

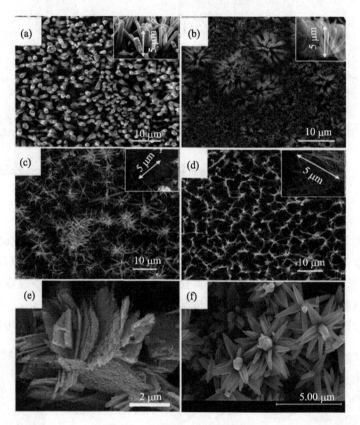

图 7-24　不同 ZnO 的形貌结构

（a）纳米棒；（b）纳米管；（c）纳米森林；（d）纳米锥形；（e）纳米片；（f）纳米花

（3）复合光阳极。由于 TiO$_2$ 以及 ZnO 等半导体材料的电子传输能力相对较低，通常利用一些导电性优异的材料与其复合，提高电极的电导率，如单壁碳纳米管、多壁碳纳米管以及石墨烯等。通过提高电极的导电能力，从而提升电池的光伏性能。TiO$_2$ 与 ZnO 相比，ZnO 具有更好的电子传输能力（155 cm^2·V^{-1}·s^{-1} vs 10^{-5} cm^2·V^{-1}·s^{-1}），确保了激发电子的快速收集；同时 ZnO 的形貌控制更加方便简单，所以 ZnO 相对于 TiO₂ 来说，是一种更加优良的半导体材料，具有很好的应用前景。然而，目前的半导体材料还是以 TiO₂ 材料为主，主要原因是 ZnO 在酸性电解质中容易受到腐蚀，而且电子在 ZnO 表面更加容易发生复合反应，影响电池的性能。为了解决这一问题，TiO₂/ZnO 复合材料（比如 TiO₂/ZnO 纳米线阵列、TiO₂ 颗粒/ZnO 纳米线复合材料等，如图 7-25 所示）常用来作为电池的光阳极，利用 ZnO 与 TiO₂ 两种半导体的协同效应将它们的优势整合在一起，从而提高电极的性能[79]。

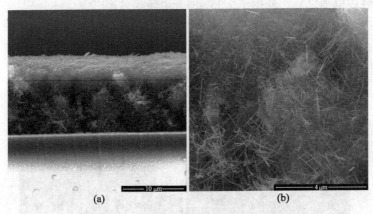

图 7-25　TiO₂ 颗粒/ZnO 纳米线复合材料

　　中山大学匡代彬课题组通过在 TiO₂ 纳米线阵列的表面原位沉积 ZnO 种子层，然后利用水热法制备了 TiO₂ 纳米线/ZnO 纳米片（TNW/ZNS）阵列以及 TiO₂ 纳米线/ZnO 纳米棒（TNW/ZNR）阵列。实验表明，电极的形貌与制备过程中柠檬酸钠的存在息息相关，在柠檬酸钠存在的情况下，生成 ZnO 纳米片；相反，则生成 ZnO 纳米棒，如图 7-26 所示。TiO₂ 纳米线阵列结构可以加速电子的定向传输，减少电

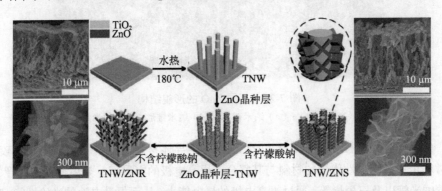

图 7-26　TiO₂ 纳米线/ZnO 纳米片（TNW/ZNS）阵列以及 TiO₂ 纳米线/ZnO 纳米棒（TNW/ZNR）阵列的形貌结构和制备过程

子的复合；而片状的纳米片或者是纳米棒结构可以明显提高电极的比表面积，增加量子点的负载量，同时增加光的捕获效率，有望改善电池的性能。将电极作为光阳极，利用 CdS/CdSe 量子点进行敏化，获得了 4.57% 的最高效率[80]。

　　对比以上各种光阳极的形貌结构，虽然形态各异，但目的却是一致的，即增加量子点的沉积量以及加速电子在光阳极中的传输速率。目前一维结构的光阳极被认为是最有利于电子传输的，但是量子点的覆盖率却是限制量子点敏化太阳能电池效率的关键因素，如何进一步改善电极的形貌并增加量子点的吸附，将是未来量子点敏化太阳能电池光阳极的研究重点。

7.3.3　电解质

　　量子点敏化太阳能电池中量子点敏化剂常为硫化物以及硒化物，如 CdS、PdS、CdSe，由于在染料敏化太阳能电池中常用的 I^-/I_3^- 氧化还原电对具有很强的氧化能力，绝大多数量子点容易受到腐蚀，电池的效率衰减迅速。目前基于 I^-/I_3^- 氧化还原电对的量子点敏化太阳能电池的效率通常小于 1%，为此需要在量子点表面沉积一层保护层，避免量子点受到侵蚀，常用的保护层包括 TiO_2、Nb_2O_5、MgO 等，如图 7-27 所示，显示了在 CdS 敏化的 TiO_2 光阳极表面沉积一层 TiO_2 前后的光响应曲线，可以发现未沉积 TiO_2 的电池电流衰减非常严重，相反，沉积 TiO_2 电池的电流随着时间的变化较为稳定；同时，电池的电流密度随着光强的增加呈线性增长，表明沉积 TiO_2 之后，电池的稳定性能优于未经 TiO_2 保护层覆盖的电池器件[81]。

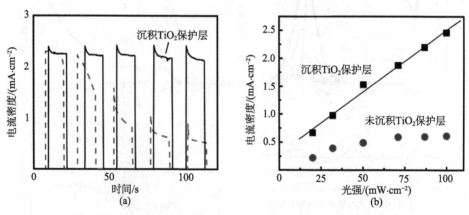

图 7-27　TiO_2 沉积层对电池稳定性的影响（a）以及电流密度
随光照强度的变化趋势（b）

　　在量子点敏化太阳能电池中常用多硫化物（S^{2-}/S_n^{2-}）氧化还原电对作为连接对电极与光阳极的桥梁。目前电解质的研究多种多样，从电解质的物态进行分类，主要包括液相电解质、凝胶准固态电解质以及全固态电解质。

（1）液相电解质。S^{2-}/S_n^{2-}氧化还原电对是目前量子点敏化太阳能电池中最常用的电解质，最高的电池效率也是基于此类电解质。S^{2-}/S_n^{2-}氧化还原电对主要是将硫单质与硫化钠溶于水中，在液相中，S^{2-}会与单质硫发生作用，生成S_n^{2-}（$n = 2,3,4,5,\cdots$）：

$$S^{2-} + S \longrightarrow S_2^{2-} \xrightarrow{+S} S_3^{2-} \xrightarrow{+S} S_4^{2-} \xrightarrow{+S} S_5^{2-}$$

S^{2-}在光阳极处获得空穴，将处于氧化态的量子点还原再生，而S_n^{2-}在对电极处获得电子被还原。可以看出，离子在对电极与光阳极之间的扩散速率决定了电解质的性能。液相电解质具有很高的离子扩散速率常数，离子的传输速率越高，电池效率越高。多硫电解质的存在可以稳定硫化物量子点，Y.L. Lee等利用水/甲醇作为溶剂制备了多硫电解质，系统地研究了电解质中水与甲醇的体积比、单质硫与硫化钠的摩尔比对电池性能的影响[82]。虽然水相的多硫电解质具有较好的氧化还原能力，但是由于多硫电解质中的S^{2-}获取空穴的速率较慢，导致电子在光阳极上堆积，容易导致电子与电解质之间的复合反应，减小电池的填充因子以及开路电压[83]。

同时，T. Lian等同样发现多硫电解质中的S^{2-}会在CdSe表面吸附，形成QD-S^{2-}，发生"Auger"复合反应，加速了电子的损失过程，不利于电池效率的提高[84]。如图7-28（a）所示，随着量子点在S^{2-}溶液中浸泡时间的增加，量子点的激发光谱强度逐渐减小，并且激发峰位逐渐红移。除此之外，利用吸收光谱（图7-28（b））以及高能激子转变（图7-28（c））等测试都发现了量子点在S^{2-}溶液中浸泡会导致量

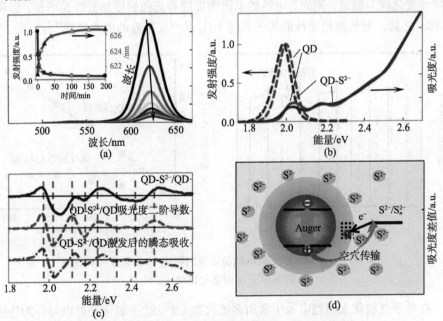

图7-28　量子点在S^{2-}中浸泡后发射光谱的变化（a），吸收光谱的变化（b），
高能激子转变吸收谱的变化（c）以及"Auger"复合反应机理图（d）

子点激发能减小，表明了吸附在量子点表面的 S^{2-} 会产生新的能级，加速电子的复合反应，不利于电子的收集。

同时，多硫电解质并不适用于所有的量子点敏化太阳能电池，Bang 和 Kamat 通过对比 CdSe 和 CdTe 量子点敏化太阳能电池的电子传输机理发现，CdSe 量子点受光激发之后，空穴可以很好地被 S^{2-} 收集传输。而 CdTe 则不同，虽然导带位置与多硫电解质非常匹配，但是 CdTe 量子点的价带位置却有利于阳极氧化反应，导致 CdTe 量子点的降解，影响电池的性能[85]。

为了避免多硫电解质存在的问题，如开路电压较低等，人们尝试开发了其他体系的电解质，如钴配合物（Co^{2+}/Co^{3+}）氧化还原体系，而且钴体系的电解质溶液同样适用于染料敏化太阳能电池，因此，该电解质体系可以用于量子点与染料共敏化的太阳能电池中，具有很大的应用前景。2010 年，瑞士联邦工学院 Zakeeruddin 利用 CdSe 量子点和染料作为敏化剂，实现了共敏化太阳能电池，以钴配合物氧化还原电对作为电解质，获得了 4.76% 的光电转换效率，远超过单纯 CdSe 量子点的电池效率[86]。相对于 S^{2-}/S_n^{2-} 电对来说，Co^{2+}/Co^{3+} 电解质具有较低的氧化还原电势，增加了 TiO_2 费米能级与电解质氧化还原电势之间的能级差，可以提高电池的开路电压。然而，Co^{2+}/Co^{3+} 电解质的离子电导率较小，离子传输较慢，只适用于光照强度较低的情况。

除此之外，还有 Fe^{2+}/Fe^{3+}、$Fe(CN)_6^{5-}/Fe(CN)_6^{4-}$ 氧化还原电对也常被作为电解质应用在量子点敏化太阳能电池中[87]。实验表明，TiO_2 可以吸收波长在 400 nm 以下的紫外光，而 TiO_2 吸光后容易对量子点产生降解，Fe^{2+}/Fe^{3+} 氧化还原电对则可以将 400 nm 以下的光吸收，避免量子点的腐蚀。$Fe(CN)_6^{5-}/Fe(CN)_6^{4-}$ 氧化还原电对表现出很多类似于多硫电解质的性质，转换速率较快，往往需要在导电玻璃基底上沉积一层致密层防止导电玻璃基底上的电子与电解质发生复合反应。Tachibana 利用 $Fe(CN)_6^{3-}/Fe(CN)_6^{4-}$ 氧化还原电对，以 CdS 作为敏化剂，获得了 0.8 V 的开路电压。开路电压主要由半导体的费米能级与氧化还原电对的电位差决定，而 $Fe(CN)_6^{3-}/Fe(CN)_6^{4-}$ 氧化还原电对具有比多硫电解质更正的电位，增加了电位差，如图 7-29 所示，这是电池具有较高开路电压的根本原因[88]。

通过以上的叙述，与染料敏化太阳能电池相比，量子点敏化太阳能电池的工作机理更加复杂，使电解质的选择更加困难，通过选择适当的电解质可以进一步改善电池的短路电流以及开路电压。例如，大连理工大学孙立成教授采用[$(CH_3)_4N]_2S$/[$(CH_3)_4N]_2S_n$ 的 3-甲氧基丙腈溶液作为氧化还原电解质，获得了高开路电压的电池器件，电池的开路电压高达 1.2 V[89]。

（2）准固态电解质。虽然液体电解质具有非常高的电导率，有利于离子的扩散，改善量子点的再生速率。然而，不幸的是，电池在使用过程中温度会迅速升高，在

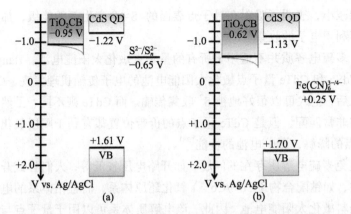

图 7-29　S^{2-}/S_n^{2-} 与 $Fe(CN)_6^{5-}/Fe(CN)_6^{4-}$ 氧化还原电对的电位

高温下以水或者有机液体为介质的电解质往往会挥发，同时容易发生泄漏，严重影响电池的长期稳定性。为了解决液体电解质的挥发以及泄漏问题，准固态电解质应运而生。在量子点敏化太阳能电池中常用的准固态电解质主要包括凝胶准固态电解质、基于小分子凝胶剂的准固态电解质。

　　水凝胶材料，是利用小分子（如丙烯酰胺）在引发剂以及交联剂存在的情况下，发生聚合反应形成的三维结构，聚合过程如图 7-30 所示，具有非常优异的吸水性能。正如第 5 章中所提及的，水凝胶由于具有连通的网络结构，液体可以在其网络结构中自由移动，因此常被用来制备凝胶电解质。此类电解质具有非常高的电导率、

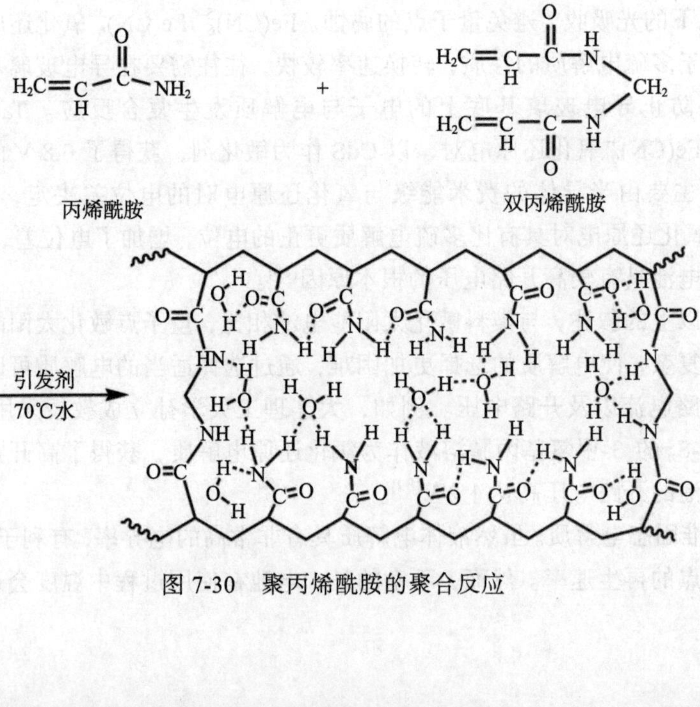

丙烯酰胺　　　　　　　　　　　　　　　　双丙烯酰胺

引发剂
70℃水

图 7-30　聚丙烯酰胺的聚合反应

热稳定性以及渗透能力，常表现出不亚于液体电解质的特性。凝胶电解质的制备过程是小分子单体通过聚合后，形成机械强度适中的聚合物，然后将制备好的聚合物浸入含有氧化还原电对的液体电解质中，在渗透压的作用下，液体电解质很容易进入聚合物的三维网格中，聚合物发生溶胀，最终达到饱和状态，即为凝胶电解质。中国科学院物理研究所孟庆波研究团队 2010 年利用丙烯酰胺为单体，通过引发剂（过硫酸铵）和交联剂（双丙烯酰胺）聚合得到三维的聚丙烯酰胺，然后通过干燥、浸泡、溶胀过程获得凝胶电解质，如图 7-31 所示，室温下电解质的电导率达到 $0.093~\mathrm{S \cdot cm^{-1}}$，将其应用在 CdS/CdSe 共敏化的量子点太阳能电池中，获得了 4.0% 的光电转换效率[90]。

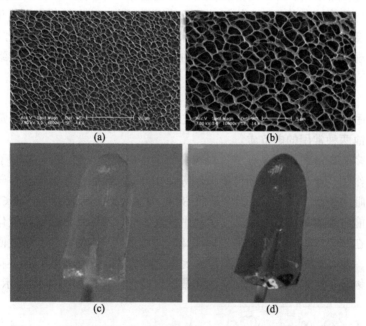

图 7-31　聚丙烯酰胺的三维网络结构以及吸收电解质前后的照片
（彩图请见封底二维码）

凝胶电解质已经在染料敏化太阳能电池中取得了非常好的研究成果，相应的实验成果同样可以应用于量子点敏化太阳能电池，在此基础上，发展了导电凝胶电解质，基本的制备过程是在原来凝胶聚合物的基础上，通过掺杂对电解质具有催化能力的导电物质[如导电聚合物（聚苯胺、聚吡咯、聚噻吩）、碳材料（石墨烯、氧化石墨烯、碳纳米管等）]，使凝胶电解质具有一定的催化能力。传统的电池结构中，电解质的催化还原反应主要发生在对电极/电解质的界面处，而导电凝胶电解质则使电解质的催化还原反应延伸至凝胶电解质内部，减小离子的扩散路径，揭示了提高电荷传输能力和转换动力学的本质规律,为提高准固态量子点敏化太阳能电池的光电转换效率提供了科学依据。目前导电凝胶电解质已经在染料敏化太阳能电池中得到成功的应用,并且形成了独自的理论体系(详见第 5 章)。本研究团队在凝胶电解质的研究上进行了相关的工作,通过在聚丙烯酰胺中掺杂石墨烯,在不影响其溶胀能力的前提下,提高了电解质的电导率,并成功应用到 CdS 量子点敏化太阳能电池中,电池效率达到了 2.24%[91]。为了提高电解质的吸附量、渗透作用以及毛细作用的协同效果,作者在原来导电凝胶电解质的基础上,通过冷冻干燥凝胶基体,吸收含有石墨烯的液体电解质,可以使电池的效率进一步提高,达到了 2.34%。

另一种是基于有机小分子凝胶剂的准固态电解质。常用的小分凝胶剂有右旋糖酐、魔芋葡甘露聚糖、羟基硬脂酸以及二氧化硅等[92-95]。这一类分子的主要特点是可以与水分子形成各种作用,如氢键或范德瓦耳斯力,使电解质发生固化反应,固液转换温度可以达到 90℃以上。戴松元课题组利用羟基硬脂酸作为固化剂,制备了室温下呈现准固态的凝胶电解质,电池的稳定性明显提高,凝胶电解质组成的电池效率经过 220 h 的测试仍能保持 92%,而液体电解质衰减非常迅速,只能保持 29%[94]。

(3)固态电解质。固态的多硫电解质以及空穴传输材料是目前固态量子点敏化太阳能电池两种常用的电解质。

固态多硫电解质是由高分子材料与多硫电解质反应,使 S^{2-} 与高分子链形成一定的键合作用,通过分子链的伸缩振动等作用实现 S^{2-} 的传输过程。本研究团队利用聚乙烯吡咯烷酮(PVP)作为电解质 S^{2-} 的传输通道,实现了全固态 CdS 量子点敏化太阳能电池的制备与组装[96]。实验中发现,将聚乙烯吡咯烷酮与硫化钠溶解在甲醇中,在一定的温度下搅拌实现聚乙烯吡咯烷酮与 S^{2-} 的混合,通过傅里叶红外光谱测试,表明了聚乙烯吡咯烷酮与 S 元素之间存在一定的键合作用,有利于离子沿着聚合物分子链进行传输,相应的光谱图以及键合作用如图 7-32 所示。

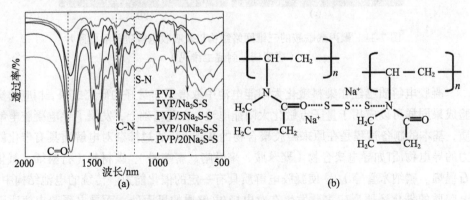

图 7-32　PVP/Na₂S-S 固体电解质的红外光谱(a)和 S 元素与 PVP 之间的键合作用(b)(彩图请见封底二维码)

空穴传输材料根据化学组成的不同，可以分为无机空穴传输材料和有机空穴传输材料，与染料敏化太阳能电池中所用的空穴传输材料相同。常见的无机空穴传输材料包括 CuI、CuSCN 等，有机空穴传输材料包括聚-3-己基噻吩（P3HT）、聚 3,4-亚乙基二氧噻吩（PEDOT）以及 Spiro-OMeTAD 等[97-99]。美国斯坦福大学 Bent 研究团队利用原子层沉积的方法在 TiO₂ 表面沉积了一层 CdS 量子点，以 Spiro-OMeTAD 作为空穴传输材料，获得 0.25% 的电池效率[67]。韩国化学技术研究所 Seok 与瑞典皇家科学院 Grätzel 教授合作，采用 Sb₂S₃ 敏化 TiO₂，与 P3HT 空穴传输材料组装成无机–有机异质结量子点太阳能电池，电池效率达到了 5.13%。其主要结构见图 7-33[99]。

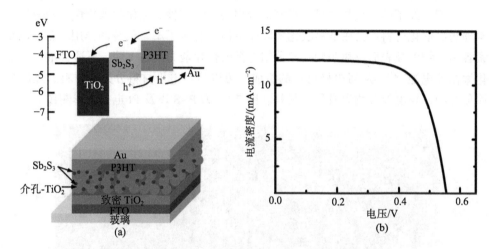

图 7-33　基于 P3HT 的 Sb₂S₃ 敏化太阳能电池的基本结构（a）以及电池效率（b）（彩图请见封底二维码）

　　虽然利用固体电解质和空穴传输材料在很大程度上解决了量子点敏化太阳能电池液体电解质易挥发、易泄露的问题，但是却存在渗透能力差的问题。光阳极半导体中的孔隙较小，固体电解质无法顺利地渗透到电极内部，致使电解质与量子点之间的电子传输阻抗较大，这也是固态量子点敏化太阳能电池效率低的主要原因。为了提高电解质的渗透能力，本研究团队从根本出发，将染料敏化太阳能中常用的塑晶材料丁二腈引入到 CdS 量子点太阳能电池中，通过优化丁二腈–硫化钠的比例，将固态量子点敏化太阳能电池效率提高到了 1.5%[100]。

　　同时，在电解质中加入适当的硫化钠等物质可以提高电解质的导电能力，进而增加电池的光电转换效率。Lianos 等发现在 P3HT 中添加少量的硫化钠可以明显提高 ZnSe-CdSe 量子点太阳能电池的效率[101]。目前对于添加剂的作用机理还没有形成完整的理论体系，需要在今后的工作中进一步探索。对于固态的电解质来说，电解质与光阳极之间的界面阻抗是制约电池效率的关键，如何改善界面间的电子传输问题以及增加电解质的渗透能力是今后研究的重点。虽然固态量子点敏化太阳能电池的光电转换效率较低，但是考虑到以后电池的商业化应用，固态电池必将是电池的最终走向。

7.3.4 对电极

与染料敏化太阳能电池相同，量子点敏化太阳能电池中对电极的主要作用也是收集外电路的电子，将电子传递给电解质中的氧化态物质，加速电解质的还原反应。关于对电极的选择标准以及评价机制，详见第 4 章。

我们已经了解，铂材料具有很好的导电性、稳定性、电化学催化性，是一种非常理想的催化材料，已在染料敏化太阳能电池中起到了不可代替的作用。然而硫元素容易在铂电极表面发生吸附，导致铂电极的催化能力严重下降，不适合量子点敏化太阳能电池[102]。从对电极材料的组成，可以将对电极材料分为碳材料、过渡金属化合物、导电聚合物以及复合材料。图 7-34 为 Pt-S 以及 Pt 电极的形貌图。

(a)   (b)

图 7-34   Pt-S（a）以及 Pt（b）电极的形貌图

碳材料来源广泛、价格低廉、导电性好，具有很好的化学稳定性，活性炭、介孔碳、石墨烯、碳纳米管等已被广泛应用于染料敏化太阳能电池的对电极材料中。同样的，碳材料对多硫电解质也具有非常优异的电化学催化能力。然而，不同结构的碳材料对于多硫电解质的催化能力具有很大的差异，J.S. Yu 等利用介孔碳 CMK-3 以及空心多孔的碳材料 HCMSC 作为对电极，用于 CdS 量子点敏化太阳能电池中，实验表明 HCMSC 对电极对多硫电解质的催化活性要高于铂材料，并获得了 1.08% 的光电转换效率[103]。主要原因是 HCMSC 对电极具有非常高的比表面积，孔隙率较大，促进了电解质在对电极内部的扩散作用。碳材料表面碳原子的核外电子都被相邻的碳共用，没有多余的电子，使得碳材料表面的活性位点较少，不利于电解质的催化。为此，对碳进行掺杂可以增加碳材料的催化活性，比如氮掺杂的碳空心球纳米颗粒对多硫电解质表现出更加优异的催化能力，将其作为对电极应用在 CdS/CdSe 量子点敏化的太阳能电池中，电池效率可以达到 2.67%[104]。韩国高丽大学 J. Ko 研究组采用阳极氧化铝以及二氧化硅作为模板，制备了高度有序的、高比表面积的、连通性好的一维多孔碳纤维，将其作为对电极，如图 7-35 所示，CdSe 量子点敏化的太阳能电池效率得到大幅提高，达到 4.81%[105]。值得注意的是，目前量子点敏化太阳能电池记录的最高效率仍是基于介孔碳对电极，说明碳材料具有非常优异的电化学催化性，具有非常广阔的应用前景。

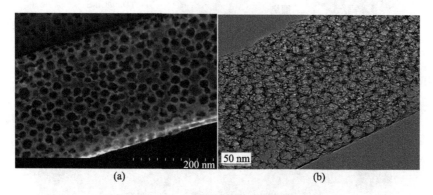

图 7-35　一维多孔碳纤维结构图

近年来，金属硫化物是量子点敏化太阳能电池中最常用的对电极材料，包括 Cu_2S、CoS、Co_9S_8、NiS、CuS、$Cu_{1.8}S$、$CuSe$、FeS_2、PbS、Cu_2SnS_3 以及 $Cu_2ZnSnSe_4$。硫化物由于具有较弱的层间范德瓦耳斯力，通常对电解质具有较强的催化能力。在一系列的硫化物中，Cu_2S 对电极材料是目前对多硫电解质催化能力最好的硫化物对电极，应用最为广泛。Cu_2S 对电极的制备方法通常是将黄铜箔浸入到多硫电解质中，自发地在黄铜表面形成一层 Cu_2S。然而，在电池运行过程中，黄铜/Cu_2S 对电极会在多硫电解质的存在下进一步发生硫化反应，导致电极的导电能力下降，并且容易从电极表面脱离，限制了电池的长期稳定性。为了解决这一问题，人们尝试直接在导电基底上沉积 Cu_2S 对电极，控制 Cu_2S 对电极的形貌，提高电极的催化能力。胡劲松研究团队制备了 ITO@Cu_2S 纳米线阵列对电极，具有非常优异的催化能力，基本过程是在 ITO 纳米线阵列的基础上利用化学浴沉积的方式沉积一层 CdS，然后通过阳离子互换获得 ITO@Cu_2S 纳米线阵列，制备过程如图 7-36 所示，将 CdS/CdSe 量子点敏化太阳能电池的效率从 3.04%提升到 4.06%，提升了 33.55%。特殊的阵列结构可以加速电子的传输过程，并且 N 型的 ITO 与 P 型的 Cu_2S 接触，可以促进电子的转移过程[106]，相应对电极的形貌如图 7-37 所示。

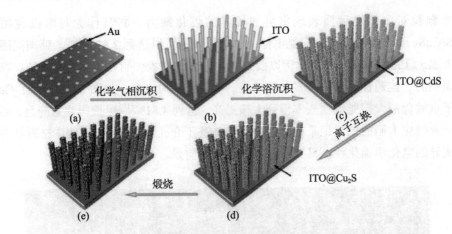

图 7-36　ITO@Cu₂S 纳米线阵列对电极的制备过程（彩图请见封底二维码）

图 7-37　ITO@Cu₂S 纳米线阵列对电极形貌结构图

　　另外，在导电玻璃基底上利用电化学沉积、化学浴沉积、连续离子层吸附与反应以及在金属超微薄膜的硫化制备硫化物对电极都是比较常用的方法。钟新华课题组在 FTO 表面通过电化学的方法沉积了一层铜薄膜,然后将制备的 FTO/Cu 电极浸入多硫电解质中,从而形成 FTO/Cu$_2$S 对电极,方法简单,避免了多硫电解质对黄铜箔的不断腐蚀,提高了电池的稳定性能。

　　然而,硫化物由于载流子的迁移速率较低,单一材料的对电极往往不能满足对电极材料的选择标准,因此人们尝试将不同材料的优点整合在一起,利用协同效应改善对电极的整体性能。众所周知,碳材料具有非常好的导电性能、载流子迁移率以及稳定性,因此常将碳材料作为载体,负载一些催化性好的硫化物,如石墨烯/ PbS,石墨烯/CoS,碳纤维/CuS,多壁碳纳米管/Cu$_2$ZnSnSe$_4$,炭黑/PbS,还原氧化石墨烯/Cu$_2$S。目前普遍接受的理论是利用"复合电荷传输"模型来进行解释:负载在碳材料表面的硫化物对多硫电解质的催化能力较强,利用此类材料作为催化电解质的主体,电子则通过碳材料快速传输,即将碳材料的优良导电性与硫化物较好的催化能力相结合,改变电子的传输路径,提高电子在对电极内部的传输速度。

　　以金属化合物 MoX/碳材料为例,J. S. Lee 等制备了不同的对电极复合材料,包括 Mo$_2$N/碳纳米管-石墨烯,Mo$_2$C/碳纳米管-石墨烯以及 MoS$_2$/碳纳米管-石墨烯复合对电极。复合对电极中石墨烯与碳纳米管的复合可以阻碍石墨烯的堆积以及碳纳米管的捆扎现象,提供大量的表面积,为 MoX 的负载提供活性点。J. S. Lee 等表示通过将半导体 MoX 与碳材料复合后,材料已基本上满足理想对电极的标准,图 7-38 为电池的基本结构以及电池内部电子的传输路径。可以看出,电子沿着石墨烯以及碳纳米管快速到达 MoX 纳米颗粒,在其表面发生 S$_n^{2-}$ $\longleftrightarrow$ S^{2-} 的还原反应,提高了电子的传输速率[107]。

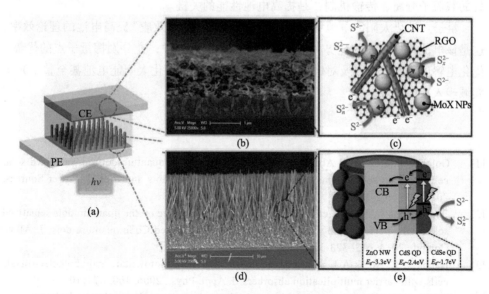

图 7-38　电池的基本结构以及电池内部电子的传输路径(彩图请见封底二维码)

导电聚合物，如聚苯胺（PANI）、聚吡咯（PPy）、聚 3,4-亚乙基二氧噻吩（PEDOT），由于具有很好的导电能力、成本较低、环保无污染以及比表面积大等优点也可以作为对电极材料应用在量子点敏化太阳能电池中[108,109]。2011 年，K.C. Ho 等系统地研究了基于聚 3,4-亚乙基二氧噻吩、聚吡咯以及聚噻吩对电极的 CdS 量子点敏化太阳能电池，电池效率分别达到了 1.35%，0.09%，0.41%。研究表明，聚 3,4-亚乙基二氧噻吩膜具有较高的孔隙结构，表面粗糙度较高，电极的比表面积较大，导致电极具有较为优越的电催化能力[110]。

总的来说，量子点敏化太阳能电池对电极的研究还处于初级阶段，并延续了大量染料敏化太阳能电池的材料与理论，对于新材料的开发并没有适当的理论指导，因此，通过对对电极材料的研究有望进一步提高量子点敏化太阳能电池的光伏性能。

7.4 量子点敏化太阳能电池的发展前景

用量子点半导体代替传统的有机染料，是介孔敏化太阳能电池发展史上的新历程，它极地大降低了电池的成本，使电池效率有望突破"肖特基–亏塞尔"限制，理论效率可以达到 44%。

对于量子点敏化太阳能电池来说，目前最大的技术难题是如何克服界面间的电子复合反应。深刻认识量子点与光阳极、光阳极与电解质、电解质与对电极等界面处的载流子分离、传输机制，是提高电池性能的关键。

量子点敏化太阳能电池可以利用量子点的"多激子效应"提高电池的理论效率，这是该电池器件最大的优势，在未来的电池发展过程中，充分发挥量子点的优势，优化电解质、光阳极以及对电极的性能，将使量子点敏化太阳能电池甚至整个光伏领域步入新的阶段。

参 考 文 献

[1] Golobostanfarda M R, Abdizadeh H. Tandem structured quantum dot/rod sensitized solar cell based on solvothermal synthesized CdSe quantum dots and rods. J. Power Sources, 2014, 256: 102-109.

[2] Gao B, Shen C, Yuan S, et al. Influence of nanocrystal size on the quantum dots sensitized solar cells' performance with low temperature synthesized CdSe quantum dots. J. Alloy. Compd., 2014, 612: 323-329.

[3] Hanna M C, Nozik A J. Solar conversion efficiency of photovoltaic and photoelectrolysis cells with carrier multiplication absorbers. J. Appl. Phys., 2006, 100: 074510.

[4] Kim S J, Kim W J, Sahoo Y, et al. Multiple exciton generation and electrical extraction

from a PbSe quantum dot photoconductor. Appl. Phys. Lett., 2008, 92: 031107.

[5] Semonin O E, Luther J M, Choi S, et al. Peak external photocurrent quantum efficiency exceeding 100% via MEG in a quantum dot solar cell. Science, 2011, 334: 1530-1533.

[6] Duan J, Zhang H, Tang Q, et al. Recent advances in critical materials for quantum dot-sensitized solar cells: a review. J. Mater. Chem. A, 2015, 3: 17497-17510.

[7] Radich J G, Dwyer R, Kamat P V. Cu_2S reduced graphene oxide composite for high-efficiency quantum dot solar cells. Overcoming the redox limitations of S^{2-}/S_n^{2-} at the counter electrode. J. Phys. Chem. Lett., 2011, 2: 2453-2460.

[8] Du J, Du Z, Hu J S, et al. Zn-Cu-In-Se quantum dot solar cells with a certified power conversion efficiency of 11. 6%. J. Am. Chem. Soc., 2016, 138: 4201-4209.

[9] Zhang Y, Lin S, Zhang W, et al. Mesoporous titanium oxide microspheres for high-efficient cadmium sulfide quantum dot-sensitized solar cell and investigation of its photovoltaic behavior. Electrochim. Acta, 2014, 150: 167-172.

[10] Li S J, Chen Z, Li T, et al. Vertical nanosheet-structured ZnO/TiO_2 photoelectrodes for highly efficient CdS quantum dot sensitized solar cells. Electrochim. Acta, 2014, 127: 362-368.

[11] Zhao Y, Guo H Y, Hua H, et al. Effect of architectures assembled by one dimensional ZnO nanostructures on performance of CdS quantum dot-sensitized solar cells. Electrochim. Acta, 2014, 115: 487-492.

[12] Song X H, Wang M Q, Xing T Y, et al. Fabrication of micro/nano-composite porous TiO_2 electrodes for quantum dot-sensitized solar cells. J. Power Sources, 2014, 253: 17-26.

[13] Li X, Lu W, Wang Y, et al. Pre-synthesized monodisperse PbS quantum dots sensitized solar cells. Electrochim. Acta, 2014, 144: 71-75.

[14] Badawi A, Al-Hosiny N, Abdallah S, et al. Tuning photocurrent response through size control of CdTe quantum dots sensitized solar cells. Sol. Energy, 2013, 88: 137-143.

[15] Lin M C, Lee M W. $Cu_{2-x}S$ quantum dot-sensitized solar cells. Electrochem. Commun., 2011, 13: 1376-1378.

[16] Duan J L, Tang Q W, He B L, et al. Efficient In_2S_3 quantum dot-sensitized solar cells: A promising power conversion efficiency of 1.30%. Electrochim. Acta, 2014, 139: 381-385.

[17] Yu P, Zhu K, Norman A G, et al. Nanocrystalline TiO_2 solar cells sensitized with InAs quantum dots. J. Phys. Chem. B, 2006, 110: 25451-25454.

[18] Tubtimtae A, Lee M, Wang G. Ag_2Se quantum-dot sensitized solar cells for full solar spectrum light harvesting. J. Power Sources, 2011, 196: 6603-6608.

[19] Tao L, Xiong Y, Liu H, et al. High performance PbS quantum dot sensitized solar cells via electric field assisted in situ chemical deposition on modulated TiO_2 nanotube arrays. Nanoscale, 2014, 6: 931-938.

[20] Jara D H, Yoon S J, Stamplecoskie K G, et al. Size-dependent photovoltaic performance of $CuInS_2$ quantum dot-sensitized solar cells. Chem. Mater., 2014, 26: 7221-7228.

[21] Yang J, Kim J Y, Yu J H, et al. Copper-indium-selenide quantum dot-sensitized solar cells. Phys. Chem. Chem. Phys., 2013, 15: 20517-20525.

[22] Wang Y Q, Rui Y C, Zhang Q H, et al. A facile in situ synthesis route for $CuInS_2$ quantum-dots/In_2S_3 co-sensitized photoanodes with high photoelectric performance. ACS Appl. Mater. Interfaces, 2013, 5: 11858-11864.

[23]   Chen C, Ali G, Yoo S H, et al. Improved conversion efficiency of CdS quantum dot-sensitized TiO_2 nanotube-arrays using $CuInS_2$ as a co-sensitizer and an energy barrier layer. J. Mater. Chem., 2011, 21: 16430-16435.

[24]   Chen L, Tuo L, Rao J, et al. TiO_2 doped with different ratios of graphene and optimized application in CdS/CdSe quantum dot-sensitized solar cells. Mater. Lett., 2014, 124: 161-164.

[25]   Tian J J, Uchaker E, Zhang Q F, et al. Hierarchically structured ZnO nanorods-nanosheets for improved quantum-dot-sensitized solar cells. ACS Appl. Mater. Interfaces, 2014, 6: 4466-4472.

[26]   Zhou R, Zhang Q F, Uchaker E, et al. Mesoporous TiO_2 beads for high efficiency CdS/CdSe quantum dot co-sensitized solar cells. J. Mater. Chem. A, 2014, 2: 2517-2525.

[27]   Li C H, Yang L, Xiao J Y, et al. ZnO nanoparticle based highly efficient CdS/CdSe quantum dot-sensitized solar cells. Phys. Chem. Chem. Phys., 2013, 15: 8710-8715.

[28]   Kim S K, Park S, Son M K, et al. Ammonia treated ZnO nanoflowers based CdS/CdSe quantum dot sensitized solar cell. Electrochim. Acta, 2015, 151: 531-536.

[29]   Yu X Y, Liao J Y, Qiu K Q, et al. Dynamic study of highly efficient CdS/CdSe quantum dot-sensitized solar cells fabricated by electrodeposition. ACS Nano, 2011, 5: 9494-9500.

[30]   Shen X H, Jia J G, Lin Y, et al. Enhanced performance of CdTe quantum dot sensitized solar cell via anion exchanges. J. Power Sources, 2015, 277: 215-221.

[31]   Liu C M, Mu L L, Jia J G, et al. Boosting the cell efficiency of CdSe quantum dot sensitized solar cell via a modified ZnS post-treatment. Electrochim. Acta, 2013, 111: 179-184.

[32]   Mu L L, Liu C M, Jia J G, et al. Dual post-treatment: a strategy towards high efficiency quantum dot sensitized solar cells. J. Mater. Chem. A, 2013, 1: 8353-8357.

[33]   Chang J Y, Su L F, Li C H, et al. Efficient "green" quantum dot-sensitized solar cells based on Cu_2S-$CuInS_2$-ZnSe architecture. Chem. Commun., 2012, 48: 4848-4850.

[34]   Lai L H, Protesescu L, Kovalenko M V, et al. Sensitized solar cells with colloidal PbS-CdS core-shell quantum dots. Phys. Chem. Chem. Phys., 2014, 16: 736-742.

[35]   Luo J H, Wei H Y, Li F, et al. Microwave assisted aqueous synthesis of core-shell $CdSe_xTe_{1-x}$-CdS quantum dots for high performance sensitized solar cells. Chem. Commun., 2014, 50: 3464-3466.

[36]   Pan Z X, Zhang H, Cheng K, et al. Highly efficient inverted type-I CdS/CdSe core/shell structure QD-sensitized solar cells. ACS Nano, 2012, 6: 3982-3991.

[37]   Pan Z X, Mora-Seró I, Shen Q, et al. High-efficiency "green" quantum dot solar cells. J. Am. Chem. Soc., 2014, 136: 9203-9210.

[38]   Wang J, Mora-Seró I, Pan Z X, et al. Core/shell colloidal quantum dot exciplex states for the development of highly efficient quantum-dot-sensitized solar cells. J. Am. Chem. Soc., 2013, 135: 15913-150922.

[39]   Jiao S, Shen Q, Mora-Seró I, et al. Band engineering in core/shell ZnTe/CdSe for photovoltage and efficiency enhancement in exciplex quantum dot sensitized solar cells. ACS Nano, 2015, 9: 908-915.

[40]   Pan Z X, Zhao K, Wang J, et al. Near infrared absorption of $CdSe_xTe_{1-x}$ alloyed quantum dot sensitized solar cells with more than 6% efficiency and high stability. ACS Nano, 2013,

7: 5215-5222.

[41]　Li Z, Yu L B, Liu Y B, et al. Efficient quantum dot-sensitized solar cell based on CdS_xSe_{1-x}/Mn-CdS/TiO_2 nanotube array electrode. Electrochim. Acta, 2015, 153: 200-209.

[42]　Firoozi N, Dehghani H, Afrooz M. Cobalt-doped cadmium sulfide nanoparticles as efficient strategy to enhance performance of quantum dot sensitized solar cells. J. Power Sources, 2015, 278: 98-103.

[43]　Santra P K, Kamat P V. Mn-doped quantum dot sensitized solar cells: a strategy to boost efficiency over 5%. J. Am. Chem. Soc., 2012, 134: 2508-2511.

[44]　Salant A, Shalom M, Tachan Z, et al. Quantum rod-sensitized solar cell: nanocrystal shape effect on the photovoltaic properties. Nano Lett., 2012, 12: 2095-2100.

[45]　Yan K, Zhang L, Qiu J, et al. A quasi-quantum well sensitized solar cell with accelerated charge separation and collection. J. Am. Chem. Soc., 2013, 135: 9531-9539.

[46]　Im J H, Lee C R, Lee J W, et al. 6.5% efficient perovskite quantum-dot-sensitized solar cell. Nanoscale, 2011, 3: 4088-4093.

[47]　Yang J, Wang J, Zhao K, et al. CdSeTe/CdS type-I core/shell quantum dot sensitized solar cells with efficiency over 9%. J. Phys. Chem. C, 2015, 119: 28800-28808.

[48]　Tang J A, Sargent E H. Infrared colloidal quantum dots for photovoltaics: fundamentals and recent progress. Adv. Mater., 2011, 23: 12-29.

[49]　Zhang Q, Guo X, Huang X, et al. Highly efficient CdS/CdSe-sensitized solar cells controlled by the structural properties of compact porous TiO_2 photoelectrodes. Phys. Chem. Chem. Phys., 2011, 13: 4659-4667.

[50]　Buhbut S, Itzhakov S, Hod I, et al. Photo-induced dipoles: a new method to convert photons into photovoltage in quantum dot sensitized solar cells. Nano Lett., 2013, 13: 4456-4461.

[51]　Guijarro N, Campiña J M, Shen Q, et al. Uncovering the role of the ZnS treatment in the performance of quantum dot sensitized solar cells. Phys. Chem. Chem. Phys., 2011, 13: 12024-12032.

[52]　Tang J, Kemp K W, Hoogland S, et al. Colloidal-quantum-dot photovoltaics using atomic-ligand passivation. Nat. Mater., 2011, 10: 765-771.

[53]　Peng Z Y, Liu Y L, Zhao Y H, et al. ZnSe passivation layer for the efficiency enhancement of $CuInS_2$ quantum dots sensitized solar cells. J. Alloy. Compd., 2014, 587: 613-617.

[54]　Fuente M S, Sánchez R S, González-Pedro V, et al. Effect of organic and inorganic passivation in quantum-dot sensitized solar cells. J. Phys. Chem. Lett., 2013, 4: 1519-1525.

[55]　Barea E M, Shalom M, Giménez S, et al. Design of injection and recombination in quantum dot sensitized solar cells. J. Am. Chem. Soc., 2010, 132: 6834-6839.

[56]　Zhao K, Pan Z, Mora-Seró I, et al. Boosting power conversion efficiencies of quantum-dot-sensitized solar cells beyond 8% by recombination control. J. Am. Chem. Soc., 2015, 137: 5602-5609.

[57]　Huang J, Xu B, Yuan C, et al. Improved performance of colloidal CdSe quantum dot-sensitized solar cells by hybrid passivation. ACS Appl. Mater. Interfaces, 2014, 6: 18808-18815.

[58]　Lee H, Wang M, Chen P, et al. Efficient CdSe quantum dot-sensitized solar cells prepared

by an improved successive ionic layer adsorption and reaction process. Nano Lett., 2009, 9: 4221-4227.

[59] Liu I P, Chang C W, Teng H, et al. Performance enhancement of quantum-dot- sensitized solar cells by potential-induced ionic layer adsorption and reaction. ACS Appl. Mater. Interfaces, 2014, 6: 19378-19384.

[60] Zhu G, Pan L, Xu T, et al. One-step synthesis of CdS sensitized TiO_2 photoanodes for quantum dot-sensitized solar cells by microwave assisted chemical bath deposition method. ACS Appl. Mater. Interfaces, 2011, 3: 1472-1478.

[61] Samadpour M, Giménez S, Boix P P, et al. Effect of nanostructured electrode architecture and semiconductor deposition strategy on the photovoltaic performance of quantum dot sensitized solar cells. Electrochim. Acta, 2012, 75: 139-147.

[62] Coughlin K M, Nevins J S, Watson D F. Aqueous-phase linker-assisted attachment of cysteinate(2−)-capped CdSe quantum dots to TiO_2 for quantum dot-sensitized solar cells. ACS Appl. Mater. Interfaces, 2013, 5: 8649-8654.

[63] Li W, Zhong X. Capping ligand-induced self-assembly for quantum dot sensitized solar cells. J. Phys. Chem. Lett., 2015, 6: 796-806.

[64] Pernik D R, Tvrdy K, Radich J G, et al. Tracking the adsorption and electron injection rates of CdSe quantum sots on TiO_2: linked versus direct attachment. J. Phys. Chem. C, 2011, 115: 13511-13519.

[65] Benehkohal N P, González-Pedro V, Boix P P, et al. Colloidal PbS and PbSeS quantum dot sensitized solar cells prepared by electrophoretic deposition. J. Phys. Chem. C, 2012, 116: 16391-16397.

[66] Santra P K, Nair P V, Thomas K G, et al. $CuInS_2$-sensitized quantum dot solar cell. Electrophoretic deposition, excited-state dynamics, and photovoltaic performance. J. Phys. Chem. Lett., 2013, 4: 722-729.

[67] Brennan T P, Ardalan P, Lee H B R, et al. Atomic layer deposition of CdS quantum dots for solid-state quantum dot sensitized solar cells. Adv. Energy Mater., 2011, 1: 1169-1175.

[68] Genovese M P, Lightcap I V, Kamat P V. Sun-believable solar paint. A transformative one-step approach for designing nanocrystalline solar cells. ACS Nano, 2012, 6: 865-872.

[69] Ghoreishi F S, Ahmadi V, Samadpour M. Improved performance of CdS/CdSe quantum dots sensitized solar cell by incorporation of ZnO nanoparticles/reduced graphene oxide nanocomposite as photoelectrode. J. Power Sources, 2014, 271: 195-202.

[70] Choi H, Kim J, Nahm C, et al. The role of ZnO-coating-layer thickness on the reco- mbination in CdS quantumdot-sensitized solar cells. Nano Energy, 2013, 2: 1218-1224.

[71] Song X, Wang M, Zhang H, et al. Morphologically controlled electrodeposition of CdSe on mesoporous TiO_2 film for quantum dot-sensitized solar cells. Electrochim. Acta, 2014, 108: 449-457.

[72] Sun W T, Yu Y, Pan H Y, et al. CdS quantum dots sensitized TiO_2 nanotube-array photoelectrodes. J. Am. Chem. Soc., 2008, 130: 1124, 1125.

[73] Yu L, Li Z, Liu Y, et al. Mn-doped CdS quantum dots sensitized hierarchical TiO_2 flower-rod for solar cell application. Appl. Surf. Sci., 2014, 305: 359-365.

[74] Wu D, He J, Zhang S, et al. Multi-dimensional titanium dioxide with desirable structural qualities for enhanced performance in quantum-dot sensitized solar cells. J. Power

Sources, 2015, 282: 202-210.

[75]　Peng Z, Liu Y, Zhao Y, et al. Efficiency enhancement of TiO_2 nanodendrite array electrodes in $CuInS_2$ quantum dot sensitized solar cells. Electrochim. Acta, 2013, 111: 755-761.

[76]　Greene L E, Law M, Goldberger J, et al. Low-temperature wafer-scale production of ZnO nanowire arrays. Angew. Chem. Int. Ed., 2003, 42: 3031-3034.

[77]　Chen H N, Li W P, Liu H C, et al. CdS quantum dots sensitized single- and multi-layer porous ZnO nanosheets for quantum dots-sensitized solar cells. Electrochem. Commun., 2011, 13: 331-334.

[78]　Raj C J, Karthick S N, Park S, et al. Improved photovoltaic performance of CdSe/CdS/PbS quantum dot sensitized ZnO nanorod array solar cell. J. Power Sources, 2014, 248: 439-446.

[79]　Deng J, Wang M, Zhang P, et al. Preparing ZnO nanowires in mesoporous TiO_2 photoanode by an in-situ hydrothermal growth for enhanced light-trapping in quantum dots-sensitized solar cells. Electrochim. Acta, 2016, 200: 12-20.

[80]　Feng H L, Wu W Q, Rao H S, et al. Three-dimensional TiO_2/ZnO hybrid array as a heterostructured anode for efficient quantum-dot-sensitized solar cells. ACS Appl. Mater. Interfaces, 2015, 7: 5199-5205.

[81]　Shalom M, Dor S, Rühle S, et al. Core/CdS quantum dot/shell mesoporous solar cells with improved stability and efficiency using an amorphous TiO_2 coating. J. Phys. Chem. C, 2009, 113: 3895-3898.

[82]　Lee Y L, Chang C H. Efficient polysulfide electrolyte for CdS quantum dot-sensitized solar cells. J. Power Sources, 2008, 185: 584-588.

[83]　Chakrapani V, Baker D, Kamat P V. Understanding the role of the sulfide redox couple (S^{2-}/S_n^{2-}) in quantum dot-sensitized solar cells. J. Am. Chem. Soc., 2011, 133: 9607-9615.

[84]　Zhu H, Song N, Lian T. Charging of quantum dots by sulfide redox electrolytes reduces electron injection efficiency in quantum dot sensitized solar cells. J. Am. Chem. Soc., 2013, 135: 11461-11464.

[85]　Bang J H, Kamat P V. Quantum dot sensitized solar cells: a tale of two semiconductor nanocrystal: CdSe and CdTe. ACS Nano, 2009, 3: 1467-1476.

[86]　Lee H J, Chang D W, Park S M, et al. CdSe quantum dot (QD) and molecular dye-hybrid sensitizers for TiO_2 mesoporous solar cells: working together with a common hole carrier of cobalt complexes. Chem. Commun., 2010, 46: 8788-8890.

[87]　Tachibana Y, Akiyama H Y, Ohtsuka Y, et al. CdS quantum dots sensitized TiO_2 sandwich type photoelectrochemical solar cells. Chem. Lett., 2007, 36: 88, 89.

[88]　Evangelista R M, Makuta S, Yonezu S, et al. Semiconductor quantum dot sensitized solar cells based on ferricyanide/ferrocyanide redox electrolyte reaching an open circuit photovoltage of 0. 8 V. ACS Appl. Mater. Interfaces, 2016, 8: 13957-13965.

[89]　Li L, Yang X, Gao J, et al. Highly efficient CdS quantum dot-sensitized solar cells based on a modified polysulfide electrolyte. J. Am. Chem. Soc., 2011, 133: 8458-8460.

[90]　Yu Z, Zhang Q, Qin D, et al. Highly efficient quasi-solid-state quantum-dot-sensitized solar cell based on hydrogel electrolytes. Electrochem. Commun., 2010, 12: 1776-1779.

[91]　Duan J L, Tang Q W, Li R, et al. Multifunctional graphene incorporated polyacrylamide

conducting gel electrolytes for efficient quasi-solid-state quantum dot-sensitized solar cells. J. Power Sources, 2015, 284: 369-376.

[92]   Chen H Y, Lin L, Yu X Y, et al. Dextran based highly conductive hydrogel polysulfide electrolyte for efficient quasi-solid-state quantum dot-sensitized solar cells. Electrochim. Acta, 2013, 92: 117-123.

[93]   Wang S, Zhang Q X, Xu Y Z, et al. Single-step in-situ preparation of thinfilm electrolyte for quasi-solid state quantum dot-sensitized solar cells. J. Power Sources, 2013, 224: 152-157.

[94]   Huo Z, Tao L, Wang S, et al. A novel polysulfide hydrogel electrolyte based on low molecular mass organogelator for quasi-solid-state quantum dot-sensitized solar cells. J. Power Sources, 2015, 284: 582-587.

[95]   Karageorgopoulos D, Stathatos E, Vitoratos E. Thin ZnO nanocrystallinefilms for efficient quasi-solid state electrolyte quantum dot sensitized solar cells. J. Power Sources, 2012, 219: 9-15.

[96]   Duan J L, Tang Q W, Sun Y N, et al. Solid-state electrolytes from polysulfide integrated polyvinylpyrrolidone for quantum dot-sensitized solar cells. RSC Adv., 2014, 4: 60478-60483.

[97]   Lévy-Clément B C, Tena-Zaera R, Ryan M A, et al. CdSe-sensitized p-CuSCN/nanowire n-ZnO heterojunctions. Adv. Mater., 2005, 17: 1512-1515.

[98]   Lee B H, Leventis H C, Moon S J, et al. PbS and CdS quantum dot-sensitized solid-state solar cells: "old concepts, new results". Adv. Funct. Mater., 2009, 19: 2735-2742.

[99]   Chang J A, Rhee J H, Im S H, et al. High-performance nanostructured inorganic-organic heterojunction solar cells. Nano Lett., 2010, 10: 2609-2612.

[100]   Duan J L, Tang Q W, He B L, et al. All-solid-state quantum dot-sensitized solar cell from plastic crystal electrolyte. RSC Adv., 2015, 5: 33463-33467.

[101]   Sfyri G, Sfaelou S, Andrikopoulos K S, et al. Composite ZnSe-CdSe quantum dot sensitizers of solid-state solar cells and the beneficial effect of added Na_2S. J. Phys. Chem. C, 2014, 118: 16547-16551.

[102]   Wu C, Wu Z, Wei J, et al. Improving the efficiency of quantum dots sensitized solar cell by using Pt counter electrode. ECS Electrochem. Lett., 2013, 2: H31-H33.

[103]   Paul G S, Kim J H, Kim M S, et al. Different hierarchical nanostructured carbons as counter electrodes for CdS quantum dot solar cells. ACS Appl. Mater. Interfaces, 2012, 4: 375-381.

[104]   Dong J, Jia S, Chen J, et al. Nitrogen-doped hollow carbon nanoparticles as efficient counter electrodes in quantum dot sensitized solar cells. J. Mater. Chem., 2012, 22: 9745-9750.

[105]   Fang B, Kim M, Fan S Q, et al. Facile synthesis of open mesoporous carbon nanofibers with tailored nanostructure as a highly efficient counter electrode in CdSe quantum-dotsensitized solar cells. J. Mater. Chem., 2011, 21: 8742-8748.

[106]   Jiang Y, Zhang X, Ge Q Q, et al. ITO@Cu_2S tunnel junction nanowire arrays as efficient counter electrode for quantum-dot-sensitized solar cells. Nano Lett., 2014, 14: 365-372.

[107]   Seol M, Youn D H, Kim J Y, et al. Mo-compound/CNT-graphene composites as efficient catalytic electrodes for quantum-dot-sensitized solar cells. Adv. Energy Mater., 2014, 4:

168-175.

[108]　Yue G, Tan F, Wu J, et al. Cadmium selenide quantum dots solar cells featuring nickel sulfide/polyaniline as efficient counter electrode provide 4.15% efficiency. RSC Adv., 2015, 5: 42101-42108.

[109]　Shu T, Li X, Ku Z L, et al. Improved efficiency of CdS quantum dot sensitized solar cell with an organic redox couple and a polymer counter electrode. Electrochim. Acta, 2014, 137: 700-704.

[110]　Yeh M H, Lee C P, Chou C Y, et al. Conducting polymer-based counter electrode for a quantum-dot-sensitized solar cell (QDSSC) with a polysulfide electrolyte. Electrochim. Acta, 2011, 57: 277-284.